Joe Vogel

Pflanzliche Notnahrung

Survivalwissen für Extremsituationen

pietsch

Einbandgestaltung und Titelbilder: Patricia Braun

Bildnachweis: Alle Bilder stammen, sofern nicht anders angegeben, von Joe Vogel.
Die Zeichnungen wurden von Ewa Tulaczko erstellt.

ISBN 978-3-613-51028-9

1. Auflage 2026. Dieses Buch ist eine überarbeitete und erweiterte Neuauflage der Ausgabe von 2019.

Sie finden uns im Internet unter:
www.pietsch-verlag.de

Lektorat: Niko Schmidt
Satz: Patricia Braun
Druck und Bindung: DZS GRAFIK d.o.o, 1210 Ljubljana
Printed in Slovenia

Inhalt

ZUR BENUTZUNG DIESES BUCHES

Begriffe, die im Text mit einem kleinen Pfeil → markiert sind, finden Sie im Stichwortverzeichnis ab S. 240 erklärt. Alle deutschen und lateinischen Pflanzennamen sind am Ende des Buches ab S. 244 aufgelistet und können dort nachgeschlagen werden.

Die Farbgebung am oberen Seitenrand ist wie folgt zu verstehen:

1 **Grundlagen:** Wichtige Informationen zum Arbeiten mit diesem Buch

2 **Phytomedizin und Inhaltsstoffe:** Was man vor dem Sammeln von Heilpflanzen wissen sollte

3 **Pflanzliche Notnahrung:** Ernährungsstrategien im Notfall

4 **Familienbünde:** Die Vielfalt des Lebens in eine sinnvolle Ordnung gebracht

5a **Familienporträts:** Ausführliche Beschreibung der wichtigsten Pflanzenfamilien

5b **Kurzporträts:** Weitere wichtige Familien

6 **Dirty Dozen:** Die 12 weltweit essbaren und nahrhaften Pflanzengattungen

7 **Essbare Pflanzen:** Die häufigsten in Mitteleuropa verbreiteten Nahrungspflanzen

8 **Nutzbare Pflanzen:** Die wichtigsten Heil- und Nutzpflanzen

9 **Prozessieren:** Wie Sie bestimmte Giftstoffe aus essbaren Pflanzen entfernen

10 **Zubereitung:** Koch- und Garungsmethoden mit einfachsten Mitteln

11 **Behelfe:** Wichtige Werkzeuge zum Sammeln und Verarbeiten von Wildpflanzen

Ein Buch macht Schule

2010, Andhra Pradesh, Indien: Noch bevor die ersten Sonnenstrahlen den indischen Kontinent berührten und die Mainas mit ihrem flötenden Gesang begannen, saß ich nach einer Nacht vor dem Notebook auf der nackten Stahlbeton-Veranda des kleinen heruntergekommenen Hotels inmitten des Dschungels und schrieb die letzten Worte des Manuskripts zu diesem Buch.

Das Werk – so war ich mir sicher – sollte dem kleinen Kreis der wirklich Interessierten eine gewisse Hilfe beim Sammeln und Aufbereiten von Nahrung sein. Während sich mein Buch »Tierische Notnahrung« schon einige Jahre sehr gut verkaufte, war allerdings völlig unklar, ob es überhaupt einen Markt für das eigenartige Pflanzenbuch geben würde, an dessen Konzept ich seit Jahren gearbeitet hatte – immer wieder aus neuen Blickwinkeln: während meiner Diplomarbeit, in den Wildpflanzenseminaren meiner Survivalschule und auf Reisen in entlegene Ecken der Erde.

Das Thema ist eigentlich viel zu komplex für den Massenmarkt. Essbare beziehungsweise giftige Pflanzen »kennen« nämlich keine Abkürzungen, keine einfachen Wahrheiten. Bei völlig unbekannten, möglicherweise tödlich giftigen Arten hilft keine Intuition, kein Experimentieren und kein Raten. Deshalb gibt es klassische Bestimmungsbücher. Sie beschreiben allerdings nur das äußere Erscheinungsbild eines gefundenen Exemplars, ohne aber den Leser in die innere Wahrheit der Lebewesen einzuführen.

Das müssen die Bücher auch nicht leisten. Sie sollen nur helfen, Pflanzen einer bestimmten, nach außen abgegrenzten Region zu identifizieren.

Was aber, wenn man diese wichtigsten einschränkenden Faktoren weglässt und der Ort komplett unbestimmt bleibt – und zudem Pflanzenteile in potenziell tödlichen Mengen als Nahrung genutzt werden müssen?

In diesem Fall kommt man nicht um Pflanzensystematik herum. Ein – sofern man sich darauf einlässt – unglaublich spannendes, aber anspruchsvolles Thema.

Der Inhalt und das Konzept des Buchs hatten einen klaren Sinn. Für mich zumindest – der damalige Verlagsbetreuer war dagegen nicht komplett überzeugt. Dass Pflanzensystematik eine größere Zielgruppe finden würde, schien nicht sehr wahrscheinlich.

Nicht nur der Verlag, sondern auch ich wurden allerdings dann komplett vom tatsächlichen Erfolg des Buchs überrascht. Denn das dafür entwickelte modulare System erfreute sich gerade deshalb großer Beliebtheit, weil es viele Dinge einfacher macht und weltweit angewendet werden kann. Mit jeder bearbeiteten Seite wird es dem Leser verständlicher, warum wir manche Pflanzen nicht essen sollten – und wie wir sie erkennen können.

Vor allem: Plötzlich können auf Grundlage dieses Vorwissens tatsächlich Abkürzungen und einfache Wahrheiten genutzt werden. Von der Daumenregel, die nur unter Vorbedingungen angewendet werden darf, bis hin zur festen Liste der →»Dirty Dozen«, die weltweit gefunden und genutzt werden können, hat man einmal die Bedeutung einer »Gattung« verinnerlicht.

Das Interesse für diese im Buch entwickelten Konzepte war viel breiter, als ich jemals vermutet hätte. Die Rückmeldungen der Leserinnen und Leser haben alles Erhoffte übertroffen.

Es sind nicht nur Natur- und Pflanzenliebhaber, die schon immer mal wissen wollten, was es mit dieser »Pflanzensyste-

Für eine Handvoll Nahrung: Sich in unbekannten Regionen mit Lebensmitteln zu versorgen ist schwierig. Oft ist aber genau das bei Expeditionen, Auslandseinsätzen und im Notfall notwendig.

matik« auf sich hat, Expeditionsteilnehmer und Weltreisende, die unterwegs für ungeplante Engpässe vorbereitet sein müssen, sowie Bushcraft- und Survivalfreunde, die sich für das Wissen über autarke Lebensweisen interessieren.

Was mich besonders stolz macht: Die große Leserschaft in der akademischen Ausbildung und im professionellen Fachpublikum. Das Buch wird begleitend bei einigen Ausbildungen der Bundeswehr und des Bundesheers genutzt. Die Dirty Dozen wurden beispielsweise vom bekannten Ausbilder OStFw Joachim Görner am Ausbildungszentrum Spezielle Operationen in Pfullendorf im Rahmen der SERE-Trainings (Survival, evasion, resistance and escape) weiterentwickelt und eingesetzt. Zudem ist das Buch Basis zahlreicher Botanik-Ausbildungen bei Survivalkursen und Naturerlebnisschulen, wird im Rahmen von Vorlesungen in Universitäten und Hochschulen für das Verständnis der Grundlagen der Botanik empfohlen und genutzt.

Auf Basis dieser zahlreichen und wertvollen Rückmeldungen aus der Praxis wurde das seit rund 15 Jahren fast unverändert abgedruckte Buch nun komplett überarbeitet, aktualisiert und erweitert.

Wenn dieses Buch auch weiterhin dazu beiträgt, dass Menschen Pflanzen mit anderen Augen sehen, hat es seinen Zweck erfüllt.

Vorwort

Ich habe Pflanzen als Kind nie leiden können. Unbeweglich und träge standen sie auf der Wiese hinter dem Haus. »Sie«, die »Pflanzen«, waren irgendwie nicht greifbar, komplex und gerade deshalb langweilig. Für mich gab es nur große und kleine Pflanzen. Bäume und Gras, vielleicht noch Johannisbeersträucher. Die unüberschaubare Vielfalt der grünen Lebewesen im Garten überforderte mich und wurde eben deshalb als einheitliches Konglomerat zusammengefasst. Viel einfacher und übersichtlicher schienen krabbelnde Lebewesen. Käfer, Bienen, Fliegen, Mücken, alles klar unterscheidbar. Ich habe mich oft gefragt: »Was ist der Grund, dass wir eine Gruppe von Lebewesen, nämlich die Tiere, sehr einfach beschreiben können, während die Pflanzen für uns schwer erfassbar bleiben?« Heute weiß ich: Das Fehlen von Begriffen für scheinbar abstrakte Dinge erschwert die Betrachtung von so etwas Vielfältigem wie Pflanzen. Wie kann man zwei ähnliche Lebewesen voneinander unterscheiden, wenn die Worte fehlen, diese Unterschiede auch eindeutig zu bezeichnen?

Ich mag etwa fünf gewesen sein, als mir mein Vater das erste Mal den Baum vorgestellt hatte, der lange Zeit meine Lieblingspflanze bleiben sollte, allein, weil ich ihren Namen kannte. Die Robinie, vielmehr die *Robinia pseudoacacia*. Es dürfte der erste botanische Pflanzenname gewesen sein, den ich lernte. Vor allem: den ich eindeutig einem mir vorher unbekannten Lebewesen zuordnen konnte. Wann immer ich meine Robinie erkannte, spulte ich deren wundervoll klingenden Namen ab. *»Robin-i-a pseudo-a-kaz-i-a«*. Ich erkannte den Unterschied zu anderen Bäumen, konnte ihn aber noch nicht wirklich erklären. Nach und nach lernte ich weitere Pflanzen kennen. Erst jetzt verstand ich, dass alle Pflanzen, jedes dieser grünen namenlosen »Dinge«, doch tatsächlich eine eigene Bezeichnung hatten und dass manche wohl irgendwie miteinander »verwandt« waren.

So konnte ich einige Pflanzen erkennen und benennen, insbesondere lernte ich die nötigen Begriffe, um an jenen Pflanzen Unterschiede zu bezeichnen. »Blatt« und »Blüte« reichen hierbei bei weitem nicht immer aus. Der Blick für das große Ganze blieb mir jedoch vorerst verschlossen. Es war zwar irgendwie nachvollziehbar, dass alle Gräser ähnlich aussehen, obwohl es doch unterschiedliche Pflanzen sind. Auch, dass Äpfel und Birnen viel besser miteinander vergleichbar sind, als der Volksmund meint, wusste ich. Dennoch sollte es noch rund zwölf Jahre dauern, bis ich an der Universität die Grundlagen lernte, die es ermöglichen, das Chaos dauerhaft in eine logische Ordnung zu bringen.

Zwischendurch war ich meiner »Lebensaufgabe Überleben«, dem Survival, begegnet und arbeitete intensiv verschiedene Themen zu diesem Komplex auf. Es war 2003, während meiner ersten Australienreise, als ich zu meinem großen Erstaunen feststellen konnte: Viele Pflanzen und ihre Verwendung sind irgendwie ähnlich. Der Rasen vor dem Flughafen Perth unterschied sich nicht vom Rasen in Frankfurt oder Singapur. Die Borke der Bäume im Outback sah ähnlich aus wie jene von Pflanzen in Deutschland. Es gab eine »Blume«, die ich als ein großes Gänseblümchen erkannte (tatsächlich war es ein Feinstrahl). Aboriginekinder zeigten mir ein gelbes Kräutlein, das ich in einem Buch eingeklemmt mitnahm, Jahre später wiederfand und als eine Sauerkleeart bestimmte. Sie nannten diese Pflanze »sourgrass« und kauten die Stängel, genauso wie Kinder in Deutschland den →einheimischen Sauerklee.

Ich begann auf meinen Reisen Aufzeichnungen zu machen. Welche Pflanzen fand ich, wie konnte ich sie in einen logischen Zusammenhang mit heimischen Arten bringen? Eine große Frage stellte sich: Kann ich Informationen über die lokale Pflanzenwelt auf weltweit wachsende Pflanzen übertragen? Gibt es Überschneidungen in der Giftigkeit, im Nährwert oder in der medizinischen Anwendung? – Es gab sie.

Es stellte sich bei genauerer Betrachtung heraus, dass viele Pflanzen weltweit auf ähnliche Weise verwendet werden. Dabei handelt es sich aber selten um dieselben »Arten«, sondern vielmehr um »ähnliche« Pflanzen. Diesen Zusammenhang können Sie aus einem für Sie vermutlich zunächst völlig abstrakten, aber im Laufe des Buchs immer besser erfassbaren System ableiten: den verwandtschaftlichen Beziehungen aller Lebewesen. Wer lernt, Pflanzenmerkmale zu benennen und zu »sortieren«, kann die grundsätzliche systematische Einordnung vornehmen und damit den Nutzwert einer völlig fremden Pflanze erkennen – ohne jedes Buch.

Dieser Überblick über alle wichtigen Pflanzengruppen der Erde aus dem Blickwinkel der Ernährung und Medizin, ist ein Ziel, auf das ich seit Jahren hin arbeite.

Ich möchte Ihnen hier einen gut erfassbaren Bereich vorstellen. Es handelt sich um Pflanzen und Pflanzengruppen (Sie werden bald wissen, was damit gemeint ist), die es Ihnen erlauben, sich weltweit aus der Botanik zu ernähren.

Zweck des Buches

Um es relativ kurz zu machen, möchte ich eine der wichtigsten Fragen zum Zweck dieses Buches gleich zu Beginn beantworten: Nein, es ist kein weiteres Buch, das »Wildgemüse« oder »Kochrezepte« behandelt. Wir kümmern uns hier um »pflanzliche Notnahrung«, um »Survivalwissen für Extremsituationen«, also um die Fertigkeit, sich mit Pflanzen am Leben zu halten. Das hat insgesamt ziemlich wenig mit all den Büchern zu tun, die auflisten, wie Sie auf einer Wiese die Zutaten für einen Salat sammeln. Sie werden auch diese Informationen in diesem Buch finden können, es geht jedoch um sehr viel mehr.

Sie sollen nach dem Durcharbeiten des Buchs an praktisch jeder Stelle der Welt essbare Pflanzen finden können – auch ohne Bestimmungsbuch oder Listen. Um diese »Stufe des botanischen Wissens« zu erreichen, müssen Sie sich jedoch vorbereiten.

Es wäre von mir nicht ehrlich, zu behaupten, dass es ohne intensive Vorarbeit möglich wäre, dieses komplexe Wissen zu verinnerlichen. Vielmehr werden Sie im Laufe des Buchs merken, dass viele neue Begriffe eingeführt werden müssen, von denen Sie vermutlich noch nie etwas gehört oder gelesen haben.

Sie werden dieses Buch durcharbeiten müssen. Es ist kein reines Nachschlagewerk und sollte auch nicht als solches verstanden werden. Unabhängig davon, ob Sie schon botanisches Vorwissen besitzen, werden Sie als Leser auf eine Stufe gebracht, die Ihnen erlaubt, viele Pflanzen sinnvoll und im Hinblick auf pflanzliche Notnahrung korrekt einzuordnen. Sie werden viele Pflanzen mit anderen Augen betrachten, eine ganze Reihe neuer Lebewesen kennenlernen und mit allen Sinnen erfassen. Gleichzeitig werden Sie die wichtigen Informationen, Begriffe und Fremdwörter üben, um sich später selbstständig an ein »echtes Bestimmungsbuch« zu wagen, wenn Sie das hier verfügbare Wissen noch erweitern möchten.

Dazu brauchen Sie jedoch Zeit. Dieses Buch ist also als Übungs- und Arbeitsbuch gedacht, dem Sie sich in Ruhe widmen sollten. Am besten beginnen Sie mit diesem Prozess im Frühjahr und planen zwei oder drei Monate ein. Auf diese Weise können Sie zu fast jeder Pflanzengruppe die bei uns vorkommenden Vertreter mit Kraut und Blüte finden. Vielleicht nehmen Sie sich auch einen Besuch im Botanischen Garten vor.

Was Ihnen zu Beginn noch komplex und verwirrend erscheinen mag, wird sich mit der Zeit klären und greifbar werden. Merkmale bestimmter Pflanzengruppen müssen Sie zu Beginn einzeln mit den Beschreibungen im Buch vergleichen. Je mehr Pflanzen Sie so jedoch bestimmt oder eingeteilt haben, desto einfacher und sicherer wird Ihnen dieser Vorgang gelingen, bis Sie viele Pflanzen rein intuitiv richtig einordnen werden.

Ich verspreche Ihnen nicht weniger, als dass Sie sich nach dieser Lektüre praktisch weltweit im Notfall mit pflanzlicher Notnahrung versorgen können.

Ich wünsche Ihnen bei der Arbeit mit diesem Buch viel Spaß, aber auch Geduld und genügend Ruhe. Sie werden sehen, dass es sich lohnt.

Ihr Joe Vogel

Kann ich das essen, und wenn ja, welche Teile und wie viel davon? Vieles kann man sich mit entsprechendem Vorwissen herleiten. Anderes muss man lernen und wiederholen.

1 – Grundlagen

In diesem Kapitel möchte ich Sie mit den allerwichtigsten Grundlagen vertraut machen, die benötigt werden, um die folgenden Kapitel bearbeiten zu können. Wie in der Vorbemerkung erwähnt, versteht sich dieser Band nicht als alleiniges Bestimmungsbuch oder einfaches Nachschlagewerk, um unbekannte Pflanzen zu bestimmen. Vielmehr möchte ich Sie auf Ihrem Weg in die teils schwierig zu erfassenden Tiefen der Botanik begleiten. Das ist meines Erachtens notwendig, wenn Sie nicht nur »Gänseblümchen und Löwenzahn sammeln« möchten und damit schlicht an der Oberfläche Ihrer tatsächlichen Möglichkeiten kratzen.

Die pflanzliche Notnahrung ist ein so umfangreicher Komplex, dass Sie ihn mit Sicherheit nicht durch ein Querlesen von einigen Pflanzenbeschreibungen erfassen können.

Die verwandtschaftlichen Beziehungen der einzelnen Pflanzen, für diese typische Stoffgruppen und der Wert von Heilkräutern sind nicht nur dann von Bedeutung, wenn Sie ein passendes Buch mitführen. Vielmehr sollten Sie dieses Wissen ständig wiederholen, erweitern und anwenden, um es auch zu Zeiten, in denen kein solches Buch verfügbar ist, abrufbar zu halten.

In diesem Sinne sollen diese Beschreibungen als Arbeits- und Übungsanleitungen verstanden werden, die Sie je nach botanischer Vorbildung vielleicht innerhalb weniger Wochen oder im Laufe eines Sommers verinnerlichen können. Hierzu benötigen Sie ein »Handwerkszeug«, das aus den Grundlagen der Botanik, der Bestimmungskunde und insbesondere den notwendigen Begrifflichkeiten besteht. Um jene soll es hier zu Beginn gehen.

Pflanzenbezeichnungen, das große Latinum?

Warum werfen Botaniker immer mit lateinischen Fachbegriffen um sich, wenn es eigentlich auch einfacher ginge? Immer wieder wird mir in Gesprächen mit Interessierten diese wichtige und ernstzunehmende Frage gestellt. Ich versuche, sie an dieser Stelle zu erörtern.

Botanik als eigentlich naturnahe Wissenschaft hat, paradoxerweise noch mehr als die Zoologie, den Ruf, Metier von bärtigen Gelehrten zu sein, die in ihren sympathisch-chaotischen Zimmern alte Bücher wälzen und sich untereinander auf Latein unterhalten. Wenn ich an manchen Botanikdozenten während der Unizeit denke, hat dieses Vorurteil ein klein wenig seine Richtigkeit. In Anbetracht der regelmäßigen und teils langen, aber sehr interessanten Exkursionen durch unterschiedlichste →Biotope ist dieses Bild aber auch recht einseitig.

Viele akademische Botaniker sind jedoch tatsächlich damit beschäftigt, die systematische Struktur der Flora fachlich möglichst exakt zu erfassen, was durchaus jahrelange Vorarbeit erfordern kann und ständiger Aktualisierung und Wiederholung bedarf. Dadurch wird unter Botanikern auch die Akzeptanz einer sicherlich etwas eigentümlichen Sprachweise erzeugt. Andererseits sind die in der Botanik verwendeten Fachausdrücke auch ein Grund, warum sich viele Laien vor diesem Fachgebiet fürchten.

Welchen Grund hat es, dass die Pflanzenkunde so viele Fremdwörter benötigt? Um diese Frage stellen zu können, müssen wir erst einmal die Alternative hierzu betrachten. Es gibt nämlich durchaus einfache Bezeichnungen für einzelne Pflanzen oder, wie wir sie vorerst nennen möchten, Gruppen und Einteilungen. Diese Form wird (wiederum im Fachjargon) Trivialnomenklatur genannt, was aber keinesfalls ein abschätziger Begriff ist. Die Trivialnomenklatur ist ein Sammelbegriff für alle gängigen Bezeichnungen für Tiere, Pflanzen und vieles mehr im alltäglichen Sprachgebrauch.

Diese Bezeichnungen haben sich teilweise über Jahrtausende aus verschiedenartigen, im Volk verwendeten Namen und Sprachen entwickelt. Sie beschreiben ein Lebewesen oder einen Stoff oft nach dem äußeren Erscheinungsbild, seiner praktischen Anwendung oder einem vermuteten Wert.

Diese Namen sind jedoch nicht nur vage und bezeichnen oft nur eine einzelne Eigenschaft des »Dings«, sondern auch missverständlich, da diese Eigenschaft nicht alleine bei dem »Gemeinten« vorhanden sein muss. Sie können im Abschnitt der Pflanzenbeschreibungen viele ähnliche dieser »Volksnamen« finden.

Diese Bezeichnungen sind jedoch auch starken lokalen Variationen unterworfen. Es gibt Dutzende Beispiele, wie man sich auf der Suche nach einer Pflanze alleine durch den →Trivialnamen vergreifen kann. Das ist beim Zusammenstellen eines Handstraußes nicht weiter schlimm, wenn aber eine Verwechslung wie in unserem Falle beim Sammeln von Nahrung zu schwerwiegenden Vergiftungen oder gar zum Tode führen kann, ist eine eindeutige Bezeichnung extrem wichtig. Davon abgesehen möchten wir unser Wissen gegebenenfalls weltweit anwenden. So ist allein die sogenannte »latinisierte, binominale Nomenklatur« eines Lebewesens in der Form »*Gattung art*« unmissverständlich.

Zwei unterschiedliche Pflanzen, die den gleichen Gattungsnamen besitzen, sind sehr nah miteinander verwandt, quasi direkte Geschwister. Diese sind meist nicht nur im Aussehen sehr ähnlich, sondern auch oft in ihren Inhalts- und Giftstoffen. So werden beispielsweise alle Rosen, die untereinander überaus ähnlich sind, unter dem Namen Rosa spec. unmissverständlich zusammengefasst.

Der Beiname »*spec.*«, so viel sei vorweggenommen, sagt aus, dass es sich um eine beliebige, nicht weiter bestimmte Pflanze dieser gemeinsamen Gattung »*Rosa*« handelt. Näheres darüber erarbeiten wir im Kapitel 4 »Familienbünde«.

Sie dürfen dabei auch nicht vergessen, dass die Trivialnomenklatur nur in einem sehr begrenzten Gebiet ihre Gültigkeit hat. Wer also im Ausland einen Pflanzenkundigen fragt, ob jene nach Tollkirsche aussehende Pflanze wohl eine »crazy cherry« oder gar »great cherry« ist, kann vermutlich nur ein ungläubiges Schmunzeln des Gegenübers erwarten. Der Name »*Atropa belladonna*«, oder aber im Zweifel »*Atropa spec.*«, ist jedoch weltweit bekannt, egal auf welchem Kontinent und in welchem Sprachraum. Die Tollkirsche ist außerdem ein besonders interessantes Beispiel für die Fehlbarkeit der →Trivialnomenklatur, weil die Tollkirsche bis auf Fruchtform oder Farbe nichts mit einer Kirsche gemein hat. Der Name geht auf die leichte Ähnlichkeit mit der Frucht einer Kirsche zurück. Der Zusatz »Toll-« soll hingegen andeuten, dass die Wirkung der Pflanze den Unglücklichen, der sich damit vergiftet, »toll«, also verrückt oder unbeherrscht macht.

Die Butterblume ist Ihnen sicherlich auch ein Begriff. Diese Pflanze ist aber je nach

Ihrem Herkunftsort entweder der essbare Löwenzahn, bei dem sich der Name auf die Farbe der Korbblüte bezieht, oder aber die giftigen Hahnenfußpflanzen der Gattung Ranunculus, deren gelbe Blüten speckig glänzen, als ob sie mit Butter abgerieben worden seien.

Hier kann die Information, dass bei »Butterblumen« (in diesem Fall ist der Löwenzahn *Taraxacum spec.* gemeint) die Wurzel ausgelaugt in größeren Mengen als energiereiche Nahrung dienen kann, zu schwerwiegenden Vergiftungen führen, wenn stattdessen der Scharfe Hahnenfuß *Ranunculus acris* gesammelt wird. Ähnlich sieht es aus, wenn Sie Schwarzwurz sammeln möchten. Das ist nämlich nicht die Pflanze, die Sie vielleicht als »Spargelersatz« aus der Küche kennen, sondern der Echte Beinwell, *Symphytum officinale*, der in großen Mengen verzehrt als leberschädigend und krebserregend eingestuft wird. In der Küche findet die Schwarzwurzel *Scorzonera spec.* Verwendung. Hier wird in der Trivialnomenklatur die Farbe der Wurzel zweier Pflanzen beschrieben, die systematisch gesehen nicht näher miteinander verwandt sind.

Einige Pflanzen besitzen außerdem der Einfachheit halber deutsche Bezeichnungen, die keinerlei verwandtschaftliche Zusammenhänge nachvollziehen lassen. Gerne verwendet werden »-kraut«, »-wurz«, »-rauke«, »-blümchen« und vergleichbare Beinamen. Eine Seminarteilnehmerin erzählte mir einmal von einer schwerwiegenden Vergiftung mit wochenlangen Schmerzen in der Mundhöhle, nachdem sie giftige Buschwindröschen der Gattung *Anemone* verzehrt hatte. Vermutet hatte sie eine enge Verwandtschaft zu den essbaren Weidenröschen *Epilobium spec.*, einem Nachtkerzengewächs. Dennoch sind die Trivialnamen ungemein wichtig, weil sie Ihnen vermutlich viel besser als die Fachnamen geläufig sind und auch einen ersten Hinweis bei der Bestimmung einer Pflanze geben, da sie wie beschrieben oft äußere, besonders auffällige Merkmale kennzeichnen.

Aus diesen Gründen wird Ihnen ein verantwortungsbewusster Botaniker neben dem Trivialnamen immer auch den botanisch korrekten Namen aufführen, sofern auch nur eine geringe Verwechslungsgefahr besteht. Ich werde das auch hier im Weiteren so handhaben. Sie werden sich schnell daran gewöhnen und so hoffentlich auch ein wenig die Furcht vor »harter« Fachliteratur verlieren, die Sie für erweiterte Pflanzenbestimmungen benötigen werden. Außerdem können Sie dann ohne Probleme anderssprachige Literatur auf Reisen verwenden.

Die Fachwörter werden von Botanikern nicht verwendet, um Sie als Leser mit dem Latinum zu quälen, sondern um die Bestimmung, systematische Einteilung und eindeutige Benennungen von Pflanzen zu erleichtern und um Ihnen dadurch die eine oder andere unangenehme Erfahrung zu ersparen.

Die Pflanze

Ihnen ist ganz bestimmt bekannt, dass es kaum so etwas gibt, wie die Pflanze. Kein Lebewesen dieser Erde ist mit einem anderen identisch. Vielmehr haben sich in fast zauberhafter Weise die unterschiedlichsten und skurrilsten Formen etabliert, die es jeweils auf ihre Art verstehen, im immerwährenden Kampf ums Überleben (Survival ist keine Erfindung der Neuzeit) einen Vorteil zu gewinnen.

Selbst zwischen zwei Pflanzen derselben Art bestehen – forciert durch äußere Faktoren – oft riesige Unterschiede. Sie können sich vorstellen, wie stark sich dann zwei unterschiedliche Pflanzenarten voneinander unterscheiden, wenn eine zum Beispiel an die Wüste, die andere an tropisches Klima angepasst ist. Manche Pflanzen wie einige Kakteen bilden keine Blätter, andere parasitieren und sind deshalb nur an wenigen Blattbereichen grün gefärbt (den Grund hierfür erfahren Sie in Kürze). Manche Misteln, Bromelien oder Orchideen wachsen als »Aufsitzer« auf Bäumen und wurzeln

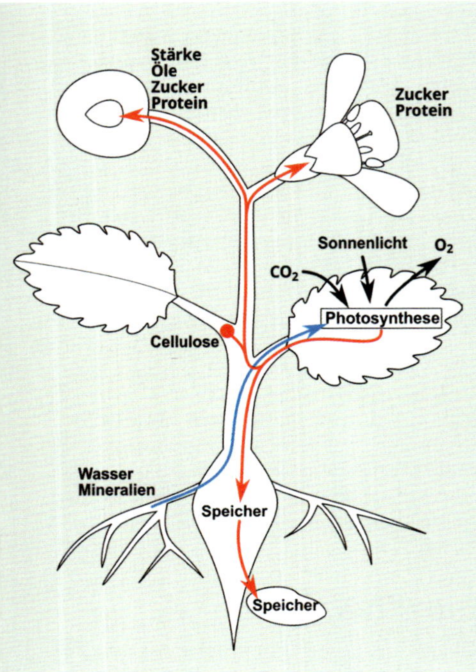

Ein Modell, das alle wichtigen Bereiche einer Pflanze besitzt. Einige Pflanzen besitzen nur einen Teil der hier vorgestellten Organe.

deshalb nicht im Boden. Die Ihnen als Entenflott oder Wasserlinse bekannte Pflanze Lemna spec. schwimmt gar völlig frei und besitzt im Prinzip nur Blätter und Wurzeln. Die in der Wüste Namib wachsende Welwitschie besitzt dagegen zeitlebens – und das können ein paar Jahrhunderte sein – nur zwei Blätter, die aber dafür meterlang werden. Im Reich der Pflanzen gilt wirklich, dass nahezu jede mögliche Form existiert.

Dennoch werden wir einen Teil eines →Archetyps, also ein grundsätzliches »Urbild« in jeder Pflanze finden. Das ist eine Form, die die meisten für uns typischen Pflanzen annehmen, wenngleich das auch ein wenig ignorant erscheint, weil jede Sonderform ihre Berechtigung in der für sie perfekten Funktion hat. Aber wie Sie in diesem Buch noch einige Male feststellen werden, müssen wir manchmal bei der Betrachtung von Lebewesen stark vereinfachen und zusammenfassen, auch wenn wir damit der Faszination der unendlich ausgeprägten Vielfalt kaum gerecht werden können.

Wir stellen uns als Modell einen einfachen kleinen Baum oder Strauch vor, mit Wurzeln, Blättern und Blüten. Er besitzt prinzipiell alle Merkmale, von denen alle anderen Pflanzen zumindest einen Teil haben. Wir beginnen mit der tiefsten Stelle der Pflanze und bewegen uns bis an die Spitze.

Wurzeln

In der Erde fest gesichert, hat das Wurzelwerk unserer Modellpflanze einige besonders wichtige Aufgaben. Über die feinen Verästelungen, man kann hier von einem regelrechten Netzwerk sprechen, nimmt die Pflanze nicht nur das für alle Lebewesen notwendige Wasser, sondern auch eine ganze Reihe von Stoffen auf, die im Wasser gelöst sind. Sie wurden entweder aus den Mineralien der Erde ausgewaschen, kamen über abgestorbene Lebewesen in den Boden oder sind von Bakterien zum Beispiel aus der Luft entnommen und in eine lösliche Form überbracht worden. Einer der für die Pflanze (und uns) besonders wichtigen Stoffe ist der Stickstoff. Er ist der Grundstoff, der für die Bildung von Aminosäuren und damit letztendlich Proteinen notwendig ist. Aus humusreichen, fruchtbaren Böden kann die Pflanze diesen Stickstoff gewinnen. Auf mageren Böden spielen Symbiosen zwischen der Wurzel mancher Pflanzen und Bakterien eine große Rolle. Denn der Luftstickstoff, der in sehr großen Mengen in der Atemluft vorkommt, bleibt für die Pflanze unerreichbar – nur Bakterien können ihn binden. Stickstoff ist damit meist der Faktor, der das Wachstum einer Pflanze einschränkt.

Da viele Pflanzen während des Winters oder der Trockenzeit eine Wachstumspause einlegen, entledigen sie sich oft ihrer oberirdischen Teile, viele lassen zumindest die Blätter fallen. Im Frühjahr benötigen sie deshalb Speicher, um schnellstmöglich wieder auszutreiben. Dies wird durch die direkte Konkurrenz von Nachbarpflanzen notwendig. Denn wie wir noch sehen, gibt es wenig Schlimmeres, als wenn einer Pflanze das Licht genommen wird.

Also bilden viele dieser Lebewesen entweder aufgeblähte Wurzeln, Knollen oder sogenannte Rhizome aus, in denen Energie in Form von beispielsweise Stärke oder Inulin gespeichert werden kann. Darin ist jedoch bei vielen Giftpflanzen häufig die größte Giftmenge gespeichert. Deshalb sind bei weitem nicht alle energiereichen Wurzeln oder Knollen auch essbar.

Das über die Wurzeln aufgenommene Wasser und die darin gelösten Nährstoffe werden nach oben in die sogenannte Sprossachse geleitet.

Sprossachse

Mit dem Begriff »Sprossachse« wird allgemein der Haupttrieb einer Pflanze bezeichnet, der je nach Wuchs auch Stängel, Stamm oder Halm genannt werden kann. Die Sprossachse hat die Hauptaufgabe, die Lösungen aus dem Wurzelwerk an weiter oben liegende Bereiche weiterzuleiten. Außerdem gibt sie der Pflanze Stabilität und streckt ihre Blätter möglichst hoch der Sonne entgegen, um etwaige Lichtkonkurrenten zu überragen. Weil Pflanzen statisch betrachtet besonders komplizierte Strukturen sind, denn der Querschnitt der Sprossachse ist viel kleiner als die Länge, müssen bestimmte Strukturen und →Moleküle für sehr hohe Stabilität sorgen. Bei unserem Modell übernimmt hauptsächlich die als Netzwerk aufgebaute Zellulose diese Aufgabe. Das ist der Zellstoff, den Sie auch von Papiertaschentüchern kennen. Zusammen mit einem weiteren Stoff, dem Lignin, bilden beide das Holz. Wichtig ist für uns erst einmal die Menge des Holzes im Verhältnis zum Blattwerk, weil wir dadurch sehr viel über Speichersysteme der Pflanze aussagen können.

Hierzu müssen wir wissen, dass Zellulose im Prinzip genau das Gleiche ist wie Stärke. Beides sind sogenannte Polysaccharide, hier: vielfach vernetze Einheiten aus Traubenzucker. Der Unterschied besteht in der Art der Verknüpfung zweier benachbarter Zuckermoleküle. Im Fall von Zellulose ist diese Verbindung sehr viel schwieriger durch Enzyme zu spalten als bei Stärke. Deshalb können Tiere Stärke verdauen, Zellstoff jedoch nicht.

Wir merken uns, dass Zellulose aus den gleichen Grundbausteinen aufgebaut ist wie Stärke. Ich werde später noch einmal darauf zurückkommen.

In der Sprossachse laufen jedoch nicht nur Bahnen von der Wurzel zu den oberen Stockwerken, sondern auch umgekehrt. In den Blättern erzeugte Stoffe können auch zu den Wurzeln verbracht und hier eingelagert werden.

Blätter

An der Sprossachse entspringt das Laub. Die Blätter können sehr unterschiedlich in Form und Gestalt sein, gemein haben sie, dass sie grün sind. Diese Farbe wird von einem Stoff erzeugt, der als »Blattgrün« oder Chlorophyll bezeichnet wird. Dieser Stoff ist ein wahres Wunderwerk, vermag er etwas zu schaffen, an dem sich die Technik schon lange versucht: Er sammelt wie eine natürliche Solarzelle hocheffizient Sonnenenergie, wobei energiereiche, chemische Stoffe gebildet werden. Hierzu benötigt das Blatt Wasser, welches von der Wurzel angeliefert wird. Außerdem »atmet« das Blatt über winzige Spalten Kohlendioxid (CO_2) ein – den Stoff, den wir ausatmen. Über eine komplizierte chemische Reaktion, die man auch Photosynthese nennt, wird aus dem Kohlendioxid und Wasser der Sauerstoff (O_2) gebildet, welcher wiederum von der Pflanze ausgeatmet wird.

Besonders wichtig ist ein weiterer Stoff, der dabei gebildet wird: Zucker. Der Zucker wird in verschiedenste Bereiche der Pflanze transportiert, zum Beispiel in die süß schmeckenden Früchte, teilweise verkettet zu Stärke in der Wurzelknolle oder in Samen beziehungsweise Zellstoff im Holz.

Wer es versteht, »Pflanzen zu lesen«, kann allerhand über sie in Erfahrung bringen.

Nun können wir nämlich aus dem erlangten Wissen schon beim ersten Anblick einiges ableiten. Eine Pflanze mit viel Blattgrün – ob auf wenige große Blätter oder viele kleine verteilt, spielt hier keine Rolle – kann über die Photosynthese viel Zucker erzeugen. Dieser Zucker kann zum Aufbau einer großen und festen Sprossachse verwendet werden. Auf diese Weise bilden die Bäume ihre tonnenschweren, massigen Stämme. Ist eine Pflanze reich an Blattgrün, aber von gedrungenem Wuchs, oder bildet sie überhaupt kein Holz, ist dies ein starkes Indiz dafür, dass sie einen großen Teil der gebildeten Energie als Speicherstoff in unterirdischen Wurzeln oder Knollen abspeichert.

Beim ersten Blick auf eine essbare Pflanze können Sie nun also ableiten, ob sie Ihnen hochwertige Nahrung liefern kann.

Als Übung können Sie sich beim nächsten Waldlauf Pflanzen mit unterschiedlichem Wuchs suchen und nach Anwendung der Regel einen Teil der Wurzel angraben (wenn sie nicht verwertet werden soll, bitte ohne sie herauszureißen oder zu beschädigen). Sie bekommen auf diese Weise sehr schnell einen Blick dafür, welche Menge des gesamten Blattgrüns im Verhältnis zum Wuchs für welche Knollen- oder Wurzelgröße steht.

Blüten

Ähnlich wie die Blätter sind auch Blüten eine der Sprossachse entspringende Struktur. In der Regel lassen sich vier Blütenorgane erkennen, die kreisförmig übereinander gelagert sind. Unten beginnt die Blüte mit einem sogenannten Kelch. Prinzipiell besteht er aus der aufgeplatzten Knospe, oder anders herum: Die Kelchblätter sind vor dem Öffnen der Blüte miteinander verwachsen. Die Knospe reißt an Sollbruchstellen auf, wodurch eine für die Pflanze typische Zahl von einzelnen Kelchblättern zu erkennen ist. Auch die restlichen Blütenorgane haben eine ganz bestimmte, im Erbgut festgesetzte Anzahl und bilden sich nicht »zufällig«, wobei einzelne Blüten natürlich eine Ausnahme machen können. Der Kelch ist oft andersartig gefärbt oder ge-

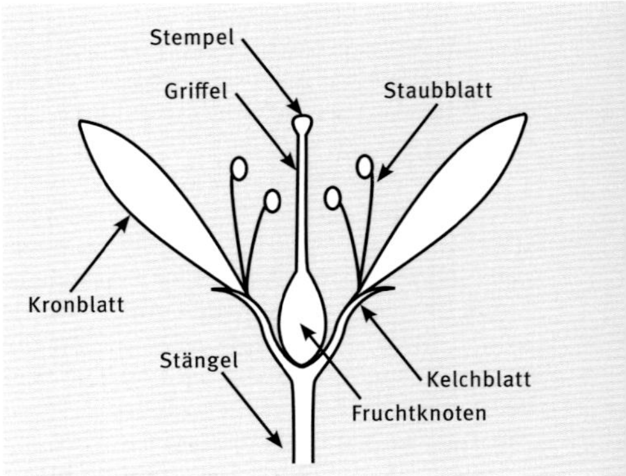

Eine typische Pflanzenblüte besitzt verschiedene Blütenorgane. Das Vorhandensein und die Anzahl dieser einzelnen Bereiche liefern wichtige Informationen über eine bestimmte Pflanzengruppe.

formt als die darüber liegenden Kronblätter, die ihrerseits die Krone bilden. Das ist der Teil, den man im Volksmund oft ungenau als »Blütenblätter« bezeichnet.

In manchen Fällen fehlt anscheinend der Kelch, weil er den Kronblättern zum Verwechseln ähnlich sieht oder nach dem Aufblühen abfällt. In konzentrischen Reihen innerhalb der beiden Ringe aus Kelch und Krone stehen die Staubblätter mit Staubbeuteln hervor. Sie sind der »männliche« Teil der Blüte, der den Pollen zur Befruchtung freigibt. Zentral in Verlängerung der Blütenachse steht mehr oder minder prominent der Griffel hervor, dessen oberster Punkt, die Narbe, als »weiblicher« Blütenpart Pollen aufnehmen kann. Aus dem befruchteten Bereich im Zentrum der Blüte wächst der Same heran, der abhängig von der Pflanzenabteilung (hierauf werden wir in einem späteren Kapitel genauer eingehen) von einem Fruchtblatt umgeben ist. Dieses schwillt bei der Fruchtreifung oft wie ein Apfel an oder bildet zusammen mit anderen Bereichen der Blüte beispielsweise Schoten oder Kapseln.

Die Form, Farbe, Anzahl und Symmetrie der Blütenorgane sind wichtige Erkennungsmerkmale der verschiedenen Pflanzenfamilien.

Blütensymmetrien

Als zumeist auffälligstes gemeinsames Merkmal haben viele Pflanzengruppen sehr ähnliche Blüten. Uns interessiert hier erst einmal die Symmetrie der Einzelblüten. Hierzu verteilen wir gedanklich, von oben auf die Blüte blickend, Symmetrieachsen. Kann die Blüte aufgrund starker Unterschiede einzelner Blütenorgane nur mit einer Symmetrieachse geteilt werden, ist die Blüte zygomorph. Diese Blütensymmetrie ist bei verschiedenen Pflanzengruppen sehr häufig.

Kann die Blüte durch zwei senkrecht aufeinander stehende Spiegelachsen geteilt werden, ist die Blüte kreuzsymmetrisch. Diese Symmetrie kommt hauptsächlich bei sogenannten Kreuzblütlern *Brassicaceae* und den Mohngewächsen *Papaveraceae* vor. Bei anderen Pflanzengruppen ist diese Symmetrie nur selten anzutreffen.

Wenn die Blüte jedoch in unbestimmt viele Segmente durch Drehen um die Blütenachse geteilt werden kann, spricht man von einer radiärsymmetrischen Blüte.

Zu beachten ist, dass im botanischen Sinn oft eine scheinbar radiärsymmetrische Blüte in Wirklichkeit eine Sammel- oder Korbblüte mit winzigen, teilweise zygomorphen und radiärsymmetrischen Einzelblüten ist. Manche Pflanzengruppen haben außerdem stark reduzierte oder umgeformte Blüten wie zum Beispiel Blüten von Gräsern. Unser hier gezeigtes Blütenmodell deckt also nur einen kleinen Teil aller möglichen Blütenformen ab. In den Familien- und Pflanzenporträts wird deshalb jeweils präzise darauf eingegangen.

Früchte

Die Botanik unterscheidet zwischen vielen unterschiedlichen Fruchtarten. Uns soll es reichen, wenn wir Früchte und Samen voneinander unterscheiden können. Unter der Frucht versteht man im Allgemeinen den saftigen, oft süßen Bereich, in dem der oder die Samen liegen, beispielsweise Melonen, Äpfell oder Kirschen.

Vom Samen sprechen wir, wenn wir allein den Bereich meinen, der als kleinstmögli-

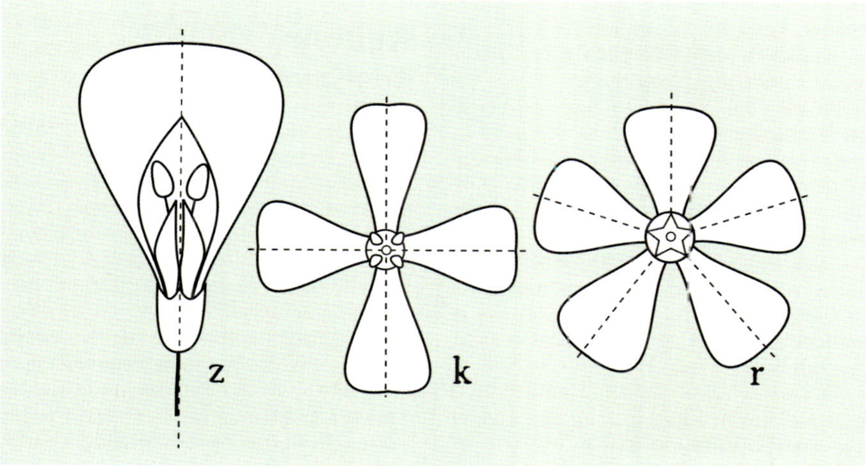

Fast alle Blüten lassen sich durch das Verteilen von Symmetrieachsen in verschiedene Gruppen einteilen. Zygomorphe Blüten (z) haben nur eine Spiegelachse, während kreuzsymmetrische Blüten (k) zwei rechtwinklig aufeinanderstehende besitzen. Radiär- oder Drehsymmetrie (r) zeichnet sich dagegen dadurch aus, dass Sie keine Spiegelachse auf eine solche Blüte legen können, sondern die Form durch das Verdrehen in Deckung bringen.

cher Fortpflanzungskeim dient, also Apfelkerne, aber auch Bohnen oder Erbsen.

Die Frucht steht bis zur Reife ständig in Verbindung mit der restlichen Pflanze. Sie nimmt über die Versorgungsstränge Wasser, Zucker und andere Verbindungen auf. Auf das Gewicht bezogen enthält das Fruchtfleisch jedoch in der Regel sehr viel weniger Energie als Samen, Wurzeln oder Knollen. Das hat damit zu tun, dass der für uns süß schmeckende Zucker viel Wasser zum Speichern benötigt, weil er osmotisch stark aktiv ist (→osmotisch aktive Teilchen), oder, wie man auch sagt: »Zucker zieht Wasser«. Stärke hingegen ist viel besser zum Einlagern in einer kompakten Knolle geeignet, weil sie hierzu nur wenig Wasser benötigt.

Früchte enthalten meist Zucker, um den Anreiz zu schaffen, gegessen zu werden und so zur Verbreitung der Samen beizutragen. Dabei hat es die Pflanze nicht nötig, Platz zu sparen. Anders sieht das beim Samen aus. Er soll möglichst kompakt und leicht sein, damit er in einigen Fällen sogar durch Flugschirme verbreitet werden oder den Beißapparat des Pflanzenfressers unbeschadet durchqueren kann. Etwa doppelt so viel Energie wie reine Stärke und ein Vielfaches von süßem Fruchtfleisch hat die für Pflanzen dichteste Energieform: Öl.

Einige Pflanzen lagern dennoch Stärke in den Samen ein, insbesondere in solchen, deren Verbreitung durch Ausschleudern geschieht, oder wenn aufgrund ihres Wuchses keine weite Verbreitung der Samen benötigt wird.

Die Einlagerung von Öl ist für die Pflanze nicht besonders energieeffizient, weshalb in der Regel nur im Samen, also dort, wo es unbedingt notwendig ist, Speicheröle abgelegt werden.

Wir wissen nun nicht nur einiges über den Aufbau der Pflanzen, sondern können uns auch überlegen, wo wir die meiste Energie finden.

Zuallererst finden wir sie meist in Wurzeln oder Knollen in Form von Speichermolekülen. Diese Form der Speicher ist für uns auch die meist am leichtesten erreichbare. Es lassen sich zwar auch Samen verarbeiten, die Stärke oder Öle enthalten, das Sammeln und Vorbereiten der Samen kleiner Pflanzen ist jedoch oft ungleich aufwendiger als das Ausgraben einer Wurzelmenge mit gleicher Energie. Bei großen und dabei verholzten Pflanzen hingegen, lohnt das Ausgraben nicht. Hier wissen wir, dass die Pflanze keine oder nur sehr kleine unterirdische Energiespeicher anlegt, da der meiste Zucker in Zellulose verkettet wird.

Diese finden wir auch in den Blättern. Zellulose kann von keinem Tier verdaut werden. Pflanzenfresser helfen sich mit einzelligen Kleinstlebewesen und Bakterien, indem sie wiederkäuen oder den eigenen Blinddarmkot fressen. Diese Möglichkeit bietet sich uns nicht (und im zweiten Fall wollte ich es auch nicht wissen).

Über die grünen Blätter können wir deshalb nur sehr kleine Mengen an Zucker und Öl aufnehmen, jedoch eine große Menge an Wasser und Stoffen, die während der Photosynthese benötigt werden, durch Sonnenlicht entstandene Giftstoffe abfangen, vor Fraßfeinden schützen und so weiter.

Weitere Bestimmungsmerkmale

Vergleicht man unterschiedliche Pflanzen miteinander, sieht man häufig, dass sie »irgendwie« unterschiedlich sind. Es ist sehr schwer zu beschreiben, was diese Unterschiede sind, wenn man sie nicht benennen kann. Die Botanik verwendet einige einfache Bestimmungsmerkmale, die man sich gut einprägen kann. Sehr oft wird sich dabei auf den Aufbau und die Symmetrie einer Einzelblüte, der Blütenstände in ihrer Gesamtheit oder auf die Form und Orientierung der Laubblätter bezogen. Diese festen Merkmale sind meist ein wichtiger erster Hinweis.

Blattformen

Die grundsätzlichen Blattformen und -stellungen sind in aller Regel einfach zu bestimmen oder abzuleiten. Wichtige Merkmale sind hier, ob die Nervenbündel der Blätter parallel oder verzweigt verlaufen, ob das Blatt bestielt ist oder direkt auf der Sprossachse aufsitzt und wie die Anordnung der Blätter untereinander ist. Einfach sind außerdem Blattumwandlungen wie Nadeln oder schuppenartige Blätter zu benennen.

Blätter können ferner einfach oder zusammengesetzt sein. Von Rosskastanien kennen Sie zum Beispiel das fingerförmig zusammengesetzte Laub, bei Scheinakazien oder Erbsen sehen Sie dagegen sogenannte Laubfiedern. Das sind viele kleine →Blättchen, die geordnet an einem gemeinsamen Blattstiel stehen. Ist am oberen Ende dieses Fiederblatts ein einzelnes Blättchen, ist es eine »unpaarige Fieder«.

Wir erkennen bei manchen Pflanzen mit Fiederblättern, dass anstatt des obersten Blättchens einige spiralig geformte Wickel- oder Halteorgane ausgebildet sind. Diese Form ist typisch für rankende Pflanzen. Ist überhaupt kein oberstes, einzelnes Blättchen vorhanden, sprechen wir von einer »paarigen Fieder«. Hier ist ferner zu beachten, dass es sich bei dem gesamten Fiederwedel um ein Blatt handelt.

Weitere oft zu findende Formen von Blättern sind außerdem eiförmig, eiförmig zugespitzt, herzförmig oder umgekehrt herzförmig sowie linealisch.

Während die Blattform feine Variationen der Außenlinie vernachlässigt, beschreibt der Blattrand genau diesen Bereich. Blätter können beispielsweise gebuchtet oder gelappt, ganzrandig sowie verschieden stark gesägt sein.

Zu diesen Merkmalen kommt noch die für einige Familien sehr wichtige Eigenschaft

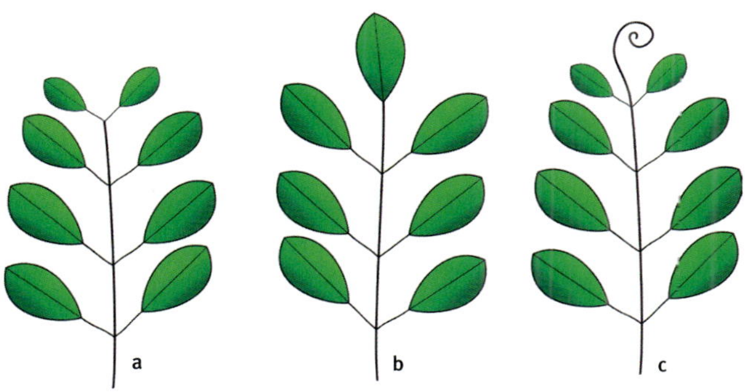

Fiederblätter bestehen aus vielen kleinen Blättchen an einem Stiel. Sie können eingeteilt werden in paarige Fiedern (a), unpaarige Fiedern (b) sowie Fiedern mit terminalem Halteorgan (c). Manchmal sind Fiederblätter auch »doppelt gefiedert«. Dabei stehen an der Stelle der Blättchen selbst kleine, aufgeteilte Fiederchen.

Wichtige Blattformen, wie sie an fast jeder Pflanze gefunden werden können: eiförmig (e), eiförmig-zugespitzt (ez), herzförmig (h) bzw. umgekehrt herzförmig (hu) sowie linealisch (l), wenn diese Form auch unten zugespitzt ist, spricht man von »lanzettlich«, Nadeln (n) und schuppenförmige Blätter (s) sind hierbei spezielle Blattformen.

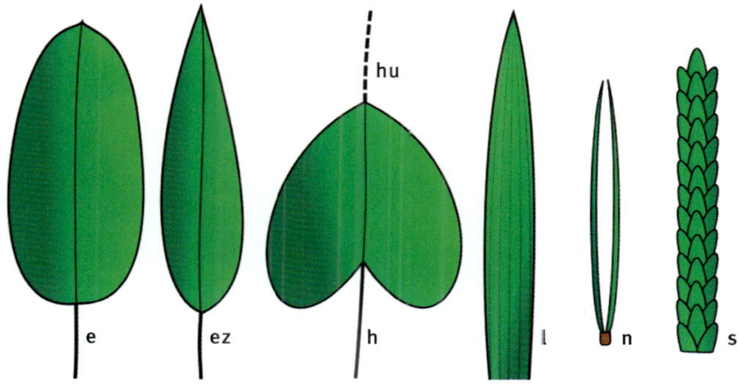

des Nebenblatts hinzu, das ein kleiner Auswuchs am unteren Ende des Blattstiels, der sogenannten Blattachsel, ist. Bei manchen Pflanzengruppen fehlt dieses, während es bei anderen gut ausgebildet ist. Das Nebenblatt kann entweder wie ein echtes Blatt ausgebildet sein, manchmal ist es auch zu einem feinen Faden oder Dorn umgewandelt.

Mit diesen wenigen Blattbeschreibungen können wir das Laub unbekannter Pflanzen schon einmal recht gut einteilen. Sicherlich können Sie sich vorstellen, dass es in der Natur starke Variationen dieser Grundformen gibt. Deshalb ist es unverzichtbar, immer mehrere Merkmale zu betrachten.

Blattstellung

Besonders interessant, da sie unter nah verwandten Pflanzen meist gleich ist, ist die Stellung der Blätter an der Sprossachse. Ist das Laub scheinbar ohne Ordnung und einzeln um die Pflanzenachse verteilt, sprechen wir von wechselständigem Laub.

Stehen die Blätter dagegen immer paarweise einander gegenüber, wobei zwei benachbarte Paare etwa 90° zueinander ver-

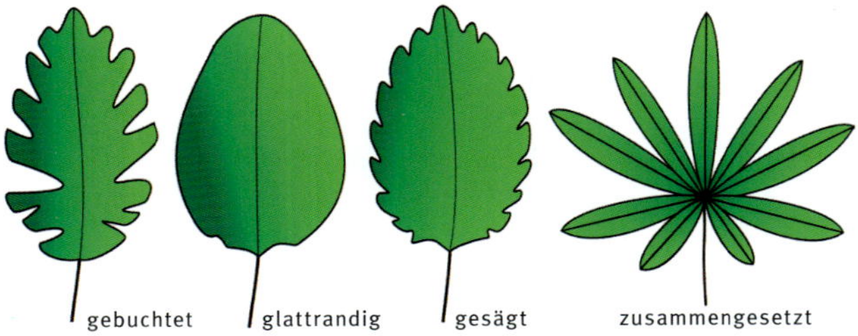

Die Blätter besitzen in der Regel einen festgelegten Blattrand. Sie können in der botanischen Literatur auch noch genauer beschrieben sein wie zum Beispiel »doppelt gesägt« oder »schrotsägeförmig«.

Innerhalb vieler Pflanzengruppen ist die Blattstellung identisch. Sind die Blätter um die Sprossachse unregelmäßig verteilt, ist diese Blattstellung »wechselständig« (ws), stehen dagegen jeweils zwei Blätter paarweise zusammen und sind zum nächsten Blattpaar um 90° verdreht, sprechen wir von gegenständigem Laub (gs). Viele Blätter, die an einer Stelle kranzartig um die Sprossachse verteilt sind, nennen wir »wirtelig« (wt). Oft findet man eine »bodenständige Rosette« (br). Eine weitere wichtige Eigenschaft ist das Vorhandensein eines Nebenblatts (nb) in der Blattachsel (ba).

dreht sind, nennt man diese Eigenschaft »gegenständig«. Sind viele Blätter um die Sprossachse auf gleicher Höhe gedrängt, ist die Blattstellung wirtelig.

Zu guter Letzt kann bei allen Blattstellungen die Sprossachse so stark verkürzt sein, dass die Blattstellung nicht mehr ohne Weiteres erkennbar ist. Diese bodenständige Rosette kommt bei unterschiedlichen Pflanzengruppen vor und ist meist eine evolutorische Anpassung an das jeweils besiedelte →Biotop.

Sammelorte

Wenn wir uns auf die Suche nach pflanzlichen Nahrungsbestandteilen begeben, ist es natürlich wichtig zu wissen, wo die größten Chancen bestehen, fündig zu werden. Die in den Beschreibungen aufgeführten Gattungen und Arten sind danach ausgewählt worden, dass sie praktisch überall gefunden werden können. Sie benötigen für eine stabile Kohlenhydratgrundlage prinzipiell nur eine einzige dieser Pflanzen in ausreichender Menge. Das ist an nahezu allen Orten möglich. Das gilt sogar für wenig bewachsene Steppen oder relativ artenarme, dichte Nadelwälder. Dennoch gibt es einige →Biotope, die für einen außerordentlichen Reichtum an essbaren Pflanzen stehen. Die Vielfalt verschiedener Arten nennt man übrigens →Diversität. Ich will diese Orte sowie einige für sie typische Vertreter an dieser Stelle kurz umreißen. Viele in diesem Kapitel genannte essbare Pflanzen sind wichtige Beispiele und werden deshalb im Abschnitt der Pflanzenporträts noch einmal gesondert vorgestellt.

Feuchtgebiete

Besonders schnell werden Sie an Flussufern, Seen oder auf regelmäßig überschwemmtem Auenland fündig. Der Boden an diesen

»Feuchtgebiete« finden Sie nicht nur als Beststeller in Ihrer Buchhandlung, sondern auch an jedem natürlichen Gewässer, das hin und wieder über die Ufer tritt.

Oberflächen, die durch den Menschen oder Naturgewalten vollständig gerodet worden sind, werden von der besonders schnell wachsenden und robusten Ruderalflora neu begrünt.

Orten ist oft feucht und sehr nährstoffreich. Hier finden Sie nicht nur eine Menge an Gräsern, sondern auch im Dickicht des Uferbewuchses besonders energiereiche Pflanzen wie Brennnesseln, Rohrkolben und Schilf. Da Gewässer ideal zum Transport von Samen oder Wurzelstückchen über weite Strecken geeignet sind, finden hier viele Pflanzen neben guten Wachstumsbedingungen eine ideale Verbreitungsmöglichkeit. Durch Hochwasser losgerissene Pflanzenteile oder ins Wasser gefallene Samen werden über weite Strecken im Wasser getragen und irgendwo ans Ufer gespült. Deshalb finden Sie hier auch viele essbare →Neophyten, also aus anderen klimatischen Regionen eingeschleppte Pflanzen, wie das Drüsige Springkraut *Impatiens glandulifera* oder den Japanischen Staudenknöterich *Fallopia japonica* in ganzen Feldern. Der Boden ist meist weich, was das Ausgraben von Wurzeln erleichtert.

Außerdem finden Sie hier wichtige Heil- und Nahrungspflanzen wie Schilfrohr *Phragmites australis*, Silberweide *Salix alba*, Rohrkolben *Typha spec.*, Minzen *Mentha spec.* oder das Mädesüß *Filipendula ulmaria*.

Zu beachten ist insbesondere in tropischen Regionen, dass alle Pflanzenteile, die in direktem Kontakt mit dem Wasser gewesen sind, blanchiert werden sollten. Auf der schleimigen Oberfläche tummeln sich nämlich oft die Erregerstadien von Parasiten, die den Menschen befallen können.

Ruderalflächen

Ruderalflächen sind geprägt durch stark kiesigen und meist trockenen Boden. Sie entstehen oft durch menschlichen Einfluss wie Baumaßnahmen oder durch Erosion nach Überschwemmungen. Hier finden Sie zwar nur sehr robuste Arten, dafür jedoch in großer Menge. Eine ganze Anzahl von Fuchsschwanzgewächsen und Korbblütlern wächst hier aufgrund mangelnder Konkurrenz besonders gut. Sie können hier nicht nur meist den Weißen Gänsefuß *Chenopodium album*, Kletten *Arctium spec.* oder Wegeriche *Plantago spec.* finden, sondern auch oft Heilpflanzen wie die Echte Kamille

Matricaria chamomilla und die sehr energiereichen Nachtkerzen *Oenothera spec.*

Da der Boden außerordentlich hart und mit Kies oder Steinen versetzt ist, ist einige Mühe beim Ausgraben von Wurzeln und Knollen notwendig.

Wiesen

Stark beschienene Flächen mit eher magerem Boden sind oft besonders artenreiche Wiesen. Hier gedeihen hauptsächlich Pflanzen, die eher anspruchslos sind. Die hier wachsenden Pflanzen wurzeln oft tief. Größere Arten bilden eine Speicherwurzel, da sie im Frühjahr mit hoher Wuchskonkurrenz zu kämpfen haben. Solche Pflanzen sind beispielsweise die Wegwarte *Cichorium intybus*, der »Löwenzahn« (je nach Bodenbeschaffenheit ist entweder *Leontodon spec.* oder *Taraxacum spec.*, die beide trivial als Löwenzahn bezeichnet werden, häufiger anzutreffen) oder die Wilde Möhre *Daucus carota*. Außerdem finden Sie hier eine große Menge an unterschiedlichen Gräsern und kleinen Lippenblütlern wie dem Wilden Majoran *Origanum vulgare*. Hier wachsen jedoch auch viele Giftpflanzen, die das Erscheinungsbild einer Wiese stark prägen. Auf praktisch jeder Grünfläche dieses Biotops finden Sie etwa die buttergelben Blüten der Hahnenfußpflanzen *Ranunculus spec.*

Waldränder

An Waldrändern ist im Gegensatz zum dichten Wald die Anzahl der auffindbaren Arten recht groß. Durch die vom Baumbestand gespeicherte Feuchtigkeit und Kühle sowie begrenzte Sonnenexposition können sich hier hitzeempfindliche Arten ansiedeln. Die Zusammenstellung ist jedoch sehr von der Art des Waldes abhängig. An reinen Nadelwäldern wächst zum Beispiel aufgrund des stark sauren Bodens kaum etwas, während Mischwaldränder deutlich mehr Pflanzen beherbergen.

Dort lassen sich in ganzen Feldern neben dem Bärlauch *Allium ursinum* und der Knoblauchsrauke *Alliaria petiolata* auch Labkräuter *Galium spec.* und Giersch *Aegopodium podagraria* finden. Am Wald wachsen auch bevorzugt einige starke Giftpflanzen wie die Stinkende Nieswurz *Helleborus foetidus* oder die Tollkirsche *Atropa belladonna*.

Eine Wiese im Spätsommer. Wenn die Pflanzen ungestört gedeihen können, ist hier eine hohe Diversität von Tieren und Pflanzen zu beobachten. Besonders gut sind hier die typischen gelben Farbtupfer der gelb blühenden Korbblütler und Hahnenfußarten zu erkennen.

Im Gegensatz zum dichten Wald ist die Anzahl der unterschiedlichen Pflanzen am Waldrand deutlich höher. Hier finden Sie insbesondere sonnen- und hitzeempfindliche Arten.

Sammelzeit

Die beschriebenen Pflanzen wurden auch unter der Voraussetzung zusammengestellt, dass sie möglichst in jeder Jahreszeit zu finden sind. Eine besondere Herausforderung stellt jedoch der Winter dar. Während der kältesten Jahreszeit sind die meisten oberirdischen Bereiche krautiger Pflanzen abgestorben oder kahl. In Mischwäldern können Sie jedoch sehr gut die Samen der weiter unten beschriebenen Buchengewächse *Fagaceae* finden. Unter dem Schnee liegen Maronen, Eicheln oder Bucheckern, die teilweise bis in den Spätsommer genießbar sind. Früchte wie Beeren oder Hagebutten sind um diese Jahreszeit meist verdorben. Dennoch lassen sich hieraus oft noch Samen in großen Mengen entnehmen, die teilweise prozessiert werden müssen.

Außerdem sind Feuchtgebiete im Winter besonders gut zum Finden von energiereichen Pflanzenteilen geeignet. Dort stehen auch bei klirrender Kälte und Schnee die Halme von Rohrkolben und Schilfrohr weit sichtbar aus dem Boden. Zwar bedarf es einiger Anstrengung, den gefrorenen Boden aufzubrechen, um an die unterirdischen Organe zu kommen. Dies ist jedoch zeitweise auch die einzige Möglichkeit, außerhalb von Wäldern an Nahrung zu gelangen.

Grüne Pflanzenteile lassen sich besonders im Frühling oder Frühsommer sowie während der zweiten Wachstumsperiode (vom lokalen Klima abhängig, meist jedoch gegen Ende September) sammeln.

2 – Phytomedizin und Inhaltsstoffe

Pflanzenheilkunde und Ernährung

Es gibt einen langwährenden Streit zweier doch so verwandter Fachgebiete, der mit scheinbar gegensätzlichen Argumentationslinien oft emotional ausgetragen wird. Gemeint sind die Differenzen zwischen der klassischen Medizin und der Pflanzenheilkunde. Wir wollen es dem nicht gleich tun und uns nicht auf diesen Disput einlassen. Hier seien die beiden Standpunkte jedoch kurz angerissen, weil sie für uns außerordentlich wichtig sind.

Um es kurz zu machen: Die klassische Medizin und die Pflanzenmedizin widersprechen sich weder, noch schließen sie sich tatsächlich aus. Was an uns jedoch oft herantritt, sind die Ansichten von größtenteils Laien oder Hobbykräuterkundigen, die alles »Schulmedizinische« als Chemie bezeichnen, alles »Pflanzliche« sei jedoch »gut und gesund«. Ungeachtet dessen, dass uns Forschung und moderne Medizin in Industrieländern eine doppelte oder dreifache Lebenserwartung im Vergleich zu unseren voreiszeitlichen Vorfahren gegeben haben, werden Medikamente als schlechte, schädliche und unnatürliche Stoffe angesehen. Wenn wir uns die Pflanzenheilkunde ansehen, die, wie wir sehen werden, durchaus ein Bereich der pflanzlichen Ernährung ist, dann müssen wir uns fragen, ob wirklich Unterschiede bestehen. Die ursprünglichen Stoffklassen, die Grundlage praktisch aller heutigen Medikamente, waren nämlich natürlicher Herkunft. Hier wollen wir einmal ein besonders eindrucksvolles Beispiel betrachten.

Das in den letzten Jahrhunderten oft und gerne verwendete Laudanum, eine alkoholische Lösung von Opium, dem Milchsaft des Schlafmohns *Papaver somniferum*, war weder gesund noch ungefährlich. Nebenwirkungen wie Abhängigkeit, Tod durch Atemlähmung und Wahnvorstellungen waren gut bekannt. Opium war jedoch der Ausgangsstoff für extrahiertes Morphin, ein hochwirksames Schmerzmittel, ohne welches eine ganze Reihe von chirurgischen Behandlungen in der Vergangenheit unvorstellbar geblieben wären. Heute kennen wir eine Menge an synthetischen oder halbsynthetischen »Opioiden« und Extrakten, die eine pharmazeutisch verbesserte Wirksamkeit bei reduziertem Suchtpotenzial und geringerer →Toxizität besitzen. Wussten Sie, dass Loperamid, Wirkstoff aller gängigen Mittel gegen Durchfall, ein völlig ungefährliches Opioid ist?

Kein verantwortungsbewusster Pflanzenheilkundiger sollte angesichts dieses Beispiels behaupten, dass die »natürliche Alternative«, nämlich den Milchsaft des Schlafmohns gegen Durchfall, Schmerzen oder Husten zu konsumieren, ungefährlicher sei als die synthetischen Medikamente oder Aufbereitungen. Kein Pharmazeut wird im Gegenzug behaupten, dass eine

Pflanze kein wichtiger Ausgangsstoff für hochwirksame Medikamente sei.

Durch dieses Beispiel wird auch klar, dass »pflanzlich« nicht gleich »sanft« oder »ungefährlich« bedeuten muss, auch wenn dieses Dogma im Kopf einiger Heilpraktiker herrscht. Pflanzliche sowie pharmazeutisch hochwirksame und deshalb auch gefährliche Stoffe sind zum Beispiel das Nikotin der Tabakpflanze, Strychnin aus der Brechnuss, Aconitin des Eisenhuts, Scopolamin aus dem Stechapfel und so weiter.

Wie Sie sehen, hat die Herkunft eines Stoffes keinen Einfluss darauf, ob er gefährlich ist oder nicht. Das ist für einige Leser möglicherweise etwas »Neues«, weil die Ansicht weit verbreitet ist, dass Pflanzen diese Stoffe für unsere Verwendung produzieren, ja, uns sogar durch Aussehen und Form sagen wollen, für welche Krankheit sie geeignet sind. Eine Pflanze mit herzförmigen Blättern sei also hilfreich bei Herzbeschwerden. Diese schon seit Jahrhunderten überholte und widerlegte Signaturlehre findet zur Verwunderung vieler Gelehrter wieder Beachtung, insbesondere in der Laien- beziehungsweise Selbstbehandlung. Unabhängig davon, dass es eine durchaus anthropozentrische Sicht ist, dass die Pflanzen zur Behandlung menschlicher Krankheiten Stoffe produzieren, wissen wir ziemlich gut, warum Pflanzen – und zwar praktisch alle – Gifte produzieren.

Vergleichbar mit Menschen oder Tieren sind Pflanzen einer ständigen Gefahr ausgesetzt, durch Viren, Bakterien, Pilze oder Parasiten besiedelt und so geschwächt oder getötet zu werden. Eine Vielzahl von Lebewesen, so auch der Mensch, ernähren sich unter anderem von den zur Flucht nicht fähigen Lebewesen. Im Gegensatz zu Tieren haben Pflanzen außerdem kein aktives Immunsystem, das Eindringlinge oder Schädlinge gezielt bekämpfen kann, ohne die Pflanze selbst zu schädigen. Keine Pflanze wäre heute noch auf dieser Erde, wenn sie im Laufe von Jahrmillionen der Koexistenz und ständigen Konkurrenz mit ihren Schädlingen und Krankheiten keine Abwehrmechanismen entwickelt hätte. So bilden einige Dornen und Stacheln aus, andere schützen sich durch Brennhaare und viele lagern Gifte in unterschiedliche Pflanzenteile ein, die gezielt gegen Insekten, Pilze, Bakterien oder Pflanzenfresser wirken. Neben diesen Giften gibt es jedoch noch eine ganze Reihe von Stoffen, die eine Pflanze für ihre komplexen Vorgänge wie etwa die Photosynthese benötigt oder die durch Stoffwechselvorgänge gebildete Zellgifte unschädlich machen muss. Die meisten Grünpflanzen sind außerdem ständig der direkten Sonne ausgesetzt. Natürlich sind sie durch bestimmte Inhaltsstoffe so geschützt, dass sie keinen Schaden erleiden.

Wir können mit dem richtigen Wissen manche dieser Stoffe für unseren Vorteil nutzen, wenn sie etwa Insekten abwehren oder Pilze und Bakterien abtöten. In der Pflanzenwelt finden wir jedoch auch eine Anzahl von chemischen Verbindungen, die im menschlichen Körper nicht die eigentlich von der Pflanze erzielte Wirkung entfaltet sondern sozusagen einen fehlgeleiteten Wirkungsort hat.

Das hochgiftige Alkaloid Nikotin zum Beispiel, das in der Tabakpflanze als starkes Insektenschutzmittel wirkt (und als solches auch in der Landwirtschaft teilweise noch Anwendung findet), kann im menschlichen Hirn an einem bestimmten Rezeptor binden und so zu einer starken Veränderung der Stoffwechselvorgänge führen. Wir können hier durchaus von einer schweren »Nebenwirkung« der insektiziden Wirkung des Nikotins sprechen. Wir erinnern uns, Nikotin ist ein rein pflanzlicher (und dennoch nicht sanfter) Inhaltsstoff, dessen medizinischer Einsatz durch den Laien sich aber aufgrund seiner hohen Giftigkeit ausschließt.

Dasselbe gilt für diverse →einheimische Pflanzen wie beispielsweise den Fingerhut *Digitalis spec.* (Herzmedikament), den Stechapfel *Datura spec.* (Asthma- und Hustenmittel) oder die Eibe *Taxus spec.* (Chemotherapeutikum gegen Krebs).

Viele dieser Pflanzen bilden außerdem weitere Stoffe, die teilweise giftiger sind als der von uns gewünschte Wirkstoff und so die Anwendung zu einem gefährlichen Selbstversuch machen.

Diese oft »ungewollten« und komplexen, teilweise noch unbekannten Wirkungsmechanismen von starken Pflanzengiften können wir ohne das mehrjährige Studium weiterführender Literatur (wie etwa einem Pharmaziestudium) nicht abschätzen, deshalb verbietet sich die Anwendung durch den Laien.

Neben dem Problem der Nebenwirkstoffe ist außerdem die korrekte Dosierung solch schwer giftiger Pflanzen in der Eigenbehandlung praktisch nicht möglich.

Natürlich muss ich an dieser Stelle die wichtige Grundlage der medizinischen Praxis nach Paracelsus anbringen: »Dosis sola venenum facit.« So sei – etwas vereinfacht – die Wirkung eines Stoffes dosisabhängig. Alle Stoffe seien Gifte, allein die Menge sei ausschlaggebend.

Das bringt uns zur Frage, welche Pflanzen wir als Heilpflanze einsetzen dürfen. Wir möchten das anhand des Beispiels der Engelstrompeten *Brugmansia spec.* betrachten. Diese Pflanze ist als günstige, halluzinogene Rauschpflanze insbesondere bei der Generation »Jugend forscht« für allerlei Experimente an der eigenen psychischen Gesundheit beliebt. So ist es keine Schwierigkeit, im Internet »Dosierungsempfehlungen« für einen scheinbar unterhaltsamen Nachmittag zu erhalten. Der gewünschte Inhaltsstoff Scopolamin wird durch Aufbrühen als Tee extrahiert und konsumiert. Über präzisere Informationen möchte ich mich hier jedoch ausschweigen. Regelmäßig kommt es so zu tödlichen Vergiftungen, oft zu sogenannten Drogenpsychosen (»drauf hängenbleiben«), obwohl sich der Konsument scheinbar genau an die Anleitung und Dosierung gehalten hat.

Das kann verschiedene Gründe haben. Für die Konzentration des Inhaltsstoffs ausschlaggebend sind nämlich eine Menge an Faktoren, die von uns Laien einfach nicht erfasst werden können. Einfluss auf die Giftigkeit haben insbesondere der Standort, das Alter und die Jahreszeit, zu der Pflanzenteile gesammelt werden. Zwei Pflanzen der gleichen Art können außerdem völlig unterschiedliche Giftstoffmengen haben, wenn die Bodenbeschaffenheit wie beispielsweise Stickstoffmenge, pH-Wert oder Feuchtigkeit sich unterscheiden. Starke Sonneneinstrahlung, Konkurrenz mit anderen Pflanzen, regelmäßige Fraßschäden durch Insekten oder andere Tiere sind außerdem allesamt Einflüsse, die wir nicht überblicken können und die oft den Unterschied zwischen der gewünschten Wirkung und einer Vergiftung ausmachen. Daneben spielen individuelle Faktoren eine große Rolle, wie Körpergewicht, »Toleranz« oder Gewöhnung an ähnliche Stoffe, Geschlecht oder Alter. An dieser Stelle möchte ich noch eine allgemeine Warnung aussprechen, die praktisch für alle in diesem Buch aufgeführten Pflanzen gilt. Ein ganz bestimmter persönlicher Faktor kann nämlich zu besonderen Problemen führen. Seit einigen Jahren sammle ich in einem kleinen Nutz- und »Hexen«garten auf meinem Trainingsgelände die ein oder andere Kuriosität. Hier steht auch eine früher beliebte, heute selten gesehene Pflanze, die man als giftiges Gewürz bezeichnen muss. Wenn ich mit Interessierten Pflanzengifte bespreche, besorge ich meist ein paar Blättchen dieser Weinraute *Ruta graveolens* und gebe sie zum Probieren aus. Aber nicht an jeden, sondern nur an Männer. Während die Blätter der Weinraute als zugegebenermaßen gewöhnungsbedürftiges Gewürz in fette Suppen gegeben werden können, hat die Pflanze jedoch eine Nebenwirkung, die von einem Zustand abhängig ist: von einer Schwangerschaft. Die Inhaltsstoffe der Weinraute wirken nämlich abortiv und wurden in der Vergangenheit auch zu Abtreibungen verwendet.

Während die Wirkung dieser Pflanze gut bekannt ist, wurden nur wenige andere essbare Wildpflanzen auf keimschädigende Wirkung untersucht. Bei einigen in diesem Buch beschriebenen Pflanzen wird dies jedoch zumindest vermutet. Deshalb sollten

Sie sich im Falle einer Schwangerschaft bitte nicht aus vermeintlichen Gesundheitsgründen vermehrt von Wildpflanzen ernähren. Empfehlungen, während der Schwangerschaft besonders »wild« zu essen habe ich zu meinem ehrlichem Entsetzen von verschiedenen Heilpraktikern gehört.

Verschieben Sie die Wildpflanzenexperimente Ihrem Kind zuliebe auf die Zeit nach der Niederkunft.

Es gibt, wie Sie durch diese Ausführung hoffentlich gesehen haben, nur eine Möglichkeit, stark wirksame Heilpflanzen (die somit auch Giftpflanzen sind) ohne Gefahr zu verwenden. Die →Drogen müssen unter genau kontrollierten Bedingungen angebaut worden sein. Die Konzentration und genaue Wirkung des Inhaltsstoffs müssen im Labor vor Verwendung analysiert werden. Bei vielen Pflanzen müssen die Reinstoffe extrahiert werden, da von der Pflanze gleichzeitig produzierte Nebenstoffe gefährliche und ungewollte Reaktionen hervorrufen können.

Die wirklichen Heilpflanzen sind also die Giftpflanzen, die wir nicht einsetzen dürfen.

Nun produzieren jedoch praktisch alle Pflanzen Inhaltsstoffe, die sie vor ihrer Umgebung schützen. Das machen auch die essbaren Pflanzen. Sie bilden oft eine unüberschaubare Menge an Stoffen, die jedoch entweder nur in so geringer Konzentration vorhanden sind, dass wir uns damit selbst bei der Aufnahme von großen Mengen nicht vergiften können, oder sie haben eine spezifische Wirkung (zum Beispiel nur gegen Bakterien), die uns nicht oder nur wenig beeinflusst.

Heilpflanzen dürfen von einem Laien nur angewendet werden, wenn eine Überdosierung entweder unwahrscheinlich ist oder nur geringe Vergiftungserscheinungen hervorrufen kann. Beispielsweise kann die Konzentration von Menthol in Minze bei Überdosierung nur zu Bauch- oder Kopfschmerzen führen. Der konzentrierte Reinstoff dagegen kann zu schweren Vergiftungen führen.

Im Weiteren werden wir uns also auch mit der medizinischen Wirkung der essbaren Pflanzen beschäftigen, den stark wirksamen wird aus den angeführten Gründen jedoch keine weitere Beachtung geschenkt. Die medizinischen Wirkungen der essbaren Pflanzen werden, sofern wissenschaftlich bekannt und bestätigt, in den einzelnen Porträts aufgeführt.

Pflanzenheilkunde in der Praxis

Sie haben gesehen, dass stark wirksame Heilpflanzen nicht vergleichbar sind mit jenen, die wir auch als normale Nahrungsmittel verzehren können. Die Wirkung der essbaren Pflanzen ist in den meisten Fällen de facto gering. Einige Pflanzen haben teilweise eine stärkere Wirkung, die Vorsicht im Umgang erfordert, oder müssen für die Zubereitung eine Behandlung durchlaufen. Dies gilt zum Beispiel für Pflanzen mit hohem Gerbsäureanteil oder Pflanzen, die roh abführend wirken oder Erbrechen auslösen. Diese Vorbehandlung nennen wir »Prozessieren«, was weiter unten behandelt wird.

Mit dem richtigen Wissen können wir uns genau diese erst einmal ungewollte Wirkung der Pflanzen zunutze machen. Manche sind nämlich im frischen Zustand hilfreiche Pflanzenmedikamente, prozessiert und damit arm an Wirkstoffen sind es wertvolle Nahrungspflanzen. Der Übergang ist hierbei oft fließend.

Dennoch müssen wir uns im Klaren darüber sein, dass wir von diesen essbaren Heilpflanzen, nennen wir sie zur Unterscheidung zu den Heil- und damit Giftpflanzen »essbare Pflanzen mit gesundheitlich förderlicher Wirkung«, keine Wunder erwarten dürfen. Die Pflanzen, die eine gesundheitlich förderliche Wirkung besitzen, zielen entweder auf das Verdauungssystem (etwa gegen Durchfall oder Verstopfung), lokale bakterielle Infekte (wie bei Halsschmerzen), oder auf das Wohlbefinden (zum Beispiel juckreizlindernd). Außerdem wirken viele dieser Pflanzen auf den Wasserhaushalt, der durch verschiedene Stoffe sehr einfach beeinflusst werden kann. Diese sogenannte →diuretische oder harntreibende Wirkung ist meist eher eine ungewollte Nebenwirkung, da der Wasserhaushalt vom Körper selbstständig ideal reguliert wird und ein Eingriff in dieses System zu Salz- und Flüssigkeitsmangel führen kann. Deshalb sollten Sie sich die Pflanzen mit stark harntreibender Wirkung einprägen und sie bei Wassermangel als Nahrung unbedingt meiden.

In den nicht evidenzbasierten Bereichen der Pflanzenheilkunde werden vielen Pflanzen völlig falsche Heilversprechen oder Wirksamkeit gegen in der Realität nicht existente Krankheiten nachgesagt. Typisch sind Schlagworte wie »natürliches Antibiotikum«, »blutreinigend«, »entgiftend«, »erdstrahlungsabwendend« (sic!) oder »entschlackend«. Um nur kurz darauf einzugehen: Stoffe, die Bakterien abtöten, sind noch lange keine Antibiotika und können bei einer schweren Infektion auch nicht als Ersatz verwendet werden. Nach mancher Definition wäre selbst ein kräftiger Schluck 90%iger Strohrum ein natürliches Antibiotikum. Auch sind der Wissenschaft weder »blutreinigende« Pflanzen bekannt, noch gibt es im Körper irgendwelche Schlacken oder Giftstoffe, die über Heilpflanzen ausgeführt werden könnten oder gar müssten. Es gibt auch keine Pflanze, die nachgewiesenermaßen bei schweren bakteriellen Infektionen als alleiniger Antibiotikaersatz oder bei Krebskrankheiten als Alternative zu Bestrahlung oder Chemotherapie verwendet werden kann (Unterstützende Maßnahmen, die neben der eigentlichen Behandlung erfolgen, werden hierbei selbstverständlich ausgenommen).

Es ist für mich ein wenig schade, wenn bei einem so wichtigen Fach wie der Pflanzenheilkunde von manchen »Heilern« mit eher mäßigem Verständnis von →Toxikologie und menschlicher →Physiologie einigen Pflanzen irgendwelche Wirkungen untergeschoben werden, die es nicht gibt. So wird es dem daran interessierten Leser sehr schwer gemacht, zu unterscheiden, ob es sich um eine seriöse Quelle mit praktischem Wert handelt.

Sie können sich als Faustregel merken: Immer wenn eine Pflanze als stark wirksam, aber völlig frei von Nebenwirkungen proklamiert wird, kann etwas nicht stimmen. Jede stark (im wissenschaftlichen Sinne korrekt nachgewiesen) wirksame Heilpflanze kann überdosiert werden und hat Nebenwirkungen. Pflanzen, die Krankheiten heilen sollen, die es in der evidenzbasierten Medizin nicht gibt, sind in der Regel Placebos und können bestenfalls das Allgemeinbefinden verbessern.

Mehr in sie hinein zu interpretieren kommt einer Begebenheit gleich, wie sie sich in den USA im Jahr 2010 abgespielt haben soll: Die Bewohner von Lawndale, Kalifornien, haben beschlossen, die Bepflanzung eines Grünstreifens mit Knoblauch zu beenden, nachdem sich sein beißender Duft in den Straßen verteilt hat. Daraufhin formierte sich jedoch Widerstand in der Stadtverwaltung gegen die kostenintensive Neubepflanzung. Denn der Knoblauch, so das Stadtratsmitglied Jim Ramsey, habe immer seinen Zweck erfüllt. Seit er gepflanzt worden war, sei nämlich kein einziger Vampir mehr in der Stadt gesehen worden.

Es darf stark angenommen werden, dass Ramsey ein Mann mit beeindruckendem Sinn für Sarkasmus ist, es wäre jedoch ein typischer Fall eines sogenannten »anekdotischen Heilungsberichts«. Für alle Bewohner, die fest daran glauben, wäre der Knoblauch die »Heilpflanze« für das Problem des Vampirbefalls gewesen.

Die korrekte Herangehensweise würde jedoch erst überprüfen, ob tatsächlich Draculas Neffen vor Ort waren, die verscheucht hätten werden müssen. Möglicherweise war der Knoblauch auch gar nicht das tatsächlich wirksame →Repellent, vielleicht ist die ursprüngliche Bepflanzung auch auf den Zeitpunkt einer Familienfeierlichkeit in Transsylvanien gefallen und die Vampire waren zwischendurch einfach auf Heimaturlaub.

Um die tatsächliche und auch wiederholbare, man sagt auch »reproduzierbare«

Wirkung überprüfen zu können, müssten aufwendige sogenannte Doppelblindstudien erfolgen. In diesem Fall hätte die Bepflanzung in mehreren Städten mit starker Vampirbelastung jeweils einmal mit echtem Knoblauch oder mit einer ähnlichen Pflanze ohne Wirkstoff, dem Placebo, erfolgen müssen. Weder die Gärtner und Dorfbewohner noch die Vampire dürften dabei darüber unterrichtet worden sein, um welche Pflanze es sich gehandelt hat. Nur wenn das Ergebnis zeigt, dass der echte Knoblauch deutlich stärker wirkt als das Placebo, kann Knoblauch auch als wirksam gegen die Blutsauger bezeichnet werden. Wenn unbeeinflussbare und nicht überprüfbare Faktoren dafür verantwortlich gemacht werden, dass der Knoblauch bei diesem Test nicht seine volle Wirkung entfalten konnte, sei es die ungünstige Sternenkonstellation oder die schlechte Laune der Vampire über ein Fußballergebnis, dann kann das durchaus sein. Es bedeutet aber im Gegenzug auch, dass im Falle eines akuten Vampirbefalls kein Verlass auf Knoblauch wäre, weshalb er – übertragen auf dieses Buch – auch nicht als pflanzliches Medikament hier Platz fände.

Viele Wildpflanzen sind auf diese Weise auf die unterschiedlichsten Wirkungen untersucht worden. Oft ist eine im Volksmund beschriebene Wirkung auch bestätigt worden, in vielen Fällen konnte aber auch keine Wirkung nachgewiesen werden. Deshalb werden nur die tatsächlich nachgewiesenen Wirkungen hier beschrieben.

Mir ist klar, dass dieses Kapitel bei dem ein oder anderen alternativ geprägten Leser ein Stirnrunzeln auslösen wird. Ich habe mich als Naturwissenschaftler jedoch den weltlichen Dingen verschrieben, die erkannt, beschrieben und nachgewiesen werden können.

Wenn Sie an die unerklärliche und widerlegte Wirkung mancher Pflanzen glauben, sei Ihnen das unbenommen. Jede erdenkliche weltanschauliche Sichtweise in diesem Buch zu berücksichtigen, ist jedoch alleine aus Platzgründen nicht möglich.

Pflanzen haben keine Wunderkraft. Viele besitzen eine nachweisbare Wirkung, die wir für uns nutzen können – mit der gebotenen Vorsicht und Skepsis.

Wichtige Inhaltsstoffe

Natürlich gibt es buchstäblich unzählbar viele unterschiedliche Stoffe, die in Pflanzen vorkommen. Kein Mensch kann alle auswendig lernen, geschweige denn den Wert jedes →Moleküls kennen. Viele sind der Wissenschaft noch gänzlich unbekannt. Wie immer, wenn es zu komplex wird, werden auch die pflanzlichen Inhaltsstoffe in Gruppen zusammengefasst. Die Kategorisierung läuft auch hier eher willkürlich ab. Manche Bereiche werden aufgrund eines ähnlichen Aufbaus zusammengefasst. Das hat den Grund, dass Biosynthesewege vergleichbarer Stoffe bis zu einer bestimmten chemischen Struktur gleich verlaufen. An jene Struktur – hier handelt es sich in der Regel um komplexe Netzwerke aus hauptsächlich Kohlenstoff, Stickstoff und Wasserstoff – werden verschiedene sogenannte »Molekülreste« angeheftet, die die genaue Eigenschaft des einzelnen Stoffs ausmachen.

Andere Verbindungen werden aufgrund ähnlicher chemischer Eigenschaften oder Nutzbarkeit für den Menschen in einzelne Kategorien eingeordnet. Oft wird einer Gruppe ein »-oide« angehängt, was aus dem griechischen etwa so viel wie »-ähnliche« bedeutet und klarstellt, dass es sich um eine Gruppe unterschiedlicher chemischer Substanzen mit ähnlicher Eigenschaft handelt.

Hier lernen Sie die wichtigsten Stoffe, wo Sie diese oft finden und welchen Nutzen sie in Bezug auf Ernährung oder Heilung haben.

Alkaloide

Diese Stoffe sind meist als starke Giftstoffe bekannt. Ihre gemeinsame Eigenschaft liegt in einer oft leicht alkalischen Wirkung sowie ähnlichem Aufbau. Viele dieser Stoffe sind starke Schmerzmittel, beeinflussen jedoch aufgrund der Nerven als Wirkungsort außerdem Gefühle und Eindrücke. Einige erzeugen euphorische Zustände, sedieren oder rufen als

Das Nachtschattengewächs Bilsenkraut ist berüchtigt für seine stark wirksamen halluzinogenen Alkaloide. Selbst kleine Mengen können gefährlich sein.

Ochsenzunge, Greiskraut und Pestwurz (abgebildet) enthalten Pyrrolizidinalkaloide in ausreichenden Mengen, um schwere Leberschäden zu verursachen.

Rauschdrogen teils lebhafteste Halluzinationen hervor und können Sucht erzeugen. Wichtige und bekannte Vertreter sind Morphin, Scopolamin, Nikotin, Koffein und Strychnin. Eine Gruppe, die oft und teils sehr gefährliche Alkaloide bildet, sind die Nachtschattengewächse.

Pyrrolizidinalkaloide

Einige Pflanzen wie die Greiskräuter Senecio spec., Pestwurz Petasites spec. sowie der lange als Nahrungspflanze verwendete Beinwell *Symphytum spec.* enthalten unterschiedliche Mengen dieser Stoffgruppe. Pyrrolizidinalkaloide sind dafür bekannt, dass sie dosisabhängig schwere Leberschäden verursachen sowie Krebs auslösen können. Es wird deshalb seit einiger Zeit empfohlen, keine Pflanzen mit diesem Inhaltsstoff zu verzehren. Dies hat bei Beinwellliebhabern regelrecht einen Sturm der Entrüstung und des Misstrauens ausgelöst, gilt *Symphytum* doch seit Jahrhunderten als wertvolle Heilpflanze. Mit dem nun vorliegenden Wissen ist es aber sinnvoll, auf den Verzehr großer Mengen von wild wachsendem Beinwell zu verzichten. Für die pharmazeutische Anwendung sind jedoch Zuchten verfügbar, die wenig oder keine dieser Giftstoffe bilden.

Ätherische Öle

Viele Pflanzen erzeugen eine Mischung aus leicht flüchtigen, öligen Substanzen als Abwehrstoffe gegen Pilz- und Bakterienangriffe. Man findet sie oft in mikroskopisch kleinen »Haarbläschen« auf den Blättern von Lippenblütlern wie Salbei und Lavendel sowie in den Samen von Doldenblütlern, etwa in Kümmel, gelegentlich auch in Wurzeln und Rinde. Oft werden sie aufgrund ihres aromatischen Dufts als Gewürze oder Duftstoffe eingesetzt. Typische →ätherische Bestandteile sind Eugenol, Menthol, Thymol, Campher, Pinen und Eucalyptol. Während Tees aus frischen Blättern essbarer und ätherisch-ölhaltiger Pflanzen oft eine gesundheitlich förderliche Wirkung bei Infektionen der Atemwege haben, sollte keine Anwendung mit den Reinstoffen erfolgen, da es hier durch Überdosierung oft zu schweren Nebenwirkungen kommen kann. Manche Bestandteile ätherischer Öle wirken scheinbar kühlend auf die Haut, Eugenol, ein Inhaltsstoff der Gewürznelken und des einheimischen Nelkenwurz, wirkt dagegen als lokales Schmerzmittel.

Ballaststoffe

In jedem naturbelassenen Nahrungsmittel findet sich eine große Menge unterschiedlicher Stoffe, die für die Verdauungsenzyme des menschlichen Organismus nicht zugänglich sind. Sie werden oft als »Fasern« bezeichnet und bestehen meist aus Strukturmolekülen wie Zellulose, Lignin oder Pektin, die auch in unverholzten Pflanzenteilen wie grünen Blättern einen großen Teil ausmachen. Zu ihnen gehören teilweise auch Stoffe, die im Darm von Mikroorganismen verdaut und so für die Aufnahme in den Körper verfügbar gemacht werden. Einer dieser Stoffe ist das Speichermolekül Inulin, das wir weiter unten gesondert besprechen. Prinzipiell haben viele dieser Stoffe für uns keinen Nährwert und sind dennoch für die Verdauung wichtig. Ballaststoffe sorgen durch Wasserbindung und Struktur dafür, dass der Nahrungsbrei im Darm eine Konsistenz erhält, die bei der Verdauung hilft, was Problemen wie Verstopfung und Bauchschmerzen vorbeugt.

Bitterstoffe

Die Gemeinsamkeit von Bitterstoffen ist schlicht – sicherlich haben Sie es schon erraten – dass sie bitter schmecken. Trotzdem sind sie nicht zu verwechseln mit Gerbstoffen, die ebenfalls bitter schmecken sind, jedoch eine erweiterte Wirkung besitzen. Bitterstoffe sind in der Regel nicht so stark →adstringierend, also zusammenziehend, wie Gerbstoffe, was man beim ersten Biss in eine gerbstoffreiche Eichel schnell am pelzigen Gefühl im Mund feststellen kann.

Bittere Pflanzenbestandteile haben einen positiven Effekt auf das Verdauungssystem. Sie regen den Speichelfluss und die Produktion von Verdauungssäften an und können bei »schwachem Magen« nach ungewohnter Kost helfen. Das ist auch ein Grund (wenngleich bestimmt nicht immer der Hauptgrund), warum nach einem guten Essen Magenbitter gereicht wird. Außerdem wirken Bitterstoffe leicht abführend und können deshalb bei Verstopfung Linderung bringen.

Viele Korbblütler enthalten große Mengen an Bitterstoffen. Wenn ein Pflanzenbereich zu bitter für den menschlichen Genuss ist, kann das Wässern kleingeschnittener Teile Abhilfe schaffen.

Cyanogene Glycoside

Die Stoffgruppe der in Teilen aus Zuckern bestehenden cyanogenen Glycoside besitzt die Eigenschaft, dass sie unter bestimmten Umständen zerfällt und Blausäure, auch HCN genannt, abgibt. Dies geschieht in der Regel kurz nach dem Verzehr der Pflanzenteile, manchmal schon bei Kontakt mit Wasser. Blausäure verhindert im menschlichen Körper die Aufnahme von Sauerstoff hocheffektiv, weshalb eine relativ kleine Menge dieses Giftes tödlich wirken kann. Diese Gruppe von Stoffen kommt sehr häufig in Samen vor. Nach dem Zerbeißen der Samenschale werden die cyanogenen Glycoside im Magen freigesetzt und »aktiviert«. Man erkennt viele Verbindungen aus dieser Klasse an einem eigentümlichen Marzipangeruch.

Kerne von Rosengewächsen wie Mandeln, Äpfel, Kirschen oder Aprikosen enthalten große Mengen des cyanogenen Glycosids Amygdalin. Im Holunder *Sambucus spec.* wird ein anderes eingelagert, das Sambunigrin. Samen dieser beiden Pflanzengruppen enthalten jedoch auch viel Energie in Form von Ölen. Hier schafft der Umstand Abhilfe, dass cyanogene Glycoside in der Regel instabil sind und nach dem Aufbrechen des Samens beim Rösten zerfallen und ausgetrieben werden.

Gerbstoffe

Im Gegensatz zu den Bitterstoffen, die eine sehr allgemeine Gruppierung bitter schmeckender Stoffe sind, haben Mitglieder der Gerbstoffe, auch Tannine genannt, oft eine gemeinsame chemische Wirkung. Wenn Gerbstoffe in Kontakt mit Proteinen kommen, werden diese vernetzt und inaktiviert. Diese Bindungen sind so stabil, dass mit Hilfe von Gerbstoffen Gewebe haltbar gemacht werden können. Man spricht in diesem Fall vom »Gerben«, was Sie von der Lederproduktion kennen. Durch diese Vernetzung sind viele Tannine in der Lage, die Hülle von Pilzen, Bakterien und Viren zu zerstören. Außerdem besitzen sie eine starke zusammenziehende Wirkung auf Oberflächengewebe und reduzieren so Entzündungsreaktionen und Schwellungen. Deshalb können starke Gerbstoffauszüge zum Gurgeln bei Racheninfekten oder Reizungen der Haut die Heilung unterstützen. Dazu werden gerbstoffreiche Pflanzenteile klein geschnitten und in heißem Wasser ausgelaugt. Die tiefbraune, fast gesättigte Brühe kann zum Ausspülen des Mundes verwendet werden. Bei nässenden und schmerzhaften Entzündungen der Haut wie Schwielen oder Hitzebläschen kann ein mit dieser Lauge getränktes Tuch auf die Stelle aufgelegt werden.

Im Falle von Durchfall können kleine (!) Mengen – etwa ein Schnapsglas – davon getrunken werden, was in der Regel zu schneller Besserung führt. In größeren Mengen wirken die Gerbstoffe jedoch schädlich. Es kann zu Koliken und Entzündungen der Schleimhäute von Magen und Darm kommen.

Gerbstoffreiche Pflanzenteile sind in der Regel die Rinde und Früchte der Buchengewächse sowie Blätter und Wurzeln einiger Korbblütler. Auf beide Gruppen werden wir in einem späteren Kapitel noch sehr genau eingehen.

Der Klassiker: Digitalisglykoside des purpurnen Fingerhuts werden auch als Herzmedikament genutzt.

Herzglycoside

Ähnlich wie cyanogene Glycoside basieren die Herzglycoside auf einem Zuckergerüst. Die gemeinsame Wirkung der herzaktiven Glycoside, wie sie auch genannt werden, ist eine Veränderung der Herzschlagfrequenz und -stärke. Die Aufnahme von kleinen Mengen einer Giftpflanze mit diesen Stoffen kann zu lebensgefährlichen Vergiftungen führen. Aus diesem Grund werden die Vertreter mit diesen Inhaltsstoffen auf keinen Fall als Nahrung verwendet. Bekannte Pflanzen dieser Gruppen sind die Fingerhüte, zum Beispiel *Digitalis purpurea* mit Digitoxin sowie das Maiglöckchen *Convallaria majalis*, unter anderem mit dem Convallatoxin.

Fruchtsäuren

Der saure Geschmack von Früchten wird in der Regel durch Fruchtsäuren verursacht. Wichtige Vertreter sind Zitronensäure, Weinsäure und Apfelsäure. Man findet sie in praktisch allen Früchten mit säuerlichem Geschmack. Interessanterweise haben sie eine leicht antibakterielle Wirkung, die wir aber außer durch den Verzehr dieser Früchte nicht nutzbar machen können. Zu beachten ist, dass Fruchtsäuren oft den Zahnschmelz angreifen. Deshalb sollte man sich nach dem Verzehr einer sauren Frucht zumindest den Mund spülen beziehungsweise etwas trinken.

Mineralien

Mineralien oder Mineralstoffe sind Stoffe – in der Regel kommen sie als Metallsalze vor –, die in jeder Pflanze und jedem Tier in großen Mengen vorhanden sind. Die Pflanze nimmt Mineralien hauptsächlich gelöst in Wasser über die Wurzeln auf. Es gibt einige Mineralstoffe, die der Mensch in höheren Dosen benötigt, wie beispielsweise Natrium und Chlor aus dem Kochsalz, Kalium, Calcium und Magnesium. Außerdem benötigen wir einige Mineralien, sogenannte Spurenelemente, nur in kleinen Mengen, also in Spuren. Mineralstoffe sind hitzestabil und bleiben sogar nach dem Verbrennen von

Lebewesen in der Asche vorhanden. Da einige dieser Stoffe wie zum Beispiel Kochsalz beim Kochen ausgewaschen werden, empfiehlt es sich, den Sud nach der Zubereitung zu trinken.

Proteine, Peptide

Proteine sind lange Ketten aus zusammengesetzten Einzelbausteinen, die Aminosäuren genannt werden. Je nach Kombination dieser Aminosäuren faltet sich so ein Strang zu einem bestimmten Protein. In unserem Körper kommen Proteine zum Beispiel in Enzymen, Muskeln und Bindegewebe vor. Während Proteine oft aus einigen Tausend Aminosäuren aufgebaut sind, bestehen Peptide als »kleine Geschwister der Proteine« aus weniger als 100 dieser Einzelbausteine. Die Proteine und Peptide werden durch Verdauungsenzyme in Aminosäuren zerkleinert und entweder im menschlichen Energiestoffwechsel verbraucht oder in körpereigene Proteine zusammengesetzt. Der menschliche Körper benötigt – ähnlich wie →Vitamine – einige spezielle, überlebenswichtige Aminosäuren. Diese werden essentielle Aminosäuren genannt. Das Verhältnis dieser Aminosäuren zueinander macht die sogenannte biologische Wertigkeit der Nahrung aus.

Klassische pflanzliche Kost enthält zwar bei richtiger Kombination prinzipiell alle essentiellen Aminosäuren in brauchbarer Zusammensetzung (zum Beispiel Bohnen mit Vollkornreis), mit wild wachsenden und zumeist verfügbaren Pflanzen ist dies aber kaum zu bewerkstelligen. Hier bietet tierische Notnahrung Abhilfe, die eine sehr gute biologische Wertigkeit hat, die jedoch durch Mischen mit pflanzlichen Bestandteilen noch deutlich erhöht werden kann. Deshalb sei es immer angeraten, bei Ernährung im Notfall auf eine ausgeglichene Ernährung mit beiden Nahrungsbestandteilen zu achten. Wenn Sie trotzdem ethische oder weltanschauliche Bedenken haben, tierische Lebewesen zur Ernährung zu töten und zu verzehren: In einem Notfall werden Sie diese vermutlich schnell verlieren.

Gemeinsam haben alle Aminosäuren, dass sie Stickstoff enthalten. Wie weiter oben beschrieben, ist Stickstoff ein im Pflanzenreich begehrtes und seltenes Element. Deshalb ist die Menge der gespeicherten Proteine beziehungsweise Peptide in aller Regel begrenzt.

Proteine und Peptide haben in Pflanzen sehr unterschiedliche Funktionen. Einige werden als Speicherstoff im Samen eingesetzt, andere sind giftig und dienen dem Fraßschutz. Manche von ihnen können auch im menschlichen Körper schädlich wirken. Insbesondere die meisten essbaren Hülsenfrüchtler, die Sie aus der Küche beispielsweise als Bohnen kennen, sind im rohen Zustand durch bestimmte Peptide giftig. Durch Kochen werden Proteine in der Regel denaturiert und dadurch funktionslos gemacht. Deshalb darf solches Gemüse in aller Regel nur gut gegart auf den Teller gelangen. Teilweise werden Proteine auch in Samen eingelagert und gehören damit auch zu den Speicherstoffen.

Saponine

Saponine sind unterschiedliche Stoffe, die ein seifenartiges Aufschäumen mit Wasser zeigen. Sie sind für den Menschen in der Regel schädlich und können teils schwerwiegende Vergiftungen wie Erbrechen, Lähmungen oder Zersetzung der roten Blutkörperchen hervorrufen. Im survivaltechnischen Sinn sind Saponine deshalb für uns interessant, weil sie hochgiftig für Wasserorganismen wie Fische sind. Einige saponinreiche Pflanzenteile werden von Ureinwohnern verwendet, um in aufgestauten Flüssen Fische zu vergiften und sie dann abzusammeln. Diese Wirkung haben auch zum Beispiel die stachligen Früchte und Blätter der Rosskastanie sowie Wurzeln und Rinde der meisten Schmetterlingsblütler. Hierzu wird aber eine sehr große Menge der zerstoßenen Pflanzenfasern benötigt, um die gewünschte Wirkung hervorzurufen.

Schleimstoffe

Einige Pflanzen bilden in Blättern oder Samen vielfach verknüpfte Zuckermoleküle aus, die mit Stärke vergleichbar sind. Die besondere Eigenschaft dieser Stoffe liegt darin, dass sie insbesondere beim Kochen große Mengen Wasser aufnehmen können und eine schleimige Konsistenz erhalten. Suppen aus diesen Pflanzenteilen haben beispielsweise den Effekt, dass sie die gereizte Magenschleimhaut bedecken und einen entzündungshemmenden Film darüber legen. Viele Samen sind ferner mit einer zuerst ausgetrockneten und damit praktisch unsichtbaren Schicht aus Schleimstoffen umgeben, die beim Quellen Wasser aufnimmt und eine rutschige Gallerthülle erzeugt. Solche Samen gelten als mildes Abführmittel beziehungsweise helfen bei der Verbesserung der Verdauung. Essbare Pflanzen, die Schleimstoffe bilden, sind beispielsweise Gräser und Wegeriche in den Samen, sowie Rohrkolben an der Blattbasis.

Speicherstoffe

Die Pflanze setzt, wie wir gelernt haben, ihre durch Photosynthese gewonnenen Zuckermoleküle nicht alleine in den Struktur- und Ballaststoff Zellulose um, sondern lagert einen Teil in meist unterirdischen Speicherorganen ein, wie bei Kartoffeln oder Karotten. Typische Speicherstoffe wie Stärke sind extrem nahrhaft und können je nach Art vom Körper praktisch in die entsprechende Menge Zucker aufgespalten werden. Außerdem werden als »Starthilfe« für den Nachwuchs in den Samen entweder Stärke, Proteine oder fette Öle eingelagert, die wir uns nach der richtigen Vorbereitung zunutze machen können.

Stärke

Das bekannteste und als Nahrung beliebteste Kohlenhydrat ist mit Sicherheit Stärke. Der Grund ist, dass der menschliche Organismus ideal auf das Verdauen dieser langen und verzweigten Zuckermoleküle angepasst ist. Schon im Mund wird Stärke durch ein Speichelenzym in einen süß schmeckenden Zucker zerkleinert. Stärke lässt sich außerdem nach dem Trocknen einfach einlagern und muss nicht speziell konserviert werden. Sie wird insbesondere in Grassamen, aber auch in Knollen oder →Rhizomen einiger Pflanzen wie Rohrkolben eingelagert.

Inulin

Das meist in Speicherwurzeln von Korbblütlern und Doldenblütlern eingelagerte Inulin ist für uns erst einmal unverdaulich. So wie Wiederkäuer die Zellulose durch Mikroorganismen aufbrechen lassen, helfen uns im Darm Bakterien, um das Inulin in eine verwertbare Form zu bringen. Dazu wird es in Fettsäuren umgewandelt, die Bestandteile von Fetten sind. In dieser Form kann die Energie vom Körper aufgenommen werden. Das Problem ist hierbei eines, das in der Viehzucht als Methanemission bekannt ist. Die Mikroorganismen erzeugen eine Menge Gas, das sich bei überwiegendem Verzehr inulinreicher Kost besonders »drückend« bemerkbar macht. Erleichterung verspricht hier, solche Wurzeln zusammen mit genügend ballaststoffreichen, grünen Bestandteilen zu verzehren.

Fette Öle

Im Gegensatz zu →ätherischen Ölen sind fette Öle kaum flüchtig und machen einen großen Teil der Energiereserve vieler Pflanzensamen aus. Vom Nährwert ist Öl fast doppelt so dicht mit Energie bepackt wie Kohlenhydrate. Diese Art von Speicherstoff kommt fast ausschließlich in Samen beziehungsweise Nüssen vor. Öle sind außerdem wichtige Aromaträger und helfen dem Körper bei der Aufnahme einiger wichtiger Stoffe, unter anderem Vitamine.

Zucker

Auch Zucker gehören prinzipiell zu Speicherstoffen, obwohl Pflanzen in der Regel Zucker zur Einlagerung in langen →Molekülen zu Stärke und Inulin verspinnen. Die meisten Speichermoleküle haben aber erst einmal keinen besonders verlockenden Geschmack. Viele Früchte, beispielsweise Beeren, sollen jedoch Tiere zum Verzehr reizen, um die Samen nach der Passage des Darms an anderer Stelle mit einem Haufen Dünger ablegen zu lassen. Das wird neben einer leuchtenden und ansprechenden Fruchtfarbe mit dem zuckersüßen Fruchtfleisch erzielt. In Früchten und manchen Wurzeln werden unterschiedliche Zuckerarten wie Traubenzucker oder Glucose, Fruchtzucker, der auch als Fructose bezeichnet wird, sowie Saccharose eingelagert.

Die Energiedichte in Früchten ist aufgrund des osmotischen Potenzials von Zucker (sie müssen, wie weiter oben beschrieben, mehr Wasser einlagern) bei Weitem geringer als in Speicherorganen.

Außer in Früchten findet man nur in wenigen Wurzeln von Wildpflanzen brauchbare Mengen an Zucker. Einige Fuchsschwanzgewächse enthalten jedoch in ihrer rötlichen Wurzel einige dieser süß schmeckenden Verbindungen.

Vitamine

Wie an anderer Stelle in diesem Buch etwas genauer analysiert, bilden die →Vitamine eine Gruppe, die untereinander keinerlei chemische oder physikalische Gemeinsamkeit besitzen. Sie werden zusammengefasst, weil wir Menschen sie als lebensnotwendige Stoffe, meist in sehr geringen Mengen, benötigen. Manche dieser Stoffe müssen als Vorstufe, als sogenanntes Provitamin, aufgenommen werden, das im Körper zum eigentlichen Vitamin umgebaut wird. Derzeit spricht man von 13 lebenswichtigen Vitaminen, von denen rund ein Drittel fettlöslich ist und in der Regel zusammen mit Ölen zu sich genommen werden muss. Andere können in Wasser gelöst und einfach über den Darm aufgenommen werden. Hier sollte man wissen, dass die Menge an Vitaminen durch Wässern der Nahrung deutlich abnehmen kann. Außerdem sind viele Vitamine gegen Hitze empfindlich und zersetzen sich durch langes Kochen.

Wir benötigen sehr geringe Mengen dieser Stoffe, die außerdem oft im Körper für lange Zeit gespeichert werden. Das Vitamin, das mit Abstand in größter Menge zu sich genommen werden muss, ist Vitamin C mit einem täglichen Bedarf von rund einem Zehntel Gramm. Diese Menge wird durch nur rund 100 bis 200 Gramm frische, grüne Wildpflanzenteile gedeckt. Wenn Sie sich einigermaßen ausgeglichen ernähren und hin und wieder geringe Mengen an tierischer Nahrung zu sich nehmen, werden Sie nie an einer Mangelerkrankung leiden.

Für das Thema »pflanzliche Notnahrung« ist das Wissen über die genaue Menge der Vitaminzusammensetzung bestimmter Pflanzen oder Funktion der einzelnen Stoffe nicht mal ein »nice to know«, sondern tatsächlich völlig unerheblich.

TYPISCHE NÄHRWERTE

Proteine:

100 Gramm frische Bohnen als proteinreiche Kost: 106 kJ bzw. 25 kcal.

Stärke:

100 Gramm stärkehaltige Kartoffelknollen: 290 kJ bzw. 70 kcal

100 Gramm Vollkornroggen als Stärke enthaltendes Samenkorn: 1230 kJ bzw. 295 kcal

Inulin:

100 Gramm Topinamburwurzeln als inulinreiche Nahrung: 130 kJ bzw. 30 kcal

Fette Öle:

100 Gramm Mohnsamen als ölreiche Nahrung: 1980 kJ bzw. 470 kcal

Zucker:

100 Gramm Kirschen als besonders zuckerreiche Frucht: 240 kJ bzw. 60 kcal

100 Gramm Äpfel als zuckerreiche Frucht: 200 kJ bzw. 50 kcal

100 Gramm Rote Bete als besonders zuckerhaltige Knolle: 175 kJ bzw. 40 kcal

3 – Pflanzliche Notnahrung

Ernährung in Extremsituationen

Wenn Sie sich in einer Notsituation befinden, in der Sie sich vollständig autark versorgen müssen, stellt sich bald die Frage nach einer geeigneten Ernährung. Früher oder später ist der menschliche Körper nicht mehr mit ausreichenden, kurzfristig verfügbaren Reserven versorgt, um den täglichen Ablauf in einem Notlager zu bewältigen oder um auf dem Weg zurück in die Zivilisation die benötigte Energie für den Marsch bereitzustellen.

Das Interessante dabei ist, dass sich der menschliche Organismus während der Frühzeit durch den ständig währenden Kampf ums Überleben sehr gut an Mangelernährung angepasst hat. Wie Sie vielleicht schon leidvoll feststellen mussten, kann der Körper selbst bei einer vermeintlich reduzierten Ernährungsweise sehr effektiv Energiereserven an Hüfte und Bauch anlegen. Insgesamt essen wir Zivilisationsmenschen meist viel zu viel.

Für mich liegt beispielsweise der berechnete Tagesumsatz während eines durchschnittlichen Schreibtages an diesem Buch bei maximal 11.300 kJ (→Kilojoule) beziehungsweise 2.700 kcal (→Kilokalorien). Dieser Energiebedarf wird schon durch 750 Gramm Reis oder fünf Tafeln Schokolade vollständig abgedeckt. Das klingt zunächst viel, ist aber auf mehrere Mahlzeiten über den Tag verteilt gut überschaubar. Bei täglicher schwerer Arbeit steigt der Bedarf auf rund 15.000 kJ oder 3.500 kcal. Das bedeutet aber auch, dass ein großer Teil des Tagesbedarfs nicht durch zusätzliche Arbeit entsteht. Der Unterschied zwischen leichter Arbeit und schwerer Arbeit liegt bei nur rund einem Viertel des Maximalbedarfs. Dies ist auch die Antwort auf die in der »Szene« häufig gestellte Frage: »Lohnt sich das denn?«, wenn eine Wurzel oder Knolle ausgegraben werden soll. Tatsächlich lohnt sich fast jede Anstrengung, um an energiereiche Nahrung zu gelangen. Der Aufwand ist im Verhältnis zum erreichten Nährwert meist minimal, selbst wenn Sie für eine kartoffelgroße Knolle 20 Minuten graben müssten.

Vielleicht fasten Sie hin und wieder einige Tage bis Wochen und haben sich so mit dem Gefühl des Hungerns vertraut gemacht. Diese Art der Nahrungsreduktion ist jedoch nicht mit dem Hungern in einer Extremsituation gleichzusetzen. Eigene Erfahrungen in diesem Zusammenhang ergaben ein vermeintlich widersprüchliches Bild, wie Sie sich diese Situation vorstellen können.

Die körpereigenen Fett- und Glykogenreserven ermöglichen es theoretisch, eine längere Zeit vollkommen ohne Nahrung auszukommen. Während das Glykogen aus der Leber kurzfristig abrufbar ist, ist die Umwandlung des Körperfetts eher problematisch. Sind die Speicher von Glykogen in Leber und Muskeln aufgebraucht, werden sie nach und nach wieder über den Umbau des Speicherfetts aufgefüllt.

Und genau hier liegt das Problem. Während jeder mit einigermaßen gesundem Körperbau mehr als drei Wochen ohne Nahrung überleben kann, sinkt die Leistungsfähigkeit (und -bereitschaft, bedingt durch mangelnde Motivation) schon wenige Stunden nach der letzten Nahrungsaufnahme. Diese Erfahrung durfte ich nicht nur an mir selbst erleben, sondern auch an vielen Seminarteilnehmern, die fast allesamt nach nur zwei Tagen mit eingeschränkter Ernährung zumindest subjektiv vor dem baldigen Hungertod standen.

Eine sinnvolle Planung der Ernährung von der ersten Stunde an ist tatsächlich unabdingbar. Die enorme kurzfristige Leistung, die wir während des Anlegens einer Notunterkunft, einer Feuerstelle oder auf dem Weg zur Rettung aufbringen müssen, lässt sich in keinem Fall mit dem Heilfasten vergleichen.

Die Kehrseite des Ganzen ist jedoch, dass regelmäßig aufgenommene, relativ kleine Mengen von Nahrung ausreichen, um lange Zeit voll leistungsfähig zu bleiben. Als Beispiel bringe ich gerne an, dass das Frühstück (rechnen wir eine Schale Müsli mit Vollmilch und ein Marmeladebrötchen, insgesamt also etwa 2100 kJ bzw. 500 kcal), wie gerne gesagt wird, nicht nur die wichtigste Mahlzeit ist, sie könnte von der Energiemenge für einige Wochen auch problemlos die einzige am Tag bleiben.

Selbstverständlich liegt die hier aufgenommene Energiemenge unter dem ernährungsphysiologisch gesehenen Optimum, sie ist dennoch ausreichend, um die Differenz, die durch den langsamen Fettabbau verursacht wird, auszugleichen. Dabei wird man Körpergewicht abbauen, aber sehr lange im optimalen Leistungszustand bleiben. Warum unser Ziel ist, mit der zeitweisen Reduktion des Körpergewichts zu rechnen, werden Sie weiter unten erfahren.

Diese Ernährungsweise hat für uns einige große Vorteile. Es ist in den ersten Tagen dieser Notfallernährung sinnvoll, nicht gezielt stundenlang auf Nahrungssuche zu gehen, sondern sich während des Sammelns von Bau- oder Feuermaterial »auf dem Weg« mit Nahrung zu versorgen. Dass das bei den in diesem Buch beschriebenen Pflanzen ohne weiteres geht, habe ich schon über längere Zeit ausgetestet und werden Sie nach dem Durcharbeiten und einigen Spaziergängen mit geschärftem Auge schnell bestätigen können. Wir sparen also viel Zeit und sind dennoch in der Lage, alle Tätigkeiten mit der notwendigen Energie und Motivation durchzuführen. Denn ein niedriger Energielevel führt nicht selten zu Lethargie und einem Gefühl der Sinnlosigkeit, was im Notfall fatale Folgen haben kann.

Betrachten wir einmal, wie die Grundversorgung derjenigen Menschen aussieht, die noch heute mit dieser Ernährungsweise leben. Praktisch die gesamte Landbevölkerung armer Entwicklungsländer lebt von wenigen hundert Gramm pflanzlicher, energiereicher Nahrung. Während in vielen Staaten Afrikas hauptsächlich eine Schale Weizen- oder Hirsegrieß die Grundnahrung darstellt, leben und lebten ganze Völker Südamerikas von Amaranten und Teosinten, einer Urform des Mais, in Asien ist noch heute Reis die größte Energiequelle. Trotz der kargen Ernährung arbeiten diese Menschen täglich auf den Feldern oder legen zig Kilometer bis zur nächsten Wasserstelle mit schweren Krügen zurück.

Wir dürfen natürlich nicht vergessen, dass die Ärmsten der Armen durch jahrzehntelange, einseitige Ernährung an diversen Mangelerscheinungen und Krankheiten leiden, deshalb ist diese »minimale« Ernährung nicht auf Dauer geeignet. Für uns lässt sie jedoch den sicheren Schluss zu, dass wir einige Wochen mit einer sehr geringen täglich aufgenommenen Energiemenge durchstehen können, ohne ernsthafte Probleme zu bekommen.

Wie weiter oben angedeutet, kommt diese Ernährung der ursprünglichen Versorgung mit Nahrung einiger unserer Vorfahren ziemlich gleich. Das soll jedoch keinesfalls ein Euphemismus für das stete Verhungern der Bevölkerungsgruppen in Entwicklungsländern sein. Vielmehr zeigt das Überleben dieser Menschen, dass der Organismus evolutionär sehr stark daran angepasst ist.

Die frühen, modernen Menschen lebten zeitweise auf ähnliche Weise, wenngleich nicht immer angenehm. Gemeint ist die stetige Grundversorgung mit energiereichen Pflanzen. Nachdem es in Europa zum Ende der letzten Eiszeit vor etwa 12.000 Jahren wärmer wurde, wandelte sich die Vegetation. Weitläufige, pflanzenarme Flächen bewaldeten zunehmend. Die Menschen, die sich bis dahin in dieser Region größtenteils von Fleisch ernährten, indem sie als Nomaden den großen Herden folgten und beispielsweise Rehe, Hirsche oder Pferde jagten, konnten nun auf eine Vielzahl von Pflanzen zurückgreifen. Die große Verfügbarkeit erlaubte es ihnen, in länger gehaltenen Lagern zu verbleiben und je nach Jahreszeit die entsprechenden Erntegebiete zu bewohnen. Diese Grundlage bestand meist aus kohlenhydratreichen Knollen oder Samen, eine im Körper einfach und schnell erreichbare Energiequelle. Hinzu kamen allerlei Früchte, ölreiche Nüsse oder Samen sowie grüne Pflanzenbestandteile. Der Mensch war ernährungstechnisch in dieser Zeit hauptsächlich Sammler und nur »nebenberuflich« Jäger. Denn beim Sammeln von Pflanzen wanderte außerdem alles in den Kochtopf oder in die Glut der Feuerstelle, was auf dem Weg an tierischen Bestandteilen einfach zu erhaschen war, Schnecken, Muscheln und dergleichen. Nicht ohne Grund erinnert diese Ernährung an viele aus Südostasien bekannte Speisen, die aus einer Schale Reis, etwas Gemüse und einer kleinen »Fleischbeilage« bestehen.

Auf diese Weise war die Ernährung in den meisten Gegenden der Erde dauerhaft gesichert, obgleich es im Winter beziehungsweise der vegetationsarmen Zeit sicherlich einen steten Mangel gab. Eine gewisse Problematik bestand darin, dass diese Versorgung jahreszeitenabhängig nicht immer genügend »Überschuss« erzeugte, der in Form von Speck auf den Rippen für Notzeiten zur Verfügung stand. Für diesen waren neben den Haupterntezeiten auch die eher unregelmäßigen Jagderfolge der Männer verantwortlich, die von ihren tage-, manchmal wochenlangen Jagdexkursionen mal mit leeren Händen, mal mit einem großen erjagten Stück Wild heimkehrten.

Jene archaisch anmutende Situation kennen wir aus Berichten über heutige Ureinwohner im Regenwald. Natürlich sind diese seltenen Erfolge immer ein Grund zum Feiern. Doch nicht nur die glücklichen Jäger konnten sich über die große Menge Fett und Muskelfleisch freuen, auch der Körper hatte eine der raren Möglichkeiten, viel Energie auf einmal einzulagern. In der Gallenblase gespeicherte Gallenflüssigkeit sowie Sekrete der Bauchspeicheldrüse sind in der Lage, in kurzer Zeit große Mengen von Fett und Eiweiß zur Aufnahme während der Verdauung vorzubereiten. So können selbst unerwartete, für den Körper verhältnismäßig riesige Mengen von Energie vollständig aufgenommen werden. Diese werden recht schnell – vermutlich erleben Sie diesen Effekt nach den Weihnachtsfeiertagen – in das körpereigene Fettgewebe eingelagert und dort gespeichert.

Die Wundermaschine des menschlichen Körpers erhält dabei eine ersehnte »Schnellaufladung«, an die der Körper seit Jahrtausenden angepasst ist. Entwicklungsgeschichtlich gesehen ist es also kein Wunder, dass der Stadtmensch von heute mit seinem täglichen Schnitzel sehr schnell genügend Speicherfett für eine lange Hungerzeit aufbaut.

Für Sie bedeutet das, dass Sie problemlos mit einer geringen Menge regelmäßig aufgenommener Nahrung für sehr lange Zeit überdauern können. Wichtig ist dabei, wie an anderer Stelle schon beschrieben, dass Sie darauf achten, dass diese Minimalernährung möglichst ausgeglichen zusammengestellt wird. Also nie über längere Zeit nur Speicherwurzeln oder Grünpflanzen, sondern nach Möglichkeit immer eine Mischung, die gleichzeitig möglichst viele Kohlenhydrate und Öl, viele Grünpflanzen und geringe Mengen Fleisch enthält.

Für viele Menschen die einzige größere Mahlzeit des Tages: Gekochtes Getreide als Kohlenhydratgrundlage, vitaminreiche Beilagen wie fermentierte Fischsoße, Chutneys und etwas Fleisch oder Fisch.

Die Zusammensetzung Ihrer täglichen Nahrung kann zum Beispiel bei einer Menge von 700–900 Gramm so aussehen: gut die Hälfte aus grünen Pflanzenteilen, etwa als Salat oder →Spinat gekocht, und die andere Hälfte aus energiereichen Bereichen wie Wurzeln, Rhizomknollen oder Samen. Dazu als Beilage ein kleines »Topping« aus tierischen Bestandteilen wie Insekten oder Weichtieren sowie Nüsse und Früchte.

Die Versorgung mit tierischen Nahrungsbestandteilen ist ausführlich in einem eigenen Band dieser Buchreihe beschrieben. (»Tierische Notnahrung: Überleben in der Natur«, ISBN: 978-3-613-50973-3)

Bedenkenlos essbar?

»Willst du das wirklich essen?« Anton stand neben mir und blickte mich skeptisch an. Ich kniete vor ihm und hatte gerade die erfreulich große Wurzel einer Wegwarte *Cichorium intybus* aus dem brettharten Lehmboden gegraben. »Wie meinst du das?« Als ich ihn fragend ansah, deutete er nur stumm auf die viel befahrene Bundesstraße, keine zwei Meter von der Stelle entfernt, an der einige dieser himmelblau blühenden Pflanzen standen. Die Wegwarte ist nun mal eine Pflanze, die oft an ausgedörrten Straßen- oder Wegrändern wächst.

Da war sie wieder, die oft gestellte Frage: Wie schädlich oder riskant ist es, wenn wir Pflanzen sammeln? Besteht etwa Gefahr durch äußere Faktoren wie »saurer Regen«, Luftverschmutzung, Reifen-, Kupplungs- und Bremsabrieb? Wie hoch ist das Risiko der Belastung durch Fuchsbandwurm und andere Krankheiten? Nachdem ich die Wurzel etwas von Erde befreit hatte, schnitt ich einen kleinen Keil heraus und hielt ihn Anton entgegen. Als ich stumm auf die qualmende Zigarette in seiner Linken zeigte, biss er fast schon etwas schuldbewusst zu.

Die Schädigung, die wir durch den Verzehr von Stoffen auf Pflanzen erfahren, ist im Verhältnis tatsächlich nahezu bedeutungslos. Wer an einem heißen Sommertag dieselbe Bundesstraße zwischen Weingarten und Untergrombach mit dem Fahrrad zum schönsten Baggersee der Region zurücklegt, nimmt ein Vielfaches der Menge von Schadstoffen über die Lunge auf, wo sie bei Weitem gefährlicher sind als ungewaschenes Wildgemüse vom Straßenrand im Magen. Bedenken Sie, dass selbst ein Abend im Qualm eines Lagerfeuers nicht harmlos ist, ganz zu schweigen vom Steak, das über der offenen Flamme gegrillt wurde. Dennoch gibt es für uns kaum genügend Gründe, um auf das alles vollständig zu verzichten.

Zudem ist die Staubbelastung auf Landstraßen in der Regel geringer als in den Städten. Und zumindest in Europa habe ich noch niemanden mit Staubmaske im Feierabendverkehr radeln sehen. (Wer diesen durchaus ulkigen Anblick genießen möchte, dem sei eine Reise nach Saigon empfohlen.) Außerdem ist Straßenstaub weit geringer mit gefährlichen Keimen belastet als jede beliebige Großküche. Ein großer Teil des Gemüses vom Wochenmarkt oder der Ladentheke kommt von Feldern, die in direkter Nachbarschaft zu Autobahnen, Landstraßen oder meinetwegen Ölraffinerien stehen. Hier macht sich aber kaum jemand Gedanken, vielleicht auch, weil ein buntes Siegel auf der Verpackung Sicherheit vortäuscht.

Wenn Sie sich beim Gedanken an etwaige Schadstoffe etwas unwohl fühlen, dann waschen Sie die grünen Bestandteile von Wildgemüse. Es sollte aber nicht gewässert oder gerieben werden, da dadurch viele wichtige Inhaltsstoffe ausgeschwemmt werden.

Eine weitere Gefahr besteht durch Kontamination der Pflanzen durch Bakterien und Parasiten, wenn etwa ein Hund sein Bein am Brennnesselfeld hebt, kurz bevor wir unseren →Spinat ernten. Hier dürfen wir nicht vergessen, dass selbst im Bio-Landbau das Gemüse mit hochinfektiösen Stoffen begossen wird: mit Gülle. Dies geschieht jedoch lange vor der Ernte, deshalb besteht dabei in der Regel kein Risiko. Jene Felder sind außerdem nicht eingezäunt. Theoretisch kann deshalb jede Pflanze vom Gemüsestand mit Keimen und Parasiten belastet sein. Wie Sie wissen, passiert aber denkbar selten etwas.

Auch die Wahrscheinlichkeit, dass wenige Stunden vor unserem Erscheinen ein Fuchs genau auf der Wildpflanze seine Notdurft verrichtet hat, die wir pflücken möchten, scheint sehr unwahrscheinlich. Ich persönlich würde dennoch nicht in einem Park meinen »Wildsalat« pflücken, der besonders beliebt als Hundeauslauffläche ist. Trotzdem ist die Frage berechtigt, wie sich kontaminierte Nahrung essbar machen lässt. Grundsätzlich gilt: Alle pflanzlichen Nahrungsmittel, die einmal gebrüht worden sind, können bedenkenlos verzehrt werden. Kurzes Blanchieren in siedendem Wasser ist hier im Gegensatz zum Genießbarmachen von tierischen Nahrungsbestandteilen völlig ausreichend. Die gefährlichen Erreger sind nur außen auf der Pflanzenoberfläche. Bakterien, die gegebenenfalls innerhalb der Pflanze leben, sind für uns absolut ungefährlich.

Cook it, peel it or forget it?

Eine häufig zitierte Regel – insbesondere in Reiseführern über Tropenländer – ist, dass pflanzliche Nahrung nur gekocht oder geschält verzehrt werden darf. Das mag darin seine Berechtigung haben, dass es oftmals in Reiseländern nicht die europäischen Standards gibt, insbesondere in Bezug auf Hygiene während der Ernte oder Verarbeitung. Ich durfte schon einige Male unfreiwillig Zeuge werden, wie sich Bauern auf ihren Feldern während des Erntens von Reis oder Gemüse kurz in die Hocke begaben, um sich wenige Momente später, sichtlich erleichtert, wieder vollständig der Arbeit zu widmen.

Trotz dieser Erlebnisse habe ich mich in jedem bereisten Land von der gesamten Breite verfügbarer Speisen ernährt, die auch die mittellose Landbevölkerung zu sich nimmt. Inklusive »medium cooked chicken«, ungewaschenem Gemüse, Wasser mit dem Gemeinschaftsbecher aus der Regentonne und manchmal (eine Todsünde unter →»Lonely Traveller«) sogar Cola mit Eiswürfeln. Bis jetzt wurde ich noch nicht einmal richtig von Montezuma heimgesucht, geschweige denn von Würmern oder anderen Parasiten. Auch wenn das Risiko einer Infektion tatsächlich besteht, ist es mir das persönlich durch die dadurch erlebten kulinarischen

Abenteuer allemal wert. Dies soll selbstverständlich keine Empfehlung zum Verhalten auf Reisen in Entwicklungsländern sein, zeigt aber dennoch, dass die wahrgenommene Gefahr nicht immer dem tatsächlichen Risiko entspricht.

Ähnlich können wir die Lage am Waldrand oder auf einer Lichtung einschätzen. Wir wissen, dass mit hoher Wahrscheinlichkeit Tiere irgendwo ihre Hinterlassenschaften inklusive Parasiteneier und Fäkalbakterien gelassen haben müssen. Wie groß ist jedoch tatsächlich die Gefahr der ungewollten Aufnahme dieser Kotreste? Ist es gar notwendig, alle grünen Pflanzenteile zu garen und auf frische Pflanzenteile zu verzichten?

Diese Frage lässt sich mit einem einzigen Satz beantworten: Sie können sich in Europa beim Sammeln prinzipiell alles Mögliche »holen«, aber meist nichts Gefährliches oder Bleibendes, insbesondere keinen Fuchsbandwurm. Der kleine Fuchsbandwurm Echinococcus multilocularis verunsichert schon seit Jahrzehnten Wildpflanzensammler in Mitteleuropa. Wir wissen nach aktueller Studienlage, dass die Infektion des Menschen mit dem Fuchsbandwurm sehr wahrscheinlich nicht durch den Verzehr von kontaminierten Beeren oder Kräutern erfolgt, sondern durch aufgestäubte und eingeatmete Eier. Diese entstammen eingetrockneten Kotresten im Fell von Füchsen oder Haustieren, die sich ihrerseits durch das Fressen einer infizierten Maus angesteckt haben. Eine andere Wahrheit ist jedoch, dass Sie sich mit allen anderen Band- oder Spulwurmarten, die den Menschen befallen, infizieren können. Die Übertragung dieser Parasiten durch den Verzehr ausgeschiedener Eier ist ihr normaler und sehr effektiver Infektionsweg.

Die gute Nachricht ist, dass keine dieser möglichen Infektionen ein ernsthaftes Risiko für einen gesunden Menschen darstellt. Vielmehr ist der Mensch evolutionär auch sehr gut an Parasitenbefall angepasst und kommt damit klar. Sie könnten theoretisch dauerhaft mit ihnen leben.

Falls Sie einige Wochen nach dem Verzehr von rohen Pflanzenteilen einen Bandwurm oder einen Spulwurm im Stuhl feststellen, ist das deshalb kein Grund zur Panik. Eine nur wenige Tage dauernde, gut verträgliche Wurmkur, die der Arzt verschreibt, reicht aus, um Sie von allen ungewollten

In fernen Ländern stimmen die Hygienevorschriften bei der Nahrungsmittelverarbeitung nicht immer mit den unsrigen überein.

Bewohnern des Darms zu befreien. Für Sie bedeutet das im Nahrungsnotfall, dass Sie sich in der Regel keine Gedanken über die etwaige Kontamination durch Tiere oder »ungesunde« Stoffe machen müssen. Man sollte vermeiden, von Stellen Nahrung zu entnehmen, die von Tieren bevorzugt als Abort verwendet werden. Hier besteht das *tatsächliche* und nicht kalkulierbare Risiko einer Durchfallerkrankung, die Wasser- und Nahrungsverlust bedeutet.

Bei in großen Gruppen oder Feldern stehenden Pflanzen ist dieses Risiko jedoch sehr gering und würde nur durch das kurze Erhitzen aller Pflanzenteile vollständig ausgeschlossen werden.

Wenn Sie dagegen auch zu Hause regelmäßig rohe Wildpflanzen zu sich nehmen, eignen Sie sich durch die in kleinen Mengen aufgenommenen Erreger eine außerordentlich stabile Darmflora an. Diese kann dafür verantwortlich sein, dass Sie selbst beim Verzehr von kontaminierter Nahrung keinen Durchfall bekommen. Gifte auf den Pflanzen sind im Verhältnis zu den ständig auf uns wirkenden Schadstoffen in der Stadt, in Zimmern mit ausdampfenden Kunststoffen oder eingeatmeten Verkehrsabgasen völlig unproblematisch.

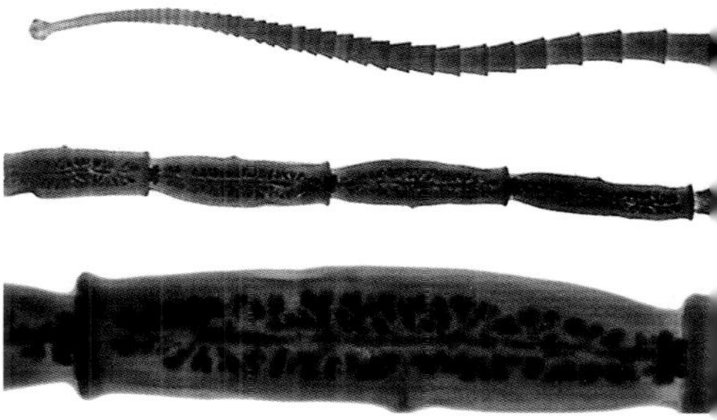

Ein unangenehmer Gedanke, aber tatsächlich meist nicht ernsthaft gefährlich: die Infektion mit Darmparasiten. Abgebildet ist der Bandwurm Taenia crassiceps, der bei Wildtieren weit verbreitet ist, den Menschen aber nur sehr selten befällt.

Genießbarkeitstest

Wenn wir über essbare Pflanzen sprechen, müssen wir uns auch mit dem Thema der anscheinend sehr beliebten Genießbarkeitstests beschäftigen. Hier zuallererst eine wichtige Anmerkung: Die Form, in der Genießbarkeitstests in vielen Survivalbüchern propagiert werden, kann zu schwersten Vergiftungen führen. Während der Vorgang in der Regel einigermaßen korrekt beschrieben wird, fehlt eine wichtige Voraussetzung: die Bewertung des Grundrisikos einer Pflanzenfamilie.

Der Test funktioniert prinzipiell folgendermaßen: Wenn in einer Notfallsituation auf eine unbekannte Pflanze zurückgegriffen werden muss, wird an der Pflanze erst einmal gerochen. Duftet sie nicht unangenehm, wird ein Stückchen von einem Laubblatt auf der Armbeuge oder einer anderen empfindlichen Hautstelle zerrieben. Wenn sich keine Reaktion in Form von Ausschlag, Rötung oder Pusteln zeigt, wird nach einiger Zeit ein kleines Stück der Pflanze in den Mund genommen und vorsichtig geschmeckt. Ist der Geschmack nicht unangenehm, wird das Stückchen zerkaut und in die Wangentasche gesteckt. Dort verbleibt es zwischen 10 Minuten und einer halben Stunde. Ist keine negative Wirkung zu bemerken, wird es geschluckt. Nun wartet man zwischen einer halben und zwei Stunden, bevor etwa die doppelte Menge gekaut und geschluckt wird. Das Ganze wird so lange weitergeführt, bis Sie eine volle Handvoll der Pflanzenteile zu sich genommen haben und vermuten können, dass die Pflanze nicht giftig war.

Diese Anwendung hat jedoch einige Denkfehler. Beginnen wir mit dem Geruchstest. Zwar ist der Mensch in der Lage, viele chemische Verbindungen zu identifizieren – ein Umstand, den wir uns noch zunutze machen werden –, jedoch bei Weitem nicht alle. Außerdem sagt der Geruch in den allermeisten Fällen überhaupt nichts über die Wirkung des Stoffs aus. Das Gleiche gilt auch für den Geschmack. Manche Giftstof-

Pflanzen mit Zellgiften wie die Herbstzeitlose sind wegen der stark verzögerten Wirkung sehr gefährlich.

fe sind in so geringen Konzentrationen in den Pflanzen vorhanden, sodass sie nicht gerochen oder geschmeckt werden können. Dennoch kann die Dosis hoch genug für eine Vergiftung sein. Versuche einer alternativen Ernährungsweise, sich »instinktiv« von unbekannten Pflanzen zu ernähren, gehen sehr oft schief. Erfahrungsberichte über solche fehlgeschlagenen Versuche gibt es zu Genüge, auch wenn die Anhänger dieser Ernährungsweise das nicht als Vergiftung, sondern als nützliche »Entgiftung« des Körpers deklarieren oder andere Faktoren dafür verantwortlich machen, dass ihr »Instinkt« nicht richtig funktionierte. Außerdem ist Geschmack eine sehr subjektive Empfindung. Manche können sehr scharfe Chili essen, während viele Kinder am liebsten Spinat als hochgiftig deklarieren würden.

Auch das Aufbringen der Pflanze auf die Haut kann zu starken Reaktionen führen. Einerseits kann der Test mit einer Brennnessel zum Ergebnis führen, dass sie Ausschlag verursacht und damit nicht essbar wäre, andererseits führen manche Stoffe bei Sonnenbestrahlung zu schweren Verbrennungen oder verätzen das Gewebe.

Eine stark giftige Pflanze kann auch ungeschluckt im Mund eine große Menge von Gift an den Körper abgeben. Dies wird auch bei kleinen Mengen Probleme bereiten. Wer sich einmal an →Makla, den arabischen Kautabak, oder indisches →Gutka herangewagt hat, kennt diesen Effekt bestimmt.

Das darauf folgende Schluckprozedere ist besonders problematisch. Denn viele Gifte beginnen erst lange nach der Verdauung, also einige Stunden nach dem Verzehr, zu wirken. Besonders gefährlich sind hier sogenannte Cytotoxine oder Zellgifte, die in vielen Organen verheerende Schäden bis hin zum Tod verursachen können und oft auch krebserregend wirken. Besonders diese letzte Wirkung kann durch diesen Test nicht erkannt werden. Manche Giftstoffe wie Pyrrolizidinalkaloide führen erst nach Wochen oder Monaten zu schweren Schäden.

Zu guter Letzt verhindert der Placeboeffekt, dass wir eine Vergiftung als solche korrekt wahrnehmen können. Bei der Aufnahme einer unbekannten, möglicherweise giftigen Pflanze »hört« man besonders aufmerksam in seinen Körper. Die Erwartungshaltung kann zu starken Symptomen führen, obwohl tatsächlich keine Vergiftung vorliegt.

Ich habe eine Zeit lang regelmäßig einen kleinen Test durchgeführt, der diesen Effekt sehr stark unterstrichen hat. Nachdem ich einer Gruppe von etwa zehn Personen einen undefinierbaren Snack angeboten hatte (es handelte sich um gebratenen Maisbeulenbrand, einen Pilz, der zu einer unansehnlichen Speise namens Huitlacoche verarbeitet wird), erklärte ich, dass ich eine kleine Menge einer stark wirksamen Pflanze untergemischt habe. Es sei ein Stück gewesen, das vermutlich nur von einer Person dieser Gruppe verzehrt wurde. Die Wirkungen wären Schwindelgefühle, etwas Kopfschmerzen, Ohrensausen und verengter Blick – klassische frühe Vergiftungssymptome. Keiner wusste, ob er es war, der den giftigen Anteil erhalten hatte.

Selbstverständlich habe ich niemandem eine solche Giftpflanze zum Essen gegeben. Es hat sich trotzdem gezeigt, dass viele genau jene Krankheitsbilder ausgeprägt haben. Wenige haben sogar über so starken Schwindel geklagt, dass sie meinten, sich übergeben zu müssen. Nachdem ich das kleine Experiment aufgeklärt hatte, verschwanden die Probleme binnen Minuten. Bei einigen »Kontrollgruppen« habe ich dagegen erklärt, dass es sich um eine Speise handelt, bei der einer von etwa 500 Probanden leichte Kopfschmerzen bekommen kann. Die geringe Wahrscheinlichkeit der nur schwachen Wirkung führte dazu, dass nur sehr selten eine Reaktion empfunden wurde.

Wenn Sie sich also einigermaßen sicher sind, dass eine Pflanze nicht giftig ist, können Sie viel objektiver auf mögliche Körperreaktionen achten.

Wann ist also so ein Test überhaupt angebracht? Die Antwort darauf ist möglicherweise etwas verwirrend: Der Test wird von vielen Autoren in Survivalbüchern beschrieben, um dem Leser zu ersparen, sich intensiver mit Botanik auseinander zu setzen. Jedoch ist genau das die notwendige Voraussetzung, um jenen Versuch schadfrei zu überstehen.

Sie dürfen nur mit Pflanzen dieses Prozedere durchführen, bei denen Sie sich fast sicher sind, dass es sich um eine essbare Art handelt. Und auch nur dann, wenn sie unbedingt gezwungen sind, sich davon zu ernähren. Das kann beispielsweise in folgender Situation vorkommen: Sie sind auf einem anderen Kontinent und müssen sich während einer Notsituation oder einer länger als vorgesehen dauernden Expedition pflanzliche Nahrung beschaffen. Sie finden eine Pflanze, die fast so aussieht wie eine essbare, die Sie aus Mitteleuropa kennen. Sie sind sich aber nicht vollkommen sicher, ob gegebenenfalls ein sehr ähnlicher Vertreter außerhalb der von Ihnen botanisch erfassten Gebiete vorkommt.

Nun überprüfen Sie zuallererst, ob sich in der Umgebung vielleicht andere Pflanzen finden lassen, die entweder zu Familien oder Gattungen wie den »Dirty Dozen« gehören, die durchweg essbar und weltweit verfügbar sind (siehe Kapitel 5a »Die wichtigsten Familien« bzw. Kapitel 6 »Dirty Dozen«).

Finden Sie keine solchen Alternativen, wägen Sie ab, ob die unbekannte Pflanze in einer großen Menge vorkommt und genügend brauchbare Energie liefert (beides einzuschätzen, sollten Sie nach dem Durcharbeiten des Buchs gelernt haben.) Bei einzelnen Pflanzen lohnt sich dieser Vorgang nicht, da es oft nicht so einfach ist, genau die eben verzehrte Pflanze nach einiger Zeit an einem anderen Ort wiederzuerkennen. Ebenso ist der Test nicht sinnvoll, wenn es sich bei der Pflanze nur um eine »grüne Beilage« ohne Energie handelt.

Ist es eine lokal oft vorkommende Art, rufen Sie sich die hier beschriebenen Pflanzenfamilien und die entsprechenden Faustregeln ins Gedächtnis. Gehört die Pflanze zu einer Familie, deren Mitglieder keine oder nur sehr wenige ernsthaft giftige Vertreter beherbergt, kann der oben beschriebene Test durchgeführt werden – aber nur dann.

Pflanzen aus Familien, die als bedenklich oder stark giftig eingeschätzt werden müssen, dürfen auf keinen Fall auf diese Weise probiert werden. Einen Überblick darüber finden Sie in der Tabelle wichtiger Familien ab Seite 108.

Wenn Sie in einem Buch oder im Internet eine andere Anleitung für solche Genießbarkeitstests finden, suchen Sie sich am besten die Wirkungen für verschiedene stark giftige Pflanzen heraus und machen ein Gedankenexperiment. Wie würde etwa der Körper reagieren, wenn auf diese Weise die Knolle des Eisenhuts *Aconitum spec.* oder des Zerberusbaum *Cerbera odollam* getestet würde? (Beide Pflanzen sind sehr stark giftig; geringe Mengen können bereits beim Kauen zum Tod führen.) Welche Symptome wären während eines vier Stunden andauernden Tests mit einer Herbstzeitlosen *Colchicum spec.* zu erwarten? (Die Vergiftung durch diese Pflanze setzt in der Regel erst lange nach dem Verzehr ein.) Wie viel Pflanzenmaterial haben Sie schon zu sich genommen, bis die ersten Reaktionen wahrgenommen werden können?

Vermutlich mag das für den ein oder anderen Leser eine gewisse Enttäuschung werden, erwarten manche vielleicht, dass mit einer einfachen Regel oder einem simpel durchführbaren Genießbarkeitstest die Arbeit des Lernens und Verinnerlichens der

Pflanzengruppen übersprungen werden kann. Wenn wir die Lage jedoch realistisch betrachten, führt kein Weg daran vorbei. Sie werden in den folgenden Kapiteln noch sehr viel über die »Wertigkeit« von weltweit wichtigen Pflanzenfamilien und Gattungen lernen. Alleine diese Grundlage erlaubt es Ihnen, diesen Test ohne die große Gefahr bleibender Schäden durchzuführen.

Die Jagd nach den Vitaminen

»Gemüse ist gesund, Wildgemüse und Wildkräuter sowieso.« Das dürften die Sätze sein, die einem in der »Wildi-Szene« am häufigsten begegnen. »Dieses Wildgemüse ist reich an Eisen, Magnesium und Calcium. Es enthält soundsoviel Vitamin C und damit fünfzehneinhalbmal so viel wie eine Zitrone.«

Doch hat dieses Wissen einen praktischen Wert? Welche Bestandteile sind an Wildpflanzen für uns wirklich wichtig, und macht es überhaupt Sinn, den Sammelkorb nach der täglich benötigten Menge von Folsäure, Eisen oder →Vitaminen zu befüllen?

Dazu möchten wir einmal betrachten, was diese Stoffe überhaupt sind. Ein »Vitamin« ist kein eng definierter Begriff. Bezeichnet werden damit grundsätzlich Stoffe, die der Mensch mit seiner Nahrung aufnehmen muss, weil er sie nicht selbst herstellen kann. Eine engere Verwandtschaft im chemischen Sinne haben Vitamine untereinander nicht.

Diese Moleküle werden für verschiedene Stoffwechselvorgänge benötigt und sind lebenswichtig. Fehlt einem Menschen auf Dauer ein wichtiger Stoff, stellt sich mit der Zeit eine Mangelkrankheit ein, die durchaus lebensgefährlich sein kann. Bis dies geschieht, kann es manchmal sogar einige Jahrzehnte dauern (im Beispiel von Vitamin B12, einem hauptsächlich durch tierische Bestandteile aufgenommenen Vitamin), da der Körper Vitaminspeicher aufbaut. Einige Vitamine wie zum Beispiel Vitamin C können nicht in großen Mengen abgespeichert werden und müssen deshalb regelmäßig zugeführt werden. Manche, zum Beispiel Vitamin A, können dagegen im Übermaß aufgenommen werden und zu schweren Vergiftungen, sogenannten →Hypervitaminosen führen.

Vitaminmangelerkrankungen sind bei Weitem nicht so häufig, wie Sie vielleicht denken. Sie entstehen bei genetischer Disposition, langer extrem einseitiger Ernährung (wie bei rein veganer oder völlig gemüsefreier Diät) sowie bei Essstörungen. Sie kommen außerdem meist in ländlichen Gegenden von Entwicklungsländern vor, wo jahrelang das tägliche Gericht nicht viel mehr ist als eine Schale Reis oder Hirse.

Für uns ist vielmehr interessant, welche Pflanzen große Mengen von Energie abspeichern. Dieses Wissen ist wirklich überlebenswichtig. Wir postulieren eine Ausgangssituation, in der wir uns längere Zeit völlig autark in der Natur mit Nahrung versorgen müssen. Wie schon beschrieben wird das während eines Nahrungsnotfalls zum Beispiel auf Extremreisen oder Expeditionen sein.

Um auf Dauer voll leistungsfähig zu sein, benötigen wir Energie, die wir aus Speicherstoffen oder tierischen Lebensmitteln erhalten. Die genaue Menge an Vitaminen und Spurenelementen unserer Kost ist dabei ohne jede Bedeutung. Sie werden beim regelmäßigen Verzehr von tierischer und pflanzlicher Nahrung alle wichtigen Stoffe in ausreichender Menge aufnehmen.

Was bedeutet das für uns, nicht nur in der gedachten Notfallsituation? Im Prinzip müssen wir uns genau so ernähren, wie wir es normalerweise auch würden: ausgeglichen. Es werden nicht nur Speicherknollen gegessen, sondern auch regelmäßig grüne Pflanzenteile. So wie Sie zu Hause auch nicht nur Kartoffeln oder Reis essen, sondern Beilagen wie Salat oder kleine Mengen Fleisch. Wenn Sie sich auf diese Weise ernähren, ist es sehr unwahrscheinlich, ja, fast ausgeschlossen, dass Sie an irgendeiner Mangelerscheinung leiden werden.

In diesem Buch finden Sie genügend wichtige Informationen, insbesondere über Pflanzenstoffe, die eine direkte Wirkung auf den menschlichen Körper haben. Dieses Wissen über die Pflanzenheilkunde zu verinnerlichen ist sehr viel wichtiger, als Vitamine zu zählen.

Sie müssen sich wirklich keine Gedanken darum machen, welche Stoffe Sie unbedingt in Ihrer Nahrung benötigen. Essen Sie, was Sie finden – vorausgesetzt, es ist genießbar. Dann tun Sie es jenen gleich, die das über Jahrmillionen taten, ohne jemals das Wort »Vitamin« benutzt zu haben: unseren Vorfahren.

Vergiftungen

Bevor wir uns in den folgenden Abschnitten des Buchs einzelne essbare Pflanzen oder die Wertigkeit wichtiger Familien anschauen, möchten wir uns mit dem schlimmsten Fall einer fehlerhaften Pflanzenbestimmung beschäftigen, der Vergiftung.

Um die Gefahr einer solchen jedoch objektiv betrachten zu können, möchten wir uns erst einmal vergegenwärtigen, wie häufig Vergiftungen durch Pflanzen allgemein vorkommen und wie groß sich das Risiko tatsächlich in den meisten Fällen darstellt. Denn nur mit diesem Wissen können wir den möglichen Schäden sinnvoll und besonnen begegnen.

Wie häufig sind also schwere Vergiftungen und worauf sind sie zurückzuführen? Diese Fragestellung kann mit einer recht verblüffenden Antwort beantwortet werden. Denn obwohl es auch in unseren Breiten viele schwer giftige Pflanzen gibt, ist die Anzahl der Schäden hierdurch denkbar gering.

Das hat unterschiedliche Gründe. Die tatsächlich häufigste Ursache für Vergiftungen mit tödlichem Ausgang ist, dass eine Giftpflanze gezielt gesucht und entweder zum Suizid, für die Selbstmedikation oder als Droge missbraucht wurde.

Bei Erwachsenen ist die ungewollte Aufnahme von stark giftigen Pflanzenteilen sehr selten und meist auf die »altbekannten« Verwechslungen zurückzuführen, die ich Ihnen im Laufe des Buchs noch vorstellen werde.

Die meisten Menschen sammeln und verzehren sinnvollerweise keine unbekannten Pflanzenteile. Deshalb sind von versehentlichen Vergiftungen auch häufig die experimentierfreudigen Kinder betroffen, die sich von bunten, süßen Beeren anlocken lassen. Bei der Notnahrungssuche sollte man sich jedoch durchaus als ein solches betrachten, da hier leider oft auf Pflanzen zurückgegriffen wird, die dem Sammler nicht oder nur ungenau bekannt sind. Insbesondere, wenn sich der Pflanzensammler in neue Bereiche der Pflanzenernährung vorwagen möchte.

Ein weiterer Faktor ist, dass die Giftigkeit von Pflanzen sehr stark von den Pflanzenteilen abhängt. Weil reife Beeren von Giftpflanzen meist eine niedrigere Konzentration enthalten als unreife Beeren, grüne Pflanzenteile oder gar Wurzeln und Samen, gehen die meisten Verwechslungen glimpflich aus – grüne und damit meist saure Beeren werden selten in großen Mengen konsumiert, Samen meist ausgespuckt und tief sitzende Wurzeln sind nicht ohne Weiteres greifbar.

Auch hier müssen wir daran denken, dass wir als Nahrungssammler gezielt oft unterirdische Pflanzenteile oder Samen suchen, die beide für eine hohe Nährstoff-, aber auch Giftkonzentration stehen. Als Notnahrungssuchender zählt man also eher zu einer Risikogruppe und dürfte damit deutlich über den Vergiftungsraten innerhalb der »normalen« Bevölkerung stehen.

Darüber hinaus müssen wir uns jedoch auch einmal fragen, was gemeinhin als »Giftpflanze« gewertet wird. Das sind nicht nur die tatsächlich sehr gefährlichen Arten, sondern auch solche, die einen zwar giftigen Stoff enthalten, jedoch in so geringen Mengen, dass eine ernsthafte Vergiftung ausgeschlossen scheint. Das ist tatsächlich bei sehr vielen Pflanzen der Fall, wie Sie in den folgenden Kapiteln noch sehen werden. So müsste man den Roten Holunder *Sambucus racemosa* mit relativ hoher Konzentration des Giftstoffs Sambunigrin und das Scharbockskraut *Ranunculus ficaria* mit unterschiedlichen Mengen von Protoanemonin durchaus als »Giftpflanze« bewerten. Beide sind jedoch mit der richtigen Vorbereitung ohne Probleme essbar.

Solche jedoch, die von Giftstoffen eine so hohe Dosis enthalten, dass sie bei verzehrbaren Mengen akut schädlich wirken oder Spätfolgen verursachen können, werden von uns als Notnahrung selbstverständlich ausgeschlossen. Doch selbst hier ist eine lebensgefährliche Vergiftung, die sofortige Gegenmaßnahmen erfordert, meist unwahrscheinlich oder erst nach dem Verzehr größerer Mengen zu erwarten. Hierzu zählen Pflanzen wie der Adlerfarn *Pteridium aquilinum* oder der Scharfe Hahnenfuß *Ranunculus acris*.

Dass man dennoch manche Arten als große Gefahr ansieht, hat viel mit der öffentlichen Wahrnehmung zu tun. Zum Beispiel gibt es keine gesicherten Berichte von tödlichen Vergiftungen durch Maiglöckchen. In Anbetracht der tatsächlich eher geringen Giftigkeit der Pflanze ist es nachvollziehbar, dass es nicht jedes Jahr zu Hunderten schweren Vergiftungen mit Maiglöckchen kommt. Ich möchte nicht daran denken, was ich im Sammelkorb des ein oder anderen »Pestosammlers« schon gefunden habe.

Glaubt man jedoch Lokalgazetten, lauert an jedem Waldrand der »Tod mit Frühlingsduft«. Hier ist die allgemeine Akzeptanz, eine Pflanze als »besonders gefährlich« zu bewerten, so groß, dass dies auch nur selten hinterfragt wird. (Trotzdem ist das Maiglöckchen selbstverständlich nicht essbar, es ist aber nicht so gefährlich, wie allgemein angenommen). Wirklich ernsthafte oder gar tödliche Vergiftungen sind also in Wirklichkeit im Verhältnis zur Menge der wild gesammelten Pflanzen sehr selten.

Die tatsächlich stark giftigen Pflanzen können natürlich zu allerschwersten Schäden oder auch zum Tod führen. Hier seien exemplarisch der Blaue Eisenhut *Aconitum napellus* mit dem stark giftigen Aconitin sowie die Tollkirsche *Atropa belladonna* mit hochwirksamen Alkaloiden genannt.

Da es also dennoch dazu kommen kann, dass fälschlicherweise schwer giftige Pflanzen verzehrt werden, sollten Sie besondere Obacht beim Sammeln walten lassen und die richtigen Gegenmaßnahmen kennen.

Gegenmaßnahmen

Haben Sie eine vermutlich giftige Pflanze zu sich genommen, dann stellen sich einige Fragen, die es zur Einschätzung der Gefahr zu beantworten gilt.

Sie werden die Verwechslung in der Regel erst feststellen, wenn sich die ersten Vergiftungserscheinungen zeigen. Ist es möglich, sollten Sie die Giftnotrufzentrale oder den Rettungsdienst kontaktieren. Diese werden Sie über notwendige Schritte informieren. Außerdem sollten Sie die verzehrte Pflanze, zumindest aber einen Trieb mit mehreren Blättern sowie Blüten oder Früchten, sammeln, um sie zur Bestimmung vorzuzeigen. Wenn möglich, sollten Sie sich merken, wie lange es zwischen Aufnahme und den ersten Vergiftungserscheinungen gedauert hat. Weitere Schritte sollten bei Verfügbarkeit der Rettung nicht ohne Rücksprache mit medizinisch geschultem Personal unternommen werden.

Im Busch sind Sie natürlich nicht ohne Weiteres dazu in der Lage. Hier müssen wir uns selbst helfen, insbesondere, wenn die Verwechslung erst mit dem Einsetzen der ersten Schäden vermutet wird.

Solche Zeichen sind in der Regel – abhängig vom Giftstoff – ein trockener Mund, Brennen des Rachens, Übelkeit und Bauchschmerzen. Etwas später oft drückende Kopfschmerzen, Schwindel, Krämpfe, Durchfall und Müdigkeit, manchmal Herzrhythmusstörungen.

Sobald Sie die ersten Symptome bemerken, ist die schnellste und erste Gegenmaßnahme das Erbrechen. Im Gegensatz zur Behandlung der Vergiftung in der Zivilisation darf oder muss ohne ärztliche Hilfe die Magenentleerung durchgeführt werden. Hierzu wird der obere Rachenraum mit dem Finger gereizt. Sobald der Magen geleert ist, wird etwas Wasser getrunken und wieder erbrochen. Dies wird einige Male gemacht, bis keine Pflanzenstückchen mehr im Erbrochenen sind.

Die Alternative für medizinische Aktivkohle ist verbranntes Holz, dessen Glut ruhen gelassen wird, bis sie keine Flamme mehr bildet.

Bei diesem Vorgang ist unbedingt zu beachten, dass ein »Verhusten« ausgeschlossen wird. Wenn dies geschieht, besteht die Gefahr, dass der Mageninhalt teilweise in die Lunge aufgenommen wird, wodurch es zu erschwerter Atmung und später zu einer Lungenentzündung kommen kann. Um dies zu verhindern, muss sich der Vergiftete stark vornüberbeugen und auf keinen Fall im Liegen erbrechen. Auch sollte der Vorgang nur vom Betroffenen selbst ausgelöst werden, sofern er dazu noch in der Lage ist.

Nicht gegeben werden dürfen Brechmittel wie Salzwasser oder Vergleichbares, da hier eine zusätzliche Vergiftung durch die aufgenommenen Stoffe verursacht werden kann.

Giftige Pflanzenteile geben, sobald sie zerkaut worden sind, ihre Inhaltsstoffe an den Körper ab. Oft erfolgt schon eine geringe Aufnahme im Rachen und Magen, sodass die ersten Vergiftungserscheinungen manchmal schon recht früh und noch eher mild zu bemerken sind. Das meiste Gift wird jedoch im Dünndarm aufgenommen. Deshalb kann das Erbrechen in geeigneten Fällen eine Maßnahme sein, um zu verhindern,dass der giftige Nahrungsbrei in den Darm transportiert wird. Dort angekommen, haben Sie keinen Zugriff mehr darauf.

Auf keinen Fall dürfen Sie Milch oder etwas Vergleichbares trinken. Hierbei werden nicht nur manche Giftstoffe aus den Pflanzen herausgelöst, die sonst nur schwer wasserlöslich sind (Milch ist eine Wasser-Öl-→Emulsion), sondern die Giftstoffe werden auch auf den feinen Tröpfchen verteilt, wodurch eine besonders schnelle und vollständige Aufnahme erfolgen kann.

Ist der Magen von den Giftpflanzenteilen befreit, kann eine Reduktion der Gifte im Darm durch das Trinken von in Wasser suspendierter Holzkohle (besser noch: medizinischer Kohle) erfolgen. Hierzu wird eine größere Menge (etwa ein Gramm pro Kilogramm Körpergewicht) zerstoßen und in Wasser eingerührt. Diese Mischung wird getrunken. Im Magen und Darm können die Gifte an den Kohlenstoffmolekülen binden und werden so der Aufnahme durch den Darm entzogen.

Außerdem sollte man nach dieser Behandlung reichlich Wasser zu sich nehmen und sich je nach Bedürfnis mit einer Decke oder einem Mantel wärmen oder bei erhöhter Temperatur in den Schatten setzen oder flach hinlegen. Dies verhindert eine Verletzung durch Stürze bei Verlust des Bewusstseins.

Trotz einer solchen Gegenmaßnahme kann es bei einigen Pflanzen zu schweren Komplikationen kommen. Manche von ihnen geben ihre starken Giftstoffe so schnell und effektiv an den Körper ab, dass schon auf dem Weg vom Mund in den Magen eine tödliche Dosis aufgenommen werden kann. Andere Gifte dagegen wirken hemmend auf den Zellzyklus, also die Teilung von Zellen. Diese Inhaltsstoffe werden oftmals erst wahrgenommen, wenn die Verdauung schon lange abgeschlossen ist und es keinerlei Möglichkeit mehr gibt, die Vergiftung zu behandeln.

Sie sollten sich also in Anbetracht der zwar relativ seltenen, dennoch teilweise sehr gefährlichen Vergiftungen immer der großen Eigenverantwortung bewusst sein und beim Sammeln von Pflanzen besonders sorgfältig sein.

4 – Familienbünde

VORBEMERKUNG:

Wir werden uns in diesem Kapitel tief in die spannende und komplexe, wenngleich nicht ganz einfach zu erfassende Welt der biologischen →Systematik begeben. Mir ist durchaus bewusst, dass es sich hier teils um »schwere Kost« handelt, auch wenn ich mir Mühe gegeben habe, den Komplex verständlich aufzubereiten. Dieses Kapitel hat meines Erachtens dennoch seine Berechtigung, da Sie sich vermutlich vom Thema der pflanzlichen Notnahrung einen so umfassenden Überblick verschaffen möchten, dass Sie auch außerhalb der Ihnen bekannten Gefilde im Notfall Pflanzen korrekt und sicher einordnen können. Hierzu ist es notwendig, in das Feld der Abstammungskunde und Systematik vorzudringen – etwas, das die wenigsten Bücher über essbare Pflanzen auf dem Markt vermitteln – vielleicht auch aus Angst, den Leser zu überfordern. Ich bin mir aber sicher, dass Sie diese Grundlagen innerhalb von ein paar ruhigen Stunden erfassen und sich so auf eine völlig neue Ebene der Pflanzenbestimmung einlassen können.

Die Welt der Lebewesen scheint kompliziert. Sehr kompliziert. Es ist für den Menschen unmöglich, alle Tiere, Pflanzen, Einzeller und Bakterien zu kennen. Warum das so ist und wie wir dennoch die Möglichkeit haben, uns einen guten Überblick zu verschaffen, können wir aus den mittlerweile gut untersuchten evolutorischen Mechanismen ableiten.

Vor langer Zeit haben sich alle heute lebenden größeren Geschöpfe aus wenigen, vielleicht sogar aus einem einzigen gemeinsamen Vorfahren entwickelt. Diese Entwicklung zu komplexeren Lebewesen, man nennt sie auch Evolution, hat ihren Ursprung in einem Verfahren, das dafür verantwortlich ist, dass sich alles Lebende auch heute noch ständig verändert. Um das begreifen zu können, müssen wir einen kleinen Exkurs in die einfache Erbkunde unternehmen.

Alle Informationen, die das Erscheinungsbild des Lebens beeinflussen, werden von einem »Quellcode« im Inneren jeder Zelle, der sogenannten DNA (Desoxyribonukleinsäure) bestimmt. Sie ist eine lange Molekülkette und enthält übertragen gesehen vier Buchstaben, die »Basen«, deren Kombination verschiedenartige Wörter erzeugt, die während der embryonalen Entwicklung des Lebewesens sowie zu späteren Zeitpunkten zeitlich und örtlich sehr genau definiert abgelesen und »umgeschrieben« werden. Aus den Informationen dieser Matrize entstehen letztendlich Proteine, die Grundbausteine des funktionellen Lebewesens. Das hört sich jetzt etwas abstrakt an, mit einem einfachen Beispiel verstehen Sie jedoch sehr schnell, welche Auswirkungen das hat.

Variation

Wie ein HTML-Quellcode, der hinter jeder Internetseite steht, bestimmen die Urinformationen der DNA das Aussehen sowie die Funktion des späteren Komplexes. Wenn im Quelltext einer Internetseite (analog dazu in der DNA) festgesetzt ist, dass der Seitenhintergrund (beziehungsweise die Blattfarbe) rot ist, erscheint das Ergebnis auch so.

Während ein Computer diese Informationen größtenteils fehlerfrei abliest und auch kopiert, sieht das in einem Lebewesen etwas anders aus. Ständig werden Informationen beim Verdoppeln der Erbsubstanz vor der Zellteilung mit Fehlern behaftet; mehr noch, es werden Variationen auch bei der Reproduktion eines Lebewesens eingebaut.

Übertragen bedeutet das für unsere Internetseite, dass die Kopien meistens einen roten Hintergrund haben. Manchmal jedoch erscheinen die Replikate durch den Austausch einzelner Buchstaben in der Angabe der Hintergrundfarbe stattdessen rosa, violett oder gar grün. Dies nennen Biologen »Variation«, eine der grundlegenden Voraussetzungen der Evolution.

Ein Lebewesen muss also bei der Reproduktion zufällig mit Fehlern »bestückt« worden sein, damit es eine Veränderung gibt. Andernfalls würden alle Menschen identisch aussehen, so wie eineiige Zwillinge beziehungsweise sogenannte Klone, die die genau gleiche Kopien der Erbsubstanz besitzen.

Selektion

Die kleinen Variationen der Blattfarbe einer Pflanze beziehungsweise der Hintergrundfarbe unserer Internetseite, die durch »Mutation« des Quelltextes nun grün sind, fallen im Verhältnis zu der Anzahl von Individuen mit roter Farbe nicht ins Gewicht. Unter Abertausenden roter Individuen fällt ein einzelnes grünes kaum auf. Deswegen verschwindet diese Farbe mit der nächsten Generation meist wieder. Gelegentlich haben die Variationen jedoch einen Vorteil gegenüber den ursprünglichen Formen. In der Regel entsteht dieser durch eine Veränderung der äußeren Umstände. Bei dem Pflanzenbeispiel ist möglicherweise ein Schädling in die Population der vielen roten und vereinzelt grünen Individuen eingezogen. Dieser frisst bevorzugt rote Pflanzen, die grünen verschmäht er. Nach und nach erlebt die rote Pflanzenfraktion einen mächtigen Schwund, während die grüne überlebt und deshalb lokal im Verhältnis zu den roten Pflanzen immer zahlreicher wird.

Das Ergebnis ist, dass die Roten örtlich begrenzt (zum Beispiel auf einer Insel oder in einem Tal) aussterben, während die Grünen eine stabile Population bilden, die zahlenmäßig groß genug ist, um den Lebensraum der Roten zu übernehmen.

Auf diese Weise entstanden zwei unterschiedliche Pflanzenformen (an anderen Stellen gibt es noch immer unzählige Populationen roter Pflanzen), die sich nun unabhängig voneinander räumlich isoliert weiterentwickeln können, bis irgendwann vielleicht zwei getrennte Arten entstanden sind.

Dieser Vorgang des selektiven Vorteils wird auch durch den in der Schulbiologie beliebten, aber nicht ganz unumstrittenen Vorgang des Industriemelanismus beschrieben. Durch die Luftverschmutzung während der Industrialisierung in Großbritannien war die normalerweise weiß gefärbte und mit Flechten besetzte Borke der Birken nackt und schmutzig grau gefärbt, sodass die sonst darauf getarnten weißen Birkenspanner in großer Anzahl Opfer von jagenden Vögeln wurden.

Eine schon vorhandene, grau entwickelte Farbvariation, die in Zeiten weißer Borke nur in geringer Anzahl überlebte, hatte hier einen großen Vorteil, da sie sich mit ihrer Farbe nun tarnen konnte. Die Zahl der weißen Birkenspanner auf der Insel nahm stetig ab, während die grauen immer häufiger wurden.

Wir haben also die wichtigen Faktoren einer evolutiven Veränderung: »Anpassung« der Farbe durch eine Variation des Birkenspanners, eine veränderte Selektion, die durch die Graufärbung der Borke sowie das Verschwinden von Flechten zustande kam, sowie der Selektionsvorteil des grauen Birkenspanners, da er sich besser durch Tarnung schützen konnte. Mit der Reduktion von ungefilterten Industrieabgasen verringerte sich die Anzahl der grauen Birkenspanner wieder schnell, während sich die Population der weißen erholte.

Diese kleinen Beispiele mögen Ihnen nun ein Grundverständnis über die Mechanismen gegeben haben, die zum heutigen, komplexen Zustand der Lebewesen geführt hat. Man sieht jedoch auch, dass uns dieses System sehr dabei weiterhilft, wenn es darum geht, die immense Menge aller Lebewesen in eine Ordnung zu bringen. Wir werden uns im Weiteren um die Entwicklung der Pflanzen kümmern und Schmetterlinge sowie Computerskripte außen vorlassen.

Taxonomie – die Ordnung des Lebens

Immer dann, wenn dem Menschen etwas zu komplex erscheint, neigt er dazu, sich mit Einteilungen, Zusammenfassungen und Gruppierungen zu helfen. Im Prinzip sind alle Einteilungen willkürlich, da sie darauf bedacht sind, dem Menschen ein möglichst einfaches System zu bieten. Solche Einteilungen können unter allen möglichen Gesichtspunkten vorgenommen werden. Gerade solche Ordnungssysteme sind insbesondere in Bezug auf pflanzliche Notnahrung ungeheuer wichtig, wie Sie im Laufe der nächsten Kapitel noch feststellen werden.

Beginnen wir mit einem einfachen Beispiel eines scheinbar sinnvollen und dennoch willkürlichen Ordnungssystems. Wenn Sie im Supermarkt am Obst- und Gemüsestand stehen, können Sie eine echte →»Systematik« erkennen. Hier werden alle möglichen zuckerhaltigen Pflanzenteile wie Beeren und Früchte in die Abteilung »Obst« eingegliedert. Dazu gehören Orangen, Kirschen, Äpfel, Melonen und dergleichen. Pflanzen, die nicht süß sind, werden als Gemüse eingeteilt. Hierunter gehören unter anderem Kürbisse, Möhren, Kartoffeln, Sellerie, Salate und Zucchini. Innerhalb des Gemüses wird jedoch weiter unterschieden. Da gibt es Wurzelgemüse wie Pastinake, Möhren und Rettich, Salate wie Rucola, Blattsalatt und Chicorée und so weiter.

Ohne es zu merken, verwenden wir hier eine sogenannte hierarchische →Systematik, die alle frischen pflanzlichen Produkte im »Gemüsestand« einteilt. In dieser Gruppe sind die beiden Untergruppen »Obst« und »Gemüse« aufgegangen. Obst besteht jedoch selbst zum Beispiel aus Steinobst, Tropenfrüchten und Zitrusfrüchten, Gemüse aus den oben schon aufgeführten hierarchisch dem Gemüse untergeordneten Gruppen. Bei dieser Einteilung wurde die »Natur der Sache« nicht wirklich beachtet. Das erkennen Sie spätestens daran, dass eine Melone Obst ist, während ein Kürbis, der durchaus auch süß sein kann und biologisch gesehen sehr viel näher bei Melone steht als beispielsweise ein Apfel, als Gemüse gilt.

Dennoch haben wir im Supermarkt eine brauchbare Systematik eingeführt, die uns bei der Suche nach Lebensmitteln weiterhilft. Wir können das System mit der sogenannten »Taxonomie«, den »Regeln der Ordnung der Lebewesen«, sehr gut vergleichen. Denn auch darin gibt es immer »Geschwistergruppen« auf fast jeder hierarchischen Ebene (die Schwestergruppe von Obst und Gemüse finden Sie in der Kühltheke oder im Regal mit Konserven und Gewürzen).

Außerdem erkennen Sie untergeordnete und übergeordnete Gruppen bis zu einer möglichst unscharfen Definition auf der Spitze der Hierarchie (Lebensmittel, noch höher: Konsumgüter) beziehungsweise einer sehr exakten Beschreibung an der hierarchisch niedrigsten Stufe (Mazedonische Zuckerschoten).Diese sind sowohl Hülsen als auch Gemüse, jedoch kein Wurzelgemüse. Ganz sicher gehören sie auch nicht zu den Wurstwaren, da sie sich auf einem völlig anderen Ast (hier in einer anderen Theke) der Systematik befinden.

In der Botanik verwenden wir ein ebensolches System, das sich jedoch im Gegensatz zum Gemüsestand an einer möglichst sicheren und reproduzierbaren Eigenschaft orientiert: an der entwicklungsgeschichtlichen Abstammung.

Kladistische Taxonomie

In der sogenannten kladistischen Taxonomie, der »stammbäumlich-hierarchischen Systematik«, führen wir nun die Grundlagen der oben erarbeiteten Mechanismen der Evolution sowie die systematische Einteilung zusammen. Mit dem Wissen, dass alle Lebewesen miteinander verwandt sind – unterschiedlich ist nur der Verwandtschaftsgrad – können wir uns daran machen, zunächst zu definieren, was Pflanzen sind, da es um diese in diesem Buch geht. Wir arbeiten uns von der höchsten systematischen Hierarchie bis zu den Pflanzen vor und werden uns dann im nächsten Kapitel speziell mit den »Schwestergruppen« der einzelnen Pflanzenfamilien beschäftigen.

Beachten Sie bitte, dass die hier aufgeführte, botanische Systematik eine dem besseren Verständnis geschuldete starke Vereinfachung ist. Systematik ist, dem Stand

Kladogramme

Schwestergruppen

Vernachlässigte Schwestergruppen

Hierarchische Verwandtschaft

Vernachlässigte Hierarchische Verwandtschaft

i.d.R. essbar

i.d.R. giftig

Familien- und Pflanzenportraits

Familie enthält **größtenteils** essbare Arten

Familie enthält **auch einige giftige** Arten

Familie enthält **größtenteils giftige** Arten

Prozessieren

G – Pflanze nicht roh verzehren, sondern nur gut **gegart**

R – Pflanzenteile müssen vor Verzehr **geröstet** werden

T – Rohmaterial muss aufgeschlossen und **getrocknet** werden

P – Nach dem Aufschließen wird der Pflanzensaft ausgepresst

W – Wasserlösliche Giftstoffe müssen **ausgelaugt** werden

A – Manche Gifte werden durch alkalische Behandlung unschädlich

In diesem Buch werden zum schnellen Erkennen von Eigenschaften einiger Pflanzen Piktogramme eingesetzt. In den Kladogrammen, das sind die Darstellungen von biologischen »Stammbäumen«, werden die verwandtschaftlichen Beziehungen auf »horizontaler« und »vertikaler« Ebene durch durchgängige oder unterbrochene Linien gekennzeichnet. Grau hinterlegte Gruppen werden in diesem Buch nicht genauer analysiert. Ist es möglich, eine pauschale Bewertung der Pflanzengruppe vorzunehmen, wurde dies genauso wie in den Familien- und Pflanzenporträts mit drei unterschiedlichen Zeichen (essbar, bedenklich und giftig) gemacht. Die Symbole zur Prozessierung sind insbesondere in den einzelnen Pflanzenporträts wichtig. Die benötigten Vorgänge werden im Kapitel 9 »Prozessieren« genau erläutert.

Die Ordnung der Lebensmittel

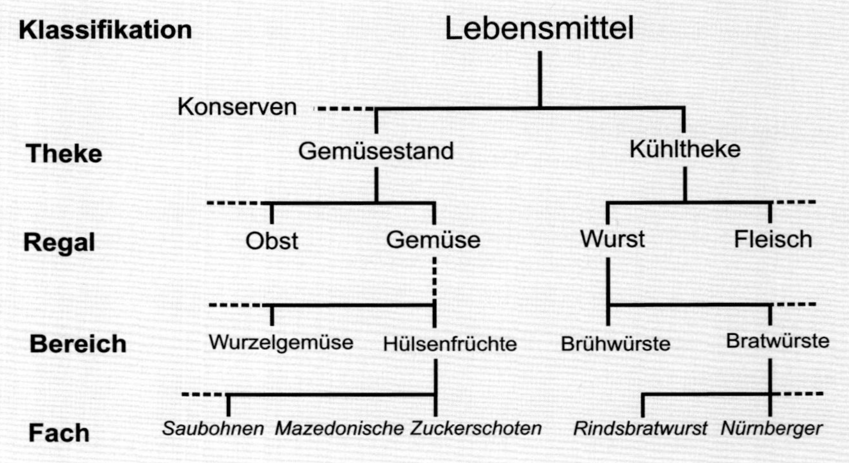

Zu Beginn zeigt ein Kladogramm der einfach erfassbaren Systematik einiger Lebensmittel. Jede aufgeführte Gruppe gehört zu eine übergeordnete Einteilung. Je höher die hierarchische Stufe ist, desto ungenauer und umfassender ist die Gruppe. Viele Einteilungen haben »Schwestergruppen« auf gleichwertiger Ebene.

Die Ordnung der Lebewesen

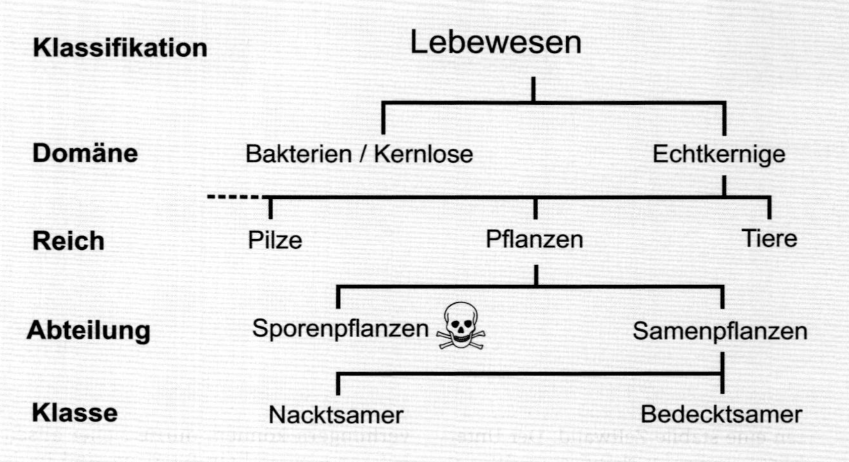

Die Grundeinteilung der Lebewesen gibt schon einen ersten Hinweis auf die Form, in der auch die einzelnen Pflanzen eingeteilt werden. Ausschlaggebend ist die entwicklungsgeschichtliche Abstammung. Uns interessieren in erster Linie die Samenpflanzen.

Unterscheidungskriterien der Lebewesen

Bakterien
- in der Regel frei beweglich durch feine Geißeln
- einzelliger Aufbau
- besitzen keinen Zellkern
- vermehren sich durch Zellteilung
- fressen, manche betreiben Photosynthese

Pilze
- wachsen im Substrat als feine Pilzfäden
- oft mehrzelliger Aufbau
- sind unbeweglich
- müssen zum Leben fressen
- besitzen eine feste Zellwand aus Chitin
- verbreiten sich durch Sporen

Pflanzen
- wurzeln fest im Boden
- mehrzellige Organismen
- betreiben Photosynthese
- besitzen keine Muskeln und sind unbeweglich
- besitzen eine feste Zellwand aus Zellulose
- verbreiten sich durch Samen oder vegetativ (Ableger)

Tiere
- sind meist frei beweglich und besitzen Muskeln
- komplexe mehrzellige Lebewesen, meist mit verschiedenen Organen
- müssen zum Leben fressen
- haben keine feste Zellwand
- besitzen ein inneres oder äußeres Skelett aus Knorpel, Knochen oder Chitin
- vermehren sich durch sexuelle Befruchtung

der aktuellen Forschung folgend, ständig in Veränderung. Es gibt mehrere etablierte Systeme, die kleine Unterschiede haben, deshalb denke ich, dass für unseren Zweck eine reduzierte Form völlig ausreichend ist.

Alle Lebewesen sind in einer großen Gruppe oder Klassifikation der »lebenden Dinge« eingeordnet. Diese enthält als sogenannte Domänen neben einfachen einzelligen, bakterienartigen Lebensformen alle anderen Lebewesen, die einen »echten Zellkern« besitzen. Die dieser Gruppe untergeordnete Gruppe wird Reich genannt und besteht aus Tieren, Pilzen, Pflanzen und Kleinstlebewesen. Uns interessiert insbesondere die Unterscheidung zwischen Tieren, Pilzen und Pflanzen.

Der Aufbau dieser Lebewesen ist völlig unterschiedlich. Während Tiere keine Zellwände besitzen und deshalb in der Regel ein stabiles Stützelement wie Knochen und Panzer benötigen, besitzen sowohl Pilze als auch Pflanzen eine stabile Zellwand. Der Unterschied liegt hierbei im chemischen Aufbau. Pilze bilden Zellwände aus Chitin, ein für uns unverdauliches Molekül, während eine Pflanze ihre Zellen mit Zellstoff, der Zellulose festigt. Auch Zellulose ist für uns nicht von Wert, was an anderer Stelle genauer erläutert worden ist. Da Pilze nur wenige für uns brauchbare Nährstoffe enthalten, und wie Sie sehen nicht zu den Pflanzen gehören, werden wir uns im Folgenden auch nicht um sie als Notnahrung kümmern.

Hier erkennen wir nun etwas, das uns in der weiteren Systematik immer wieder begegnen wird: Einzelne Gruppen besitzen ähnliche Eigenschaften, oft auch typische chemische →Moleküle. Jene gemeinsam abgeleiteten →Merkmale wurden von einem evolutorischen Vorfahren einer Gruppe weitergeben. Diese Information hilft uns später bei der Bewertung der einzelnen Familien außerordentlich weiter.

Tiere und Pilze haben trotz ihres völlig unterschiedlichen Aufbaus die Gemeinsamkeit, dass sie, um zu leben, »fressen« müssen. Pilze können nur auf einem für sie nahrhaften Substrat wachsen. Dass Tiere verhungern können, dürfte sicher allseits bekannt sein. Allein Pflanzen sind in der Lage, ihre eigene Nahrung und die zum Leben benötigten organischen Stoffe größtenteils selbst herzustellen. Daraus resultiert, dass alle Pflanzen, sofern sie nicht als Schmarotzer leben, den grünen Farbstoff der Photosynthese, das Blattgrün oder Chlorophyll besitzen.

Etwas verwirrend sind sicher die kleinen Spezialfälle, die sich die Natur geleistet hat, wie zum Beispiel Flechten, die Symbiosen zwischen Algen und Pilzen sind und auf den ersten Blick als Pflanze erscheinen.

So haben wir schon einmal eine grundsätzliche Abgliederung der Pflanzen und können sie einigermaßen sicher von anderen Lebewesen abgrenzen. Pflanzen sind außerdem in der Regel verankert und nicht mobil oder beweglich, wurzeln oft im Boden oder auf anderen Pflanzen und nehmen ihre Energie über das Sonnenlicht auf.

Sporenpflanzen und Samenpflanzen

Innerhalb des Reichs der Pflanzen gibt es noch einige hierarchische Einteilungen, die wir vereinfacht (und wissenschaftlich nicht ganz präzise) als Sporenpflanzen und Samenpflanzen auf dieselbe verwandtschaftliche Ebene stellen. Bei diesen Gruppen unterscheidet sich insbesondere die Fortpflanzungsweise.Das keimfähige und sich in der Regel verbreitende »Korn«, das sogenannte Ausbreitungsorgan, ist bei Samenpflanzen ein Same, bei Sporenpflanzen eine winzige Spore.

Doch wie erkennen Sie Sporenpflanzen und können sie von Samenpflanzen unterscheiden? Sporenpflanzen besitzen keine Blüten, während Samenpflanzen im eigentlichen Sinne auch immer Blütenpflanzen sind. Eine Pflanze muss vor der Bildung von Samen bestäubt worden sein, dafür sind die Blüten zuständig, während die Spore sich oft in kleinen Sporenbehältern unter oder an Blättern bildet.

Zu den Sporenpflanzen gehören eher einfache Pflanzen wie Farne, Bärlappe, Schachtelhalme und Moose. Pilze bilden zwar auch Sporen, wie Sie jedoch gelernt haben, gehören sie nicht zum »gleichen Ast« wie Pflanzen und können demnach selbstverständlich auch keine Sporenpflanzen sein.

Sie werden in diesem Buch nur wenige als essbar beschriebene Pflanzen aus der Gruppe der Sporenpflanzen finden. Das hat verschiedene Gründe. Da bei Sporenpflanzen die Blüte fehlt, sind sie für einen ungeübten Waldläufer kaum sicher zu bestimmen. Sporenpflanzen speichern mit Ausnahme von Farnen keine lohnenswerten Mengen von Energie ein. Farne sind jedoch sehr häu-

Schachtelhalme sind wie Moose und Farne Sporenpflanzen. Wenn möglich meidet man Sporenpflanzen als Notnahrung. Alleine die Gruppe der Baumfarne gilt generell als unproblematisch.

fig entweder hochgiftig wie der Wurmfarn *Dryopteris filix-mas*, der früher zur Entwurmung verwendet wurde und anscheinend regelmäßig nicht nur dem Darmparasiten, sondern auch seinem Wirt den Garaus gemacht hatte, oder aber krebserregend wie der in vielen Survivalbüchern als essbar beschriebene Adlerfarn *Pteridium aquilinum*. Dieser wird für eine erhöhte Krebsrate in Gegenden verantwortlich gemacht, wo das energiereiche →Rhizom sowie junge Blätter gelegentlich als Gemüse verzehrt werden.

Eine nennenswerte Größe haben außerdem die Schachtelhalme, die jedoch, was den Wert als Notnahrung angeht, nicht besonders wichtig sind. Der Ackerschachtelhalm *Equisetum arvense* wird manchmal als Tee genossen, dem verschiedenartige Heilwirkungen zugeschrieben werden. Er wirkt in den im Tee verfügbaren Konzentrationen hauptsächlich harntreibend und hustenmildernd. Das sind beides Eigenschaften, die von anderen, einfach bestimmbaren Pflanzen in diesem Buch abgedeckt werden. Außerdem kann der Ackerschachtelhalm mit ungenügender Sorgfalt mit dem giftigen Sumpfschachtelhalm *Equisetum palustre* verwechselt werden. Aus diesem Grund konzentrieren wir uns bei der Nahrungssuche auf die Samenpflanzen.

Nackt oder bekleidet

Wenn wir die den Samenpflanzen untergeordneten Gruppen betrachten, sehen wir schon eine deutliche, für uns sinnvolle Gliederung, wie wir sie während Exkursionen durch den Wald oft erkennen. Gemeint ist hier die Unterteilung der Samenpflanzen in die beiden großen Gruppen der Nacktsamer →*Gymnospermae* und Bedecktsamer →*Angiospermae*. Der große Unterschied liegt hier in dem Umstand, dass der Same eines Nacktsamers »unbedeckt« von Fruchtfleisch und dergleichen vorliegt, während die Samen von Bedecktsamern immer von einem Fruchtknoten eingeschlossen sind. Samen von Bedecktsamern liegen also in Schoten, Kapseln, Beeren und dergleichen vor, während die »nackten Samen« der für uns wichtigen Gymnospermae in der Regel zwischen verholzten Schuppen in einem Zapfen liegen.

Nacktsamer

Den oft immergrünen Nacktsamern untergeordnet sind neben einigen für uns unwichtigen und hauptsächlich tropischen Gruppen wie Ginkgoartige und Palmfarne die große Gruppe der Nadelgehölze, die →Koniferen.

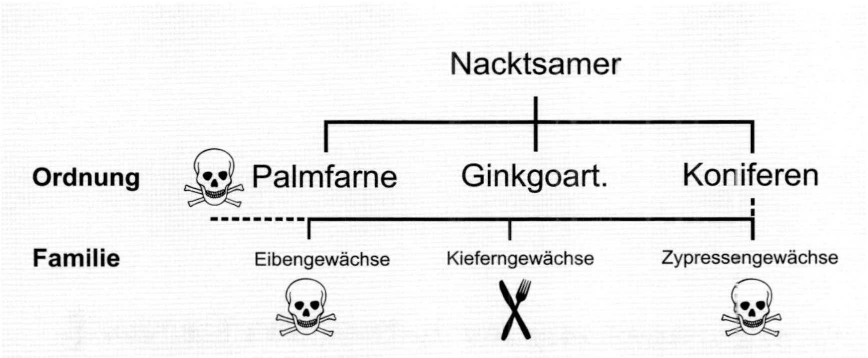

Zur Gruppe der Nacktsamer werden neben Palmfarnen und Ginkgogewächsen alle Nadelbäume, die sogenannten Koniferen, gezählt. Wichtig ist für uns die Unterscheidung von Kieferngewächsen und Zypressengewächsen.

Die Nadelgehölze sind für unseren Zweck eine sehr einfache und sichere Gruppe, da wir anhand einer systematischen Betrachtung und der für ihre Gruppen typischen →Merkmale die gefährlichen Pflanzen sicher ausschließen können.

Die weltweit häufigsten drei Familien, einer hierarchisch sehr niedrigen und präzisen Gruppierung, sind Eibengewächse *Taxaceae*, Kieferngewächse *Pinaceae* sowie Zypressengewächse *Cupressaceae*. Diese Gruppen sind auch jene, die Sie am ehesten als Nadelgehölz erkennen würden. Fast alle Nacktsamer haben die Eigenschaft, dass sie entweder nadel- oder schuppenartige Blätter besitzen (s. auch Grafik »Blattformen«, S. 18). Außerdem haben sie als weibliche Fortpflanzungsorgane immer Zapfen, eine schuppige Anordnung von verholzten Blättchen, die manchmal auch so gedrungen sein kann, dass sie beerenartig erscheint, obwohl es tatsächlich keine Beeren sind. Wir müssen unter diesen Gruppen die für uns wichtigen Kieferngewächse identifizieren. Hierzu gehören im Prinzip alle Bäume, die wir aus dem Nadelwald kennen, wie Kiefern, Lärchen, Fichten, Zedern und Tannen. Pinaceae haben immer klassische Nadeln und Zapfen, die auch manchmal etwas gestaucht sein können.

Pflanzen mit wirklich beerenartigen Zapfen gehören zum Beispiel zu den hochgiftigen Eiben *Taxus spec.* (hier kann unter entsprechender Vorsicht der süße, orange-gelbe Samenmantel verzehrt werden, keinesfalls jedoch der Same oder andere Pflanzenteile) oder zu den Cupressaceae. Dieser Familie gehört eine ganze Reihe giftiger und hochgiftiger Pflanzen an, wie zum Beispiel Wacholder *Juniperus spec.*, der Lebensbaum *Thuja spec.*, Scheinzypressen *Chamaecyparis spec.* oder Zypressen *Cupressus spec.* Wie Sie die Familie der Pinaceae von den Cupressaceae sicher unterscheiden können, erfahren Sie im Kapitel 5 »Die wichtigsten Familien«.

Bedecktsamer

Während wir uns den Nacktsamern, einer entwicklungsgeschichtlich sehr alten Gruppe, schon bis zu den Familien genähert haben, müssen wir bei der Analyse der den Bedecktsamern untergeordneten Gruppen noch einige Einteilungen definieren.

Wenn ein Same im Boden zu keimen beginnt, platzt nach einiger Zeit die Samenschale auf, und es tastet sich eine feine einzelne Wurzel in Richtung Erde. Gleichzeitig entfalten sich die ersten kleinen Blättchen, die schon im Samen angelegt waren, also schon bei der Samenreifung ausgebildet worden sind. Diese kleinen Blätter sind die sogenannten Keimblätter oder →Kotyledonen. Sie sind es auch oft, die im Samen die für die Keimung benötigte Energie liefern, welche als Stärke oder Öl eingelagert ist. Die Bedecktsamer werden im Weiteren in zwei große Gruppen eingeteilt, die sich auf die Anzahl der Keimblätter beziehen. Es sind die beiden Gruppen der »einkeimblättrigen Pflanzen«, der →*Monokotyledoneae* und der »zweikeimblättrigen Pflanzen«, also →*Dikotyledonae*.

Einkeimblättrige

Das einzelne Keimblatt, das sich vorerst als recht abstrakte Eigenschaft hervorhebt, ist für uns nicht von großer Bedeutung. Sie werden selten einkeimblättrige Pflanzen sammeln, die frisch gesprossen sind, da hier eine sichere Bestimmung fast unmöglich ist. Samen enthalten bei Giftpflanzen meist eine besonders hohe Konzentration giftiger Inhaltsstoffe, weshalb unbekannte, frisch gekeimte Kerne ein hohes Vergiftungspotenzial besitzen. Dies gilt prinzipiell auch für die Samen der Zweikeimblättrigen, von denen Sie jedoch viele an der Form der Frucht oder des Samens erkennen können. Einkeimblättrige besitzen neben dem einzelnen Keimblatt noch viele weitere gemeinsame Merkmale.

Wenden wir uns erst einmal dem Wuchs der Einkeimblättrigen zu. Pflanzen dieser Gruppe sind mit einigen Ausnahmen in der Regel nicht besonders groß. Das hat den Ursprung darin, dass sie kein sogenanntes sekundäres Dickenwachstum besitzen. Übersetzt bedeutet es, dass Einkeimblätt-

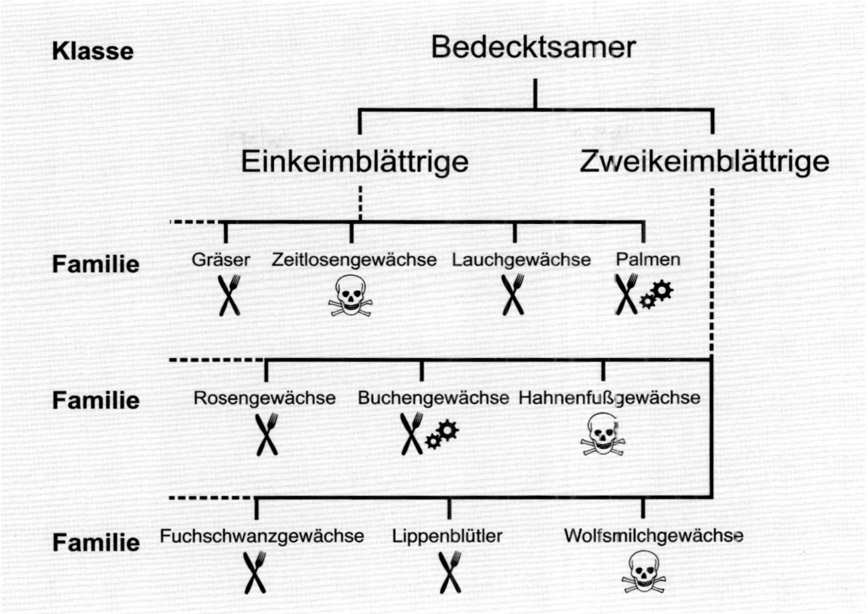

Deutlich komplexer erscheint die Systematik der Bedecktsamer. Nachdem die Unterscheidung zwischen Einkeimblättrigen und Zweikeimblättrigen vorgenommen wurde, können viele Pflanzen ihren Familien zugeordnet werden.

rige nach dem Auswachsen nicht mehr an Umfang zulegen. Der spätere Durchmesser der Pflanze wird also schon zu Beginn festgelegt. Auch bilden Einkeimblättrige meist kein Holz aus, weshalb sie (mit Ausnahmen) krautige Pflanzen sind.

Besonders sicher erkennen Sie Pflanzen dieser Gruppe am Laub. Wenn Sie die Blätter einer Pflanze gegen das Licht halten, sehen Sie eine Reihe von feinen Äderchen, die unterschiedlich angeordnet sein können. Diese sogenannten Blattnerven (→Nerven) verlaufen bei Einkeimblättrigen – außer bei sehr wenigen Spezialfällen – parallel, nie netzförmig, aufgegabelt oder verzweigt. Wie bemerkt, gibt es hier wie bei vielen anderen Eigenschaften manchmal Ausnahmen, weshalb Sie **bei Pflanzenbestimmungen immer auf mehrere Merkmale achten müssen,** um sicher zu gehen.

Das Laub der Einkeimblättrigen hat meistens keinen Blattstiel und ist nicht aufgeteilt oder zusammengesetzt. Oft ist die Pflanze auch nicht verzweigt, wie man es von Bäumen kennt, sondern sie wächst entweder in einem Halm aus dem Boden, von dem das Laub und einzelne Zweiglein ausgehen, oder die Blätter wachsen direkt ohne Blattstiel aus einem Wurzelorgan. Die Wurzeln der →*Monokotyledonae* haben keine einzelne, dicke Hauptwurzel, von der aus feine Wurzeln verästeln, sondern es gibt eine Menge kleiner, gleichwertiger Wurzeln, die entweder an der Pflanzenbasis oder an einem Speicherorgan wie einem unterirdischen Sprossabschnitt, dem sogenannten →Rhizom oder einer Zwiebel sitzen.

Nachdem Sie nun die wichtigsten Eigenschaften der einkeimblättrigen Pflanzen kennengelernt haben, möchten wir einige Beispiele betrachten. Mit diesen werden Sie sehr schnell die Merkmale auf in der Natur wachsende Pflanzen übertragen können.

So gehören die wirtschaftlich mit Abstand wichtigsten Lebewesen überhaupt zu den Einkeimblättrigen: die Gruppe der Gräser, deren Familien wir uns weiter unten noch genauer anschauen werden. Hierzu zählen auch die Getreidearten, an denen Sie ohne Probleme alle oben beschriebenen gemeinsamen Merkmale erkennen können.

Ferner werden die Liliengewächse *Liliaceae* darunter eingeordnet, eine große Gruppe, aus der viele hübsche Zierpflanzen entstammen, genauso wie die Zwiebel- oder Lauchpflanzen *Allioideae*, die als Besonderheit oft ein rundes, in sich geschlossenes Blatt und eine Zwiebel besitzen. Ferner gehören die Ingwergewächse *Zingiberaceae*, Agavengewächse *Agavaceae* sowie die Palmengewächse *Arecaceae* dazu, bei denen die Jungpflanzen von wenigen Zentimetern Höhe praktisch den späteren Durchmesser der bis über 30 Meter hoch wachsenden Lebewesen haben. Dies ist auch ein besonders eindrucksvolles Beispiel für das fehlende sekundäre Dickenwachstums.

Zweikeimblättrige

Den *Monokotyledonae* hierarchisch ebenbürtig sind die zweikeimblättrigen Pflanzen oder *Dikotyledonae*. Namensgebend und sehr viel einfacher zu erkennen als das einzelne Keimblatt zum Beispiel bei einem Reiskorn können Sie die beiden Keimblätter im Samen sehen. Man muss sich diese Keimblätter vorstellen wie zwei eng aneinander und in die Samenschale gepresste, halbrunde Schiffchen mit jeweils einer abgeflachten und einer halbrunden Seite. Sie sind im Samen nur an einer Stelle miteinander verwachsen, weshalb sie nach dem Entfernen der Samenschale einfach aufgeklappt werden können. Diese Form, die oft große Mengen von Öl einlagert, kennen Sie mit Sicherheit von unzähligen Begegnungen, ohne darauf geachtet zu haben. Wenn

Mit nur sehr wenigen Ausnahmen können Sie schon am Laub erkennen, ob es sich bei einer Pflanze um eine Zweikeimblättrige oder Einkeimblättrige handelt. Während Zweikeimblättrige (d) von der Mittelachse aus verzweigte oder netzförmige »Blattnerven« haben, ist das Laub der Einkeimblättrigen (m) mit parallelen, unverzweigten Nerven von der Basis bis zur Spitze durchzogen.

An einer geschälten Eichel können die beiden zusammengepressten Keimblätter erahnt werden. Sie enthalten oft große Mengen von Speicherstoffen.

Sie zum Beispiel eine Bohne aus der Hülse entnehmen und die feine, grüne Schicht um den Samen entfernen, sehen Sie den Keimling vor sich, bei dem Sie die beiden Keimblätter aufklappen können. Nun erkennen Sie ganz bestimmt, dass die gesalzenen und gerösteten Erdnüsse nichts anderes sind als nahrhafte Keimblätter. Bei der Walnuss sind die Kotyledonen hirnartig zusammengeschoben und entfalten sich erst nach dem Keimen. Wie angekündigt erkennen Sie viele Samen der Zweikeimblättrigen also schon an ihrer Form.

Im Gegensatz zu ihrer Schwesterngruppe haben viele Zweikeimblättrige ein sekundäres Dickenwachstum und werden mit Ausnahme kleiner, krautiger Formen zeitlebens größer im Umfang. Zu ihnen gehören also alle typischen Bäume der Bedecktsamer. (Wir erinnern uns, Nadelgehölze sind zwar auch Bäume, haben sich jedoch entwicklungsgeschichtlich als Nacktsamer schon früher von den Bedecktsamern entfernt. Sie »sitzen auf einem anderen Ast« der Systematik.)

Die →Nerven im in der Regel deutlich bestielten Laub liegen nicht parallel, sondern sind fieder- oder netzartig verteilt. Viele Pflanzen dieser Klasse sind reich verzweigt und besitzen oft tief eingeschnittenes, gefiedertes oder zusammengesetztes Laub. Als Wurzelsystem haben sich Hauptwurzeln durchgesetzt, von denen verzweigt und verästelt kleinere Wurzeln abgehen.

Neben den weiter unten aufgezählten wichtigsten Familien der Zweikeimblättrigen gibt es eine große Menge von Pflanzengruppen, die dieser Klasse zugeordnet werden.

Wie der botanisch vorbelastete Leser vielleicht bemerkt hat, haben wir auf unserem Weg vom sehr allgemeinen Reich der Pflanzen bis zu den präzisen Gruppen der Familien einige hierarchische Stufen wie Unterklasse oder Ordnung ausgelassen oder Unterreich und Unterabteilung zusammengefasst. Dies soll in der hier verwendeten, vereinfachten →Systematik die »Äste« des Stammbaums etwas entwirren. Gleichermaßen vernachlässigen wir innerhalb der Familien die Gruppierung der Unterfamilien und wenden uns nun den Familien sowie den einzelne Pflanzen beschreibenden Bereichen von Gattung und Art zu.

Familien

Von allen Lebewesen haben wir uns nun auf verschiedenen Abzweigungen jeweils einer systematischen Einteilung genähert, die für uns besonders wichtig ist. Wie Sie gesehen haben, besitzen Schwestergruppen jeweils gleiche Eigenschaften, die von einem gemeinsamen Vorfahren übernommen wurden und sich durch die weiter oben beschriebenen evolutorischen Selektionsmechanismen jeweils getrennt, aber in einigen Bereichen ähnlich, man sagt auch →konserviert, weiterentwickelt haben. Je tiefer wir uns in die Hierarchie hineinbegeben haben, desto präziser und ähnlicher sind diese Eigenschaften geworden. Nun sind wir bei den Familien angelangt, deren Mitglieder sich untereinander bei Weitem nicht mehr so stark unterscheiden wie zum Beispiel Sporenpflanzen von Samenpflanzen auf der Stufe der Abteilung. Vielmehr sind Familien die Zusammenfassung von Pflanzen sehr naher Verwandtschaft und mit überaus ähnlichen Eigenschaften.

Innerhalb einer Familie sind viele →Merkmale gleichartig, wenn auch nicht immer identisch. In der Regel werden Familien einer für sie typischen Blütenform zugeordnet. So sind die Blütenformen, -symmetrien oder -stände vieler Kreuzblütler *Brassicaceae* oder Doldenblütler *Apiaceae* innerhalb der Familie zum Verwechseln ähnlich. Dennoch sind einzelne Eigenschaften der Blüten wie zum Beispiel die Farbe oder Größe unterschiedlich. Oft sind außerdem die Stellung der Blätter, Blattränder, die Form oder Zusammensetzung des Laubs sowie Wuchsform fast gleich. Einzelne Merkmale können sich jedoch stark unterscheiden, weshalb, wie schon mehrfach bemerkt, immer unterschiedliche Merkmale einer Pflanze herangezogen werden müssen, um sie sicher einzuordnen.

Besonders interessant ist ein Umstand, der im Zweifel verschiedene Pflanzen, die nicht ganz sicher zugeordnet werden können, bestimmen lässt. Wie im Beispiel der Reiche Pilz und Pflanze, die verschiedenartige Strukturstoffe bilden (Chitin und Zellulose), bilden die Pflanzen innerhalb einer Familie in der Regel typische chemische Inhaltsstoffe beziehungsweise Stoffklassen. Das können nahe miteinander verwandte Giftstoffe sein, zum Beispiel die Protoanemonine bei den Hahnenfußgewächsen *Ranunculaceae* oder vergleichbare, geschmacklich oder geruchlich deutlich erkennbare Inhaltsstoffe wie die nach Zwiebel riechenden Allylverbindungen in Lauchpflanzen *Allioideae*. Für uns hat das zweierlei Wert. Sind wir uns bei der Bestimmung einer Pflanze nicht ganz sicher, welcher Familie wir sie zuordnen, kann der Geruch oder eine kleine Geschmacksprobe Aufschluss darüber bieten. Dieser Test darf jedoch nur durchgeführt werden, wenn es sich bei der Pflanze dem äußeren Anschein nach sehr wahrscheinlich nicht um einen hochgiftigen Vertreter der zumeist »giftigen Familien« handelt. Das hierzu notwendige Wissen lernen Sie in den Familienbeschreibungen. Den zweiten Wert für uns hat diese Information darin, dass wir das Wissen über die Gefährlichkeit einzelner Familien bei der Suche nach essbaren Pflanzen mit einfließen lassen. Sind wir im Notfall in der Zwangslage, dass wir uns von unbekannten Pflanzen ernähren müssen – und für diesen Fall soll das Buch auch die Vorbereitung sein – vermeiden wir schon bei der Vorauswahl der möglicherweise essbaren Pflanzen die wirklich gefährlichen, die im Zweifel schon bei geringen getesteten Mengen zu Vergiftung oder Verletzung führen können. Näheres über den Ernährungswert erfahren Sie in den Porträts der wichtigsten Familien.

Sie müssen sich also bei der Bestimmung verschiedener Pflanzen auf alle Sinne verlassen, was durchaus regelmäßiger Übung bedarf. Aber wie schon einmal angemerkt, versteht sich dieses Buch nicht als einfaches Bestimmungsbuch, sondern als praktische Hilfe, sehr viel mehr der Flora erfassen zu können.

Bemerkenswert ist übrigens, dass der lateinische Name der Familien der »Gattung« oft (auch hier sei wieder der Wert dieser Fachbezeichnung hervorgehoben) der archetypischen Pflanzenform entspricht, an den oft einfach ein »-ceae« angehängt wurde. Eine Gattung ist eine hierarchische Stufe innerhalb der Familie, die wir im nächsten Abschnitt genauer betrachten werden.

So ist beispielsweise ein wichtiger und typischer Vertreter der Kreuzblütler *Brassicaceae* Brassica, der Kohl, mit kreuzblütlertypischer Blüte und Geschmack. Namensgebend und klassisch für die Nachtschattengewächse Solanaceae ist wiederum Solanum, die wichtigste und größte Gattung dieser Familie.

Wenn Sie also selbstständig Informationen über Familien suchen, die hier nicht beschrieben worden sind, lohnt es sich neben der allgemeinen Beschreibung außerdem auch die Pflanzengattung mit dem um »ceae« gekürztem oder sehr ähnlichen Familiennamen zu betrachten, um sich zum Beispiel Wuchsform oder typische Blüte einzuprägen. Möchten Sie sich beispielsweise verschiedene typische Formen der Mohngewächse *Papaveraceae* merken, suchen Sie sich die Pflanzen der Gattung Papaver.

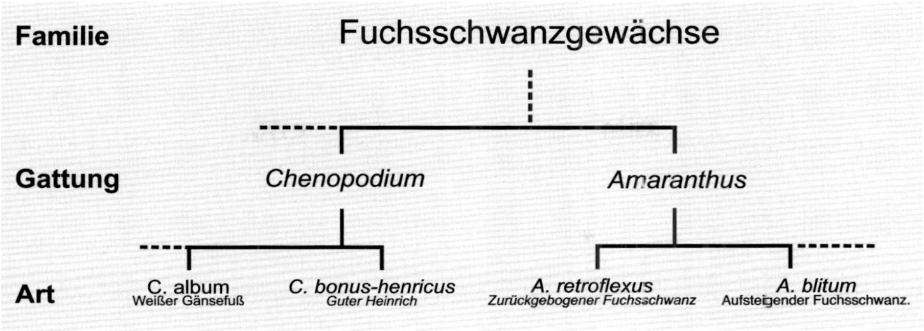

Die lateinische Benennung von Arten deutet unmissverständlich auf eine sehr nahe Verwandtschaft hin. Alle Pflanzen mit dem gleichen Gattungsnamen sind in aller Regel ähnlich wertvoll oder gefährlich im Bezug auf die Ernährung. So können Sie Ihr Wissen über eine Art auf teilweise viele hundert andere übertragen.

Gattung und Art

Endlich sind wir auf unserer Reise durch die Systematik der Pflanzen (für manchen mag es ein kleines Martyrium gewesen sein) an jener Stufe angelangt, um die es uns maßgeblich zu gehen scheint. Wenn man sich jedoch die Gemeinsamkeiten einzelner übergeordneter Gruppen anschaut, sieht man, dass wir aus der Betrachtungsweise der letzten Seiten schon einiges über die Eigenschaften einzelner Pflanzen aus den Familien (Blütenbeschaffenheit), sogar aus den sehr umfassenden Klassen (Samen- und Wuchsform) erfahren konnten.

Einzelne Pflanzenarten werden normalerweise mit einem Binomen, also einem Doppelnamen bezeichnet. Wenn wir zum Beispiel die wilde Hagebutte oder auch Hundsrose betrachten, ist ihr wissenschaftlicher Name »*Rosa canina*«. Dabei ist »*Rosa*« die Gattung, eine der Art nur eine Stufe übergeordnete Gruppe, die hier übrigens auch namensgebend für die Familie der Rosa-ceae ist. Der Beiname »*canina*« spezifiziert die Rose als »Hundsrose«.

Der korrekte Name besteht also aus dem Gattungsnamen und dem Artzusatz, wobei der Artzusatz nie alleine steht. Viele Arten innerhalb einer Gattung sind zum Verwechseln ähnlich. Oftmals sind Unterscheidungen nur mit Lupe und unter genauer Betrachtung möglich. Eine andere Art der Rose ist die Heckenrose. Sie wird wissenschaftlich Rosa corymbifera bezeichnet. Es lässt sich also am Gattungsnamen, quasi dem »Nachnamen« die enge Verwandtschaft erkennen. Der Vorname, »*canina*« bzw. »*corymbifera*« verfeinert den Namen der Rose auf die genaue Pflanzenart der gemeinsamen Gattung. Hier sei zu beachten, dass manchmal die gleiche Art insbesondere bei Nutz- oder Zierpflanzen noch einmal vielfältig in Unterarten, Variationen oder Zuchtformen abgegliedert wird, wie zum Beispiel »*Rosa sericea subsp. omeiensis f. pteracantha*«. Uns reicht jedoch die Form »Gattung art«, oftmals schon nur die Gattung, um zu entscheiden, ob eine Pflanze wahrscheinlich essbar ist.

Um die Einteilungen Gattung und Art sowie die gewohnheitsmäßige Verwendung in der Botanik noch einmal etwas plastischer zu betrachten, setzte ich meine familiäre Abstammung einmal in botanischen Bezug. Von meinen Eltern (Gattungsname Vogel) abstammend, konnten meine vier Geschwister und ich folgerichtig »die Vogels«, oder botanisch korrekt »*Vogel spec.*«

genannt werden (*spec.* anstelle des Artnamens steht für alle Arten innerhalb dieser Gattung).
Für die meisten Bereiche hat das für eine korrekte Adressierung an alle innerhalb der Gattung »*Vogel*« gereicht (für mich zumindest; wenn ich mal wieder etwas ausgefressen hatte, waren es eben die Vogels, bzw. »*Vogel spec.*«).

Um jedoch einen speziellen Angehörigen der Gattung Vogel zu benennen, musste der Name verwendet werden, der die genaue »Art« beschreibt (etwa, wenn mein Bruder Liebesbriefe erhielt, ich bekam selten welche). Allein mit der Adresse »*Vogel spec.*« hätte die Sendung nicht den Adressaten erreicht, sondern hätte mit Sicherheit zur allgemeinen Belustigung aller Mitglieder der Gattung gedient. Hier musste also klar definiert werden, dass die Art »*Vogel friedemann*« gemeint ist. Also ist »*friedemann*« (dieser Name entsprang nicht meiner Fantasie, mein Bruder heißt wirklich so) der Artname meines Bruders, der jedoch nur in Verbindung mit dem Gattungsnamen Sinn macht. Genau so wie es auch »*Müller friedemann*« oder »*Schneider johannes*« gibt.

Mit dem letzten Beispiel wird jedoch auch klar, dass es durch →Trivialnamen, wie in einem vorherigen Kapitel beschrieben ist, zu folgenschweren Verwechslungen kommen kann. Wäre ein Liebesbrief nur mit der Adressierung »An Hase« eingetroffen, hätte ihn mein großer Bruder mit beiden jüngeren, gegebenenfalls sogar mit einem Nachbarn mit gleichem oder ähnlichem Kosenamen teilen müssen. Die botanisch versierte Verfasserin dieser Briefe hätte dennoch fachlich korrekt durchaus schreiben können »An Hase *Vogel friedemann*«.

Wenn in der botanischen Literatur außerdem von einer Art einer bestimmten Gattung die Rede ist und dem Leser zugemutet werden kann, dass er weiß, um welche es sich handelt, liest man hin und wieder den Artnamen abgekürzt als »*V. friedemann*«. Da dies zu Missverständnissen und Verwirrung führen kann, verzichte ich im Folgenden auf solche Abkürzungen.

Mit diesem Kapitel haben Sie hoffentlich nicht nur einen Einblick in die jugendlichen Liebschaften meines Bruders erhalten, sondern auch ein wenig den Überblick und das Verständnis dafür gewonnen, aus welchen Gründen in der Botanik systematische Einteilungen vorgenommen werden, und wie wir sie uns zu Nutze machen können.

Weltweit gibt es unzählige verschiedenartige Lebewesen. Sie alle haben sich perfekt an ihren Lebensraum angepasst. Biologen versuchen, eine systematische Ordnung in dieses vermeintliche Chaos zu bekommen.

5 – Die wichtigsten Familien

Im vorigen Kapitel haben wir uns mit der nicht ganz einfachen Welt der biologischen Systematik auseinandergesetzt und die Grundlagen erarbeitet, die es uns nun erlauben, einen ganz speziellen, hierarchisch niedrigen Bereich zu betrachten: die Familien.

Wie Sie gelernt haben, sind die sogenannten Familien eine Zusammenfassung von Pflanzen, die sich verwandtschaftlich sehr nahe stehen und jeweils einen gemeinsamen Vorfahren haben. Alle Pflanzen sind, wie Sie wissen, generell miteinander verwandt, da sie einen gemeinsamen Vorfahren haben, aus dem sie durch Variation und Selektion hervorgegangen sind. Ausschlaggebend ist, wann diese Abspaltung im entwicklungsgeschichtlichen Zeitraum stattgefunden hat und ob zwei betrachtete Pflanzen systematisch »auf einem gemeinsamen Ast« des Stammbaums liegen. Vom Stamm des Lebens sind wir also auf den »Hauptästen« der Pflanzen über die »Zweige« Blütenpflanzen und Nackt- oder Bedecktsamer bis hin zu den »feinen Trieben« der Familien gekommen. Zu den einzelnen Pflanzengattungen und -arten, mit denen sich eine einzelne Pflanze eindeutig benennen lässt, ist es von hier aus kein weiter Weg mehr.

Ich möchte Ihnen in diesem Abschnitt nun die weltweit wichtigsten Pflanzenfamilien näherbringen. Dabei muss ich klarstellen, dass ich damit eine im Prinzip völlig willkürliche Auswahl treffe. Biologisch gesehen gibt es keine wichtigen oder unwichtigen Pflanzengruppen. Hier können wir aber in logischer Konsequenz eine eigene Einteilung vornehmen, die die Pflanzenfamilien nach folgenden pragmatischen Gesichtspunkten in ihrer Wertigkeit gewichten: globale und mitteleuropäische Verbreitung, Häufigkeit, große Gefahr oder besonders hoher Wert, jeweils unter dem Blickwinkel der pflanzlichen Ernährung.

Des Weiteren habe ich bewusst Pflanzenfamilien ausgelassen, deren Mitglieder entweder so eingestaltig sind, dass die Betrachtung einer Gattung oder Art im entsprechenden Abschnitt ausreicht. Das ist zum Beispiel bei der Brennnessel der Fall. Sie ist zwar für uns außerordentlich wertvoll, die meisten Pflanzen der Nesselfamilie Urticaceae, denen Sie jemals bewusst begegnen werden, gehören zur Gattung Urtica und sind den Brennnesseln vom heimischen Bachufer zum Verwechseln ähnlich. Ein anderer Autor hätte möglicherweise die eine oder andere hier nicht betrachtete Familie als besonders beachtenswert eingeschätzt. Ich bin mir dennoch sicher, dass die meisten Botaniker und Survivaltechniker mit der folgenden Auswahl einverstanden sind.

Den Grund, wichtige Familien im Detail zu betrachten, habe ich weiter oben schon einmal angeschnitten. Durch die nahe Verwandtschaft der einzelnen Familienmitglieder sind viele Eigenschaften wie Blütenstand, chemische Bestandteile, Blattform oder Fruchtform ähnlich oder manchmal sogar identisch. Nachdem Sie die hier aufgeführten Familien gelernt und in der Natur deren Bestimmung geübt haben, dürfte es kaum ein Problem darstellen, in der Natur viele wichtige, aber unbekannte Pflanzen intuitiv korrekt einzuordnen.

Für den Survivaltechniker bedeutet das im Notfall, in dem er gezwungen ist, sich von unbekannten Pflanzen zu ernähren, dass er mit Hilfe der familiären Einteilung die Wahrscheinlichkeit abschätzen kann, ob eine Pflanze hochgiftig ist oder mit großer Sicherheit essbar. Wir steigen damit noch tiefer in das Thema »pflanzliche Notnahrung« ein. Dieses Wissen über einzelne Familien sollte deutlich über das hinausgehen, was in den derzeit erhältlichen Wildkräuterbüchern behandelt wird, und kann Ihnen auch etwas Auffassungsgabe abverlangen. Ich sehe es jedoch als unbedingt notwendig an, wenn Sie nicht nur mal Sonntag nachmittags einen Wildsalat pflücken wollen, sondern die Welt der Pflanzen in ihrer Komplexität so weit erfassen möchten, dass Sie im Notfall auch ohne Bestimmungsbuch in ihr bestehen können.

Natürlich muss klar sein, dass bei Pflanzen in ihrer unendlichen Variation immer Ausnahmen bestehen. So gibt es in fast jeder Pflanzenfamilie einige Vertreter, die giftig sind. Das Risiko, sich schwer an einer solchen zu verletzen, ist in Anbetracht des Verhältnisses einer Handvoll giftiger zu einigen tausend ungiftigen Arten der selben Familie nicht nur gering. Die Verwandtschaft mit einer »zumeist essbaren« Familie bedeutet oft sogar, dass hier nur sehr selten mit wirklich akut lebensgefährlichen Vergiftungen zu rechnen ist. Um hier den Familienbeschreibungen vorzugreifen: Sie werden sich nur an wenigen Korbblütlern Asteraceae, die essbaren Arten ähneln, ernsthaft vergiften können, bei Fuchsschwanzgewächsen Amaranthaceae ist das nahezu ausgeschlossen, sehr viele Hahnenfußgewächse Ranunculaceae können dagegen in kleinen Mengen zu lebensbedrohlichen Schäden führen.

Sollte ein weiter oben beschriebener sogenannter »Genießbarkeitstest« tatsächlich einmal notwendig sein, darf er also nur mit entsprechendem Vorwissen an den Pflanzenvertretern aus »meist essbaren« Familien erfolgen.

Diese Prozedur darf jedoch nur im absoluten Notfall und unter Beachtung aller Vorsichtsmaßnahmen eingesetzt werden, wenn das Risiko einer schweren Entkräftung schwerer wiegt als das einer Magenverstimmung. In »zivilen Zeiten« dürfen selbstverständlich nur sicher bis zur Gattung oder Art bestimmte Pflanzen gesammelt und verzehrt werden.

Leitmotiv der Familien sind in der Regel der Aufbau der Blüten oder des Blütenstandes, der innerhalb einer Familie stark →konserviert ist, sich zwischen unterschiedlichen Familien jedoch zumeist als grundlegend verschieden darstellt. Die Basisinformationen über Blüten haben Sie schon in den einleitenden Kapiteln erfahren, deshalb verzichte ich darauf, innerhalb der Beschreibungen jede Eigenschaft wie Symmetrien oder Blütenorgane noch einmal im Detail zu erläutern.

Pflanzen, deren wichtigen Mitglieder in diesem Kapitel ausreichend detailliert als essbar beschrieben werden, namentlich sind es die »Grasartigen« *Cyperaceae, Juncaceae, Poaceae,* die Kieferngewächse *Pinaceae* sowie die Buchengewächse *Fagaceae,* werden in den einzelnen Porträts nicht mehr getrennt aufgeführt. Ich denke, wenn Sie hier lesen, dass man die Samen von Buchen, Eichen und Esskastanien verzehren kann, benötigen Sie nicht ein weiteres Porträt, um eine dieser Pflanzen zu erkennen.

Dem im vorherigen Kapitel eingeführten Stammbaum folgend werden wir die Familien hier sinnvoll nach den passenden Gruppen geordnet behandeln.

Faustregeln

Zu manchen Pflanzengruppen gibt es einige »Faustregeln«, die aber nur im begrenzten Bereich der entsprechenden Familie ihre Gültigkeit haben. Sie sollen es Ihnen vereinfachen, sich gemeinsame Merkmale bestimmter Pflanzengruppen zu merken. Dennoch sollte nach Möglichkeit nicht beim »zivilen«, nachmittäglichen Pflanzensammeln auf jene Regeln zurückgegriffen werden, sondern ausschließlich sicher bestimmte Pflanzen verzehrt werden.

Wichtige Vertreter

Bei den Beschreibungen jeder Familie sind einige wichtige Vertreter aufgeführt. Hierbei wurde darauf geachtet, dass möglichst viele Variationen der Familie abgedeckt sind. Sie sollten sich zu jeder Gruppe nach Möglichkeit Bilder dieser Pflanzen einmal angesehen haben. Jeder angegebenen Pflanze hier jedoch ein eigenes Porträt zu widmen, würde den Umfang (und Preis) dieses Werks meines Erachtens nur unnötig aufblähen. Ich bin mir sicher, dass Sie keine Schwierigkeiten haben, mit Hilfe des Familiennamens diverse unterschiedliche Vertreter zu jeder Familie in Bestimmungsbüchern oder im Internet zu finden. Je mehr unterschiedliche Mitglieder Sie sich zu jeder Familie eingeprägt haben, desto einfacher können Sie auch unbekannte Pflanzen intuitiv richtig einordnen.

Beachten Sie bitte, dass bei den wichtigen Vertretern nicht nur essbare Arten aufgezählt werden, sondern auch ungenießbare oder giftige. Jene werden mit folgenden Abkürzungen gekennzeichnet: Essbar (E), Gesundheitsschädlich/Verdächtig (Xn), Giftig (T), Sehr giftig (T+). Die Angabe (EP) bedeutet, dass die Pflanzenteile prozessiert werden sollten, wenn sie in größeren Mengen verzehrt werden.

5a – Familienporträts

Nacktsamer – Gymnospermae

Cupressaceae – Zypressengewächse

Familie

Für den Notnahrungssuchenden ist es außerordentlich wichtig, Zypressengewächse *Cupressaceae* zu erkennen, da wir gefundene Nadelbäume der im nächsten Absatz beschriebenen Familie der Kieferngewächse *Pinaceae* unbedingt von ihnen unterscheiden müssen. Zypressengewächse sind auf allen Kontinenten mit Ausnahme der Antarktis vertreten und sehr vielgestaltig. Deshalb ist die genaue Identifizierung oft nicht ganz einfach. Es gibt dennoch einige Faustregeln, an denen wir uns orientieren können.

Viele Vertreter dieser Gruppe bilden stark wirkende Inhaltsstoffe, die durchaus auch zu tödlichen Vergiftungen führen können. *Cupressaceae* schließen sich für uns als Nahrung grundsätzlich aus. Manchmal werden die beerenartig fleischigen Zapfen als Gewürz (nicht jedoch in größeren Mengen) verwendet, wie zum Beispiel die »Beeren« des Gemeinen Wacholder *Juniperus communis*. Schon nahe mit diesem Baum verwandte Arten, zum Beispiel der Stinkwacholder *Juniperus sabina*, enthalten starke Gifte, die gefährliche Komplikationen nach dem Verzehr zur Folge haben. Andere wie der Lebensbaum *Thuja spec.* können durch die Menge des vorhandenen Giftstoffe in den Blättern schon bei Berührung schädlich wirken und Ausschläge verursachen.

Sehr giftig und Ihnen sicher auch als sehr giftige Pflanze bekannt ist die Eibe *Taxus baccata*, von der bereits eine Handvoll Nadeln tödlich wirken. Diese Pflanzengattung gehört zwar ***nicht*** zu den *Cupressaceae*, sondern ist, wie Sie weiter oben gelesen haben, einer eigenen Familie, den *Taxaceae*, zugeordnet. Die hier eingeführte Faustregel schließt jedoch die Verwendung der Eibe für den Laien genauso aus.

FAUSTREGEL:

Nadelgehölze ohne typische Nadeln *oder* Zapfen dürfen nicht verzehrt werden.

Die fleischigen Zapfen der Eiben kennen Sie sicherlich. Sofern man den Kern nicht verschluckt, lässt sich das »Fruchtfleisch« verzehren.

»Blüten«

Wie bei allen →*Gymnospermae*, den Nacktsamern, lassen sich die unscheinbaren, männlichen Zapfen nur mit Bestimmungsbuch und Lupe für die weitere Einordnung verwenden. Aus dem Grund halten wir uns hier an die Blätter sowie Samenstände.

Blätter

Ein besonders gutes Merkmal ist das Laub der in der Regel immergrünen *Cupressaceae*. Oft lässt sich aus der Ferne schon eine mintgrüne und wachsig bereifte Färbung erkennen. Die Blätter sind entweder sehr kurze und spitze Nadeln – hier müssen wir uns für die Unterscheidung zu den *Pinaceae* an den Zapfen orientieren – oder als schuppenförmige Blätter (sp) ausgebildet. Diese können je nach Gattung breit aufgefächerte, an Korallen erinnernde Flächen sein, oder es sind fadenartig, zusammengesetzte Strukturen. Oft sind die Blätter sehr dicht angeordnet, weshalb Pflanzen dieser Familie gerne als Sichtschutz in Gärten oder Parks gepflanzt werden.

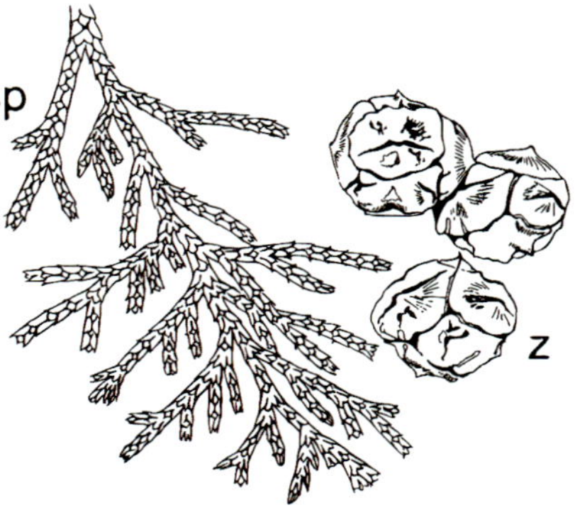

Samenstände

In der Regel bilden *Cupressaceae* keine typischen Zapfen aus, wie wir sie von ihrer Schwestergruppe kennen. Die Zapfen der Zypressengewächse sind im ungeöffneten Zustand stark gedrungen, weshalb sie an kleine grüne, schwarze oder blaue Beeren (z) erinnern. Wir wissen jedoch, dass Nadelgehölze keine Beeren ausbilden, da sie als Nacktsamer keine die Samen umschließende Fruchtblätter erzeugen. Deshalb handelt es sich bei beerenartigen Strukturen der →*Gymnospermae* immer um fleischige Zapfen. Bei einigen Gattungen, zum Beispiel bei Mammutbäumen, ist der Zapfen insbesondere im reifen Zustand jedoch nicht ohne Weiteres als »gedrungen« erkennbar.

Im Zweifel ziehen Sie die Borke, wie weiter unten beschrieben, als weiteres Unterscheidungsmerkmal hinzu oder verzichten auf den Genuss.

Wuchsformen

Die *Cupressaceae* sind vielgestaltig, jedoch meist größere Sträucher oder Bäume. Einige von ihnen wachsen als Gebirgspflanzen sehr gedrungen, andere werden fast 100 Meter hoch. Die Borke der meisten Pflanzen dieser Familie ist rostbraun gefärbt und lässt sich wie Pergament in Streifen abziehen.

Geruch

Der Duft vieler Zypressengewächse ist unangenehm schwer und ätherisch. Wenn Sie in einem Park oder auf einem Friedhof ein schuppenförmiges Blatt einer *Thuja* vorsichtig mit den Fingern zerreiben (und sich danach dieselben waschen), verströmt es den für fast alle *Cupressaceae* typischen Geruch.

Wichtige Vertreter

Lebensbaum *Thuja spec.* (T+), Wacholder *Juniperus spec.* (T), Zypressen *Cupressus spec.* (T), Scheinzypressen *Chamaecyparis spec.* (T).

Zusammengefasst

Aufgrund der Giftigkeit vieler Vertreter dürfen Sie die Pflanzen dieser Familie nicht als Nahrung verwenden. Das ist am einfachsten möglich, wenn Sie alle Nadelbäume ohne »typische« Nadeln oder Zapfen meiden. Ein weiterer Hinweis ist der unangenehme Geruch sowie die oft rostbraune Färbung der pergamentartig aufbrechenden Borke.

Beachten Sie bitte, dass bei dieser Regel einige wenige und seltene *Cupressaceae* unbeachtet bleiben, wie zum Beispiel die Mammutbäume. Jene haben jedoch in der Regel winzige Samen, die kaum zum Sammeln einladen und größtenteils stark gerbstoffhaltig sind.

Pinaceae – Kieferngewächse

Nachdem wir gesehen haben, dass sich die Schwestergruppe der Kieferngewächse, die Zypressengewächse, als Notnahrung in der Regel ausschließt, ist der Fall bei den *Pinaceae* genau umgekehrt. Die meisten Kieferngewächse werden Sie schon als essbar kennen, haben sich aber vermutlich noch nie über ihre systematischen Gemeinsamkeiten Gedanken gemacht.

Die *Pinaceae* sind die zweite große Gruppe der Nacktsamer, die Ihnen fast weltweit in großer Anzahl und Variation begegnen werden. Es sind im Wesentlichen neben den *Cupressaceae* viele andere Nadelbäume, die Sie auf Anhieb als solche erkennen werden. Damit schließen wir allerdings ernährungstechnisch solche Spezialfälle wie Ginkgoartige (Ordnung *Ginkgoales*), Palmfarne (Ordnung *Cycadales*) oder Araukariengewächse (ebenfalls →Koniferen, jedoch der Familie *Araucariaceae* zugehörig) aus, die

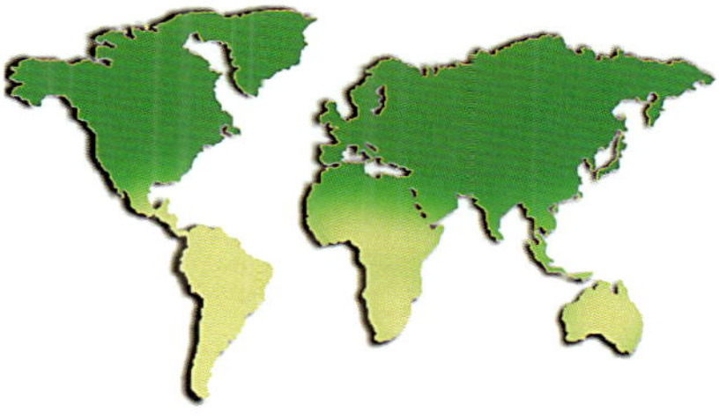

jeweils den Nacktsamern zählen. Dies stellt im Nahrungsnotfall mit hoher Wahrscheinlichkeit keinen Nachteil dar.

Auch bei den *Pinaceae* halten wir uns an die Regel, dass nur Pflanzen verwendet werden, die typische Nadeln und Zapfen haben, damit eine Verwechslung mit den *Cupressaceae* ausgeschlossen ist. Da durch diese Regel auch einige essbare Pflanzen, wie die Zeder mit ihren gedrungenen Zapfen, ausgeschlossen werden, beachten wir als weiteres

Merkmal im Zweifel auch die Borke und den Geruch. Kieferngewächse sind zuallermeist immergrün, werfen also das Laub im Winter nicht ab. Manche Arten in tropischen Regionen entledigen sich jedoch zu Beginn der Trockenzeit ihrer Nadeln.

Von allen Pflanzen dieser Familie lassen sich große Samen aus den Zapfen lösen und der Innenteil verzehren. Die Samenschale ist jedoch oft außerordentlich widerstandsfähig, weshalb man mit einem Stein nachhelfen muss. Das klassische Beispiel dieser sehr ölreichen Samen sind die beliebten Pinienkerne, die in keinem Pesto alla genovese fehlen dürfen.

Entgegen mancherorts kursierender Informationen sollte das Baumharz von Nadelbäumen nicht in ernährungstechnisch relevanten Mengen verzehrt werden. Es enthält eine Anzahl schädlicher Substanzen, die als »Terpentin« zusammengefasst werden. Bei Ekzemen oder leichten Hautschäden und Schwielen soll Harz jedoch eine heilungsfördernde Wirkung haben. Hier ist es sinnvoll, das Harz vorher zu erhitzen und aufzuschmelzen, bis sich Blasen bilden. Baumharz siedet bei weit über 100 °C, weshalb davon ausgegangen werden kann, dass eine mögliche bakterielle Verunreinigung deutlich reduziert wird. Natürlich lässt man das Harz vor dem Auftragen auf die Haut wieder erkalten.

»Blüten«

Vergleichbar mit den *Cupressaceae* sind die »Blüten« der Kieferngewächse unscheinbar. Die männlichen Zapfen erinnern oft an wenige Zentimeter lange »Baumkätzchen« oder Fuchsschwänze, die reif bei leichtem Wind ihre Pollen als goldgelben Nebel freigeben. Die weiblichen »Blüten« kennen Sie als »Tannenzapfen«; diese lassen sich freilich einfach identifizieren.

Blätter

Pinaceae bilden ganz typische Tannennadeln aus. Diese können von wenigen Millimetern bis über 20 Zentimeter messen. Oft sind die Nadeln in Büscheln angeordnet. Manch ein gesundheitsbewusster Notnahrungssuchender kocht sich die Nadeln von Fichten als Tee, da dieser besonders Vitamin-C-haltig sein soll. Davon abgesehen, dass es gesundheitlich bei einigermaßen

Praktisch alle Bäume eines dichten Nadelwalds können Sie als Kieferngewächse identifizieren.

ausgewogener Ernährung keinen Sinn hat, zusätzliches Vitamin C über Nadeltee aufzunehmen, müsste man zumindest beachten, dass dieses Vitamin hitzelabil ist. Der Tee sollte deshalb auf keinen Fall gekocht werden. Vielmehr werden die fein zerschnittenen Nadeln in handwarmem Wasser für eine viertel Stunde ausgelaugt.

Samenstände

Was wir bei Nadelbäumen als Samenstände bezeichnen können, sind die weiblichen Zapfen. Sie bestehen aus verholzten Blättchen, die schraubig zu einer länglichen Struktur angeordnet sind. Zwischen diesen holzigen Bereichen liegen zwei hartschalige Samen. Um diese meist außerordentlich festen Strukturen zu öffnen, können Zapfen für eine Viertelstunde in Wasser gelegt und danach am Feuer getrocknet werden. Sie öffnen sich dabei entweder von alleine oder lassen sich recht einfach aufbiegen.

Wuchsformen

Neben einigen gedrungenen Arten, meist Gebirgspflanzen, sind die *Pinaceae* oft große Bäume von über 25 Metern Höhe. Die in der Regel leicht nach unten durchgebogenen Äste überlappen sich gegenseitig. Die Borke ist im Vergleich zu den meisten *Cupressaceae* dick, meist sehr rau oder glatt und brüchig.

Geruch

Der Geruch von Kieferngewächsen ist im Gegensatz zu den meisten Zypressengewächsen angenehm harzig, oft mit einer leichten Limettennote. Es ist der Duft, den Sie beim Spaziergang durch einen Tannenwald vernehmen oder der Ihnen vielleicht aus Ihrer Kindheit vom Weihnachtsbaum bekannt ist, dessen Nadeln, durch die Kerzen langsam erhitzt, ihren schweren Duft abgegeben haben, kurz bevor das Wohnzimmer in Flammen stand – das ist der typische Geruch von praktisch allen *Pinaceae*.

»Klassische« Zapfen, wie Sie diese von Kiefern oder Tannen kennen, sind ein erster starker Hinweis, dass es sich bei einer Pflanze um eine Pinaceae handelt und nicht um eine Cupressaceae.

Geschmack

Wenn Sie kleine Mengen von Baumharz oder einige Tannennadeln zerkauen, bemerken Sie einen stark bitteren Geschmack. Daneben enthalten diese Gewächse ätherische, leicht sauer oder scharf schmeckende Verbindungen, die besonders beim Zerkauen und gleichzeitigen Ausatmen wahrgenommen werden können.

Wichtige Vertreter

Tannen *Abies spec.* (E), Fichten *Picea spec.* (E), Kiefern *Pinus spec.* (E), Zedern *Cedrus spec.* (E), Lärchen *Larix spec.* (E)

Zusammengefasst

Bäume mit ähnlichen Nadeln und Zapfen, wie Sie diese von Tannen kennen, können Sie in die Familie der *Pinaceae* einordnen und als essbar ansehen. Im Zweifel begutachten Sie die Rinde. Die Samen bieten, sofern sie groß genug sind, viel Öl und damit Energie. Das Harz sollte jedoch als Nahrung gemieden werden. Die jungen Nadeln einiger *Pinaceae* sind zwar weich genug, um sie zu zerkauen, meist laden Geschmack, Konsistenz und die geringe Energiedichte aber nicht zum Verzehr ein.

Bedecktsamer – Angiospermae

Einkeimblättrige – Monokotyledonen

Amaryllidaceae, Unterfamilie: Allioideae – Lauchgewächse

Familie

Im Kapitel, in dem wir uns mit der Systematik der Pflanzen beschäftigt haben, haben Sie gelernt, welche wichtigen Gemeinsamkeiten die Großgruppe der Einkeimblättrigen hat.

Wir möchten hier die Lauchgewächse (Früher *Alliaceae*, heute werden die Pflanzen zur Familie der Amaryllisgewächse *Amaryllidaceae*, Unterfamilie *Allioideae* gestellt) betrachten, da viele Vertreter von ihnen essbar sind und außerdem einen medizinischen Wert haben. Lauchgewächse finden Sie weltweit in unterschiedlichen →Biotopen. Manche Arten sind besonders hitzeresistent, andere benötigen feuchten Boden. Genauso wie einige andere Familien der Einkeimblättrigen haben sie als Überdauerungsorgan eine Zwiebel, die ernährungstechnisch von großer Bedeutung ist, aber nicht mit anderen Zwiebelpflanzen werden darf.

Im Speziellen gibt es oft Verwechslungen zwischen dem Bärlauch *Allium ursinum* und Vertretern der Liliengewächse *Liliaceae* oder der Zeitlosengewächse *Colchicaceae*, weshalb dieses Beispiel in den Pflanzenport-

räts noch einmal getrennt abgehandelt wird. Sie müssen sich daran gewöhnen, dass Sie unbekannte Pflanzen lieber stehen lassen, wenn sie in einem Zeitraum außerhalb ihrer Blüte gefunden werden und es keine anderen sicheren Erkennungsmerkmale gibt. Das ist bei den Einkeimblättrigen besonders wichtig, weil es hier durchaus tödliche Vergiftungen durch falsch bestimmte Pflanzen gibt. Die *Allioideae* lassen sich glücklicherweise aufgrund einiger besonderer Eigenschaften nur mit wirklich großer Sorglosigkeit verwechseln.

Blüten

Wenn Sie an Zwiebelblüten denken, wie sie jeden Frühsommer im heimischen Garten stehen, haben Sie schon den →Archetypus der Lauchblüte. Sie sind in kugeligen Köpfchen zusammengefasst und vor der Blühzeit durch ein Hüllblatt verschlossen. Dieses reißt ein und gibt bis zu einigen Hundert kleiner, sternförmiger Blüten frei. Die Einzelblüten der *Allioideae* sind radiärsymmetrisch und haben sechs »Kronblätter« Die Farbe variiert, meist sind die Blüten jedoch weiß oder blass violett, manchmal rot. Lauchpflanzen, bei denen die Blüten nicht in runden Köpfchen zusammen stehen, sollten Sie stehen lassen, da bei einigen von ihnen, zum Beispiel aus der Gattung der Sternblumen *Ipheion*, eine schädliche Wirkung vermutet wird.

Blätter

Ausgehend von einer Zwiebel ist das Laub in der Regel sehr lang gezogen, mit mehr oder minder gut sichtbaren parallelen Nerven. Viele Laucharten, wie beispielsweise der Schnittlauch, besitzen in sich geschlossene Blätter, die als Röhre bis an der Spitze zulaufend verwachsen sind. Diese Röhren unterscheiden sich von den weiter unten besprochenen Binsen dadurch, dass sie innen hohl sind. Manche Laucharten besitzen auch einfaches Laub, wie zum Beispiel der Bärlauch *Allium ursinum*.

Fruchtstände

Die Früchte sind kleine, in drei Bereiche eingeschnürte, zuerst grüne Kapseln, die bei Reife eine schwarzglänzende Schale besitzen. Man findet sie an der Außenseite der kleinen Blütenköpfchen, an der Stelle, an der sich vorher die Blüten befanden. Im Frühsommer bis Herbst können die Kapseln in großen Mengen an verschiedenen Laucharten abgesammelt werden. Einige Laucharten produzieren dort anstelle von Samen kleine energiereiche Brutzwiebeln.

Wuchsformen

Lauchgewächse sind in der Regel krautig und nicht verholzt, nie verzweigt. Meistens werden sie nicht höher als etwa 50 Zentimeter. Da mehrere Halme aus einer Zwiebel entspringen und die Samen nach dem Umknicken des Halms recht zentral zum Liegen kommen, wachsen die Pflanzen oft in →Horsten. Dieser Umstand bewirkt, dass Sie Lauch meist in ganzen Feldern finden.

Geruch

Alle *Allioideae* riechen eindeutig nach Knoblauch oder Zwiebel. Dies liegt an einem gemeinsamen Merkmal, und zwar dem Vorhandensein schwefelhaltiger Verbindungen, die der Pflanze als Insektenschutzmittel und Fraßschutz dienen. Wenn Sie den Geruch einmal verinnerlicht haben, könnten Sie jede Lauchpflanze auch ohne Blüte erkennen. Hier sei jedoch beachtet, was im Pflanzenporträt des Bärlauchs *Allium ursinum* vermerkt ist.

Geschmack

Jene Schwefelverbindungen geben den Lauchpflanzen auch ihren eigentümlich scharfen Geschmack. Es ist eine Schärfe, die in der Nase und im hinteren Rachenraum wirkt und einem die Tränen in die Augen steigen lässt.

Wichtige Inhaltsstoffe

Im Rachen kommen die antibakteriellen Eigenschaften der Allylverbindungen am besten zur Wirkung. Bei leichten bakteriellen Infektionen des Hals- und Rachenraums kann das Zerkauen einer rohen Lauchzwiebel Linderung bringen. Außerdem wurde früher in unterschiedlichen Kulturkreisen der Verzehr von zum Beispiel Knoblauch mit der Reduktion des allgegenwärtigen Darmwurmbefalls in Verbindung gebracht. Der Pflanzensaft der meisten Laucharten hat eine kühlende Eigenschaft, wenn er auf die Haut gerieben wird. Dies hat insbesondere bei Insektenstichen großen Nutzen.

Wichtige Vertreter

Küchenzwiebel *Allium cepa* (E), Knoblauch *Allium sativum* (E), Bärlauch *Allium ursinum* (E), Weinberglauch *Allium vineale* (E)

Zusammengefasst

Lauchgewächse sind mit ein wenig Sorgfalt sehr einfach zu erkennen und haben neben einem hohen Nährwert der Samen und Zwiebeln auch eine nicht zu unterschätzende Wirkung als unterstützendes Mittel bei Erkältungen. Bei unbekannten Laucharten sollte abgewogen werden, wie scharf die Pflanze schmeckt. Die Schärfestoffe werden als Fraßschutz gebildet und sollen uns eigentlich vom Verzehr abhalten. Extrem scharfe Pflanzenteile sollten deshalb nach Möglichkeit gemieden werden, um dem Protest des Magens vorzubeugen.

Cyperaceae – Sauergrasgewächse, Juncaceae – Binsengewächse, Poaceae – Süßgräser (Grasartige)

Familie

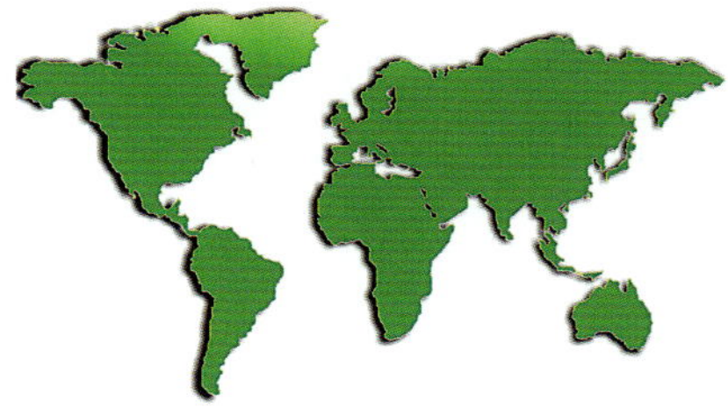

Weltweit spielt die Gruppe der Gräser eine in Bezug auf Wirtschaft und Ernährung herausragende Rolle. Wir bewegen uns hier botanisch etwas unsauber in der Zusammenfassung dreier Familien der Ordnung der Süßgrasartigen *Poales*. Damit vernachlässigen wir innerhalb der *Poales* ein paar für uns völlig unbedeutende Familien, wie zum Beispiel die Bromeliengewächse *Bromeliaceae*. Die besonders interessanten Sauergrasgewächse *Cyperaceae*, Binsengewächse *Juncaceae* sowie Süßgräser *Poaceae* sind allesamt zumeist kleine Pflanzen, die als Monokotyledonen kein sekundäres Dickenwachstum besitzen und – mit wenigen Ausnahmen – auch einen geringen Stängeldurchmesser haben. Gräser lassen sich meist sehr einfach erkennen. Je nach Familie ist der Stängel rund *(Poaceae, Juncaceae)* oder dreikantig *(Cyperaceae)*.

Am wichtigsten sind wirtschaftlich mit Abstand die Süßgräser, zu denen praktisch alle klassischen Getreidepflanzen gehören. Dennoch ist es sinnvoll, auch die Binsen- und Sauergrasgewächse zu betrachten, da sie für uns in Feuchtgebieten oft einfacher zu erreichen sind und in der Regel entweder große Mengen von Samen produzieren oder weitläufige und nahrhafte →Rhizome bilden. Gräser lagern meist in ihre Halme, an denen die parallelnervigen, spitz zulaufenden Blätter ansetzen, Silikate als zusätzliches strukturhaltendes Molekül ein. Ohne diese Stabilisierung würden die im Verhältnis zu ihrem Durchmesser praktisch unendlich langen Halme bei jedem Windhauch umknicken. Diese Silikateinlagerung bedeutet für uns jedoch auch, dass die Grashalme ungenießbar sind. Kleine Mengen von Pflanzenhalmen und Blättern können Sie ohne Schwierigkeiten verzehren. Bei regelmäßiger Aufnahme dieser Pflanzenteile werden Sie jedoch Ihre Backenzähne letztendlich bis zur Wurzel abnutzen. Pflanzenfresser besitzen Zähne ohne geschlossene Krone mit Schmelzfalten, die eine weit größere Oberfläche und damit Widerstand gegen die Silikate bilden. Außerdem bietet der Verzehr von grünen Grashalmen für uns keinen Energiegewinn. Deshalb konzentriert sich die Notnahrungssuche auf die Samen und Wurzeln dieser Pflanzengruppen.

Innerhalb der drei Familien der Gräser gibt es praktisch keine gefährlichen Vertreter. Es bestehen jedoch wenige Ausnahmen leicht giftiger Arten, die im Verhältnis dennoch kaum ins Gewicht fallen.

So bilden einige Bambusarten Blausäureverbindungen, die Sie, wie im Kapitel 9 »Prozessieren« beschrieben, entfernen können.

Außerdem enthalten die Pflanzen Ruchgras *Anthoxanthum spec.* sowie das Rohrglanzgras *Phalaris arundinacea* geringe Mengen von Giftstoffen, wobei die Gefährlichkeit der Samen hier umstritten ist, zumal ihre Größe kaum ein Sammeln in Mengen lohnt. Es sei dennoch der Vollständigkeit halber erwähnt.

Ganz anders verhält es sich beim häufigen Befall der Gräser mit Pilzen. In den allermeisten Fällen können die Pilze durch schwarze oder violette Fruchtkörper an den Ähren erkannt werden. Pflanzen mit solchen Veränderungen dürfen auf keinen Fall verwendet werden. Sie enthalten oft große Mengen von Alkaloiden, die mitunter tödlich wirken können. Während der Pilzbefall von außen in der Regel erkannt werden kann, ist das bei dem Süßgras Taumellolch *Lolium temulentum* nicht so. Hier kann ein Pilzbefall (mit dem in der Pflanze lebenden Pilz Epichloë, der toxische Alkaloide wie Lolitreme produziert) im Inneren die Pflanze giftig machen. Da jedoch auch der Taumellolch eine für uns kaum nutzbare Samengröße hat, ist hier die Gefahr, sich daran zu vergiften, denkbar gering.

Das Risiko, an Gräsern allgemein Schaden zu nehmen, ist sehr klein. Eine Handvoll für uns schädliche Pflanzen im Verhältnis zu mehreren Tausend essbaren Gräsern mit weltweiter Verbreitung zeigt, wie wertvoll diese Pflanzenfamilie für uns ist.

Blüten

Viele Gräser haben eine stark veränderte Blütenform imVergleich zu dem was man landläufig als »Blüte« bezeichnet. Die winzigen Blüten sind zwischen zwei dünnen Häutchen, den Spelzen, gelagert und sind zu Ährchen zusammengefasst. Diese sind sehr vielgestaltig angeordnet. Die Form variiert von »Fuchsschwänzen« über Kolben bis hin zu kleinen Kügelchen oder Köpfchen. Oft sitzen diese Köpfchen oder Ähren am Ende eines Halmes; im Falle der Binsen können sie jedoch auch seitlich dem Halm entspringen.

Auch die Einzelblüten- und Samengröße ist sehr unterschiedlich, von weniger als einem Millimeter bis über einen Zentimeter. Die Farben der Grasblüten sind meist wenig spektakulär. Sie sind je nach Reifegrad grünlich-braun, selten leicht rötlich oder violett. Das hat auch die Ursache, dass Gräser nicht durch Insekten bestäubt werden, sondern vom Wind, was die Allergiker unter Ihnen sicherlich aus eigener Erfahrung bestätigen können.

Blätter

Die Blätter der Gräser sind zwar leicht unterschiedlich, gemein haben sie, dass sie deutlich parallelnervig sind und meist sehr lang und spitz zulaufen. Bei Süßgräsern entspringen sie den Knoten, die den runden Halm in verschiedene Abschnitte gliedern. Bei Binsen kommen sie dagegen oft scheinbar direkt aus dem Wurzelorgan. Die Blätter vieler *Juncaceae* sind in sich rund und geschlossen, wie Sie es von Schnittlauch kennen. Bei *Juncaceae* sind die Blätter jedoch nicht hohl, sondern mit einem schwammartigen Gewebe gefüllt.

Eines der ersten Getreide, die der Mensch züchtete, ist das Einkorn *Triticum monococcum*. Die Pflanze wurde schon vor rund 10.000 Jahren verwendet und ist der Urahne des heutigen Weizens. Die Ähre erinnert noch sehr an ein Wildgras.

Fruchtstände

Einige Seggen (eine Sauergrasgattung) haben für Wildgetreide enorm große Samen. Sie können an Gewässern die großen Felder von zum Beispiel Uferseggen *Carex riparia* abernten und die manchmal 4 bis 8 Millimeter großen Samen verwenden. Im Vergleich zu Sauergräsern haben die Süßgräser den großen Nachteil, dass die Samen in der Regel zu Beginn der Samenreife direkt aus den Ähren fallen. Sobald sie also erntereif sind, finden wir sie nicht mehr. Deshalb werden die noch nicht ganz reifen Samen gesammelt, die dennoch eine ganze Menge Energie, in der Regel als Stärke gespeichert, enthalten. Bei den meisten Süßgräsern ist es außerdem nicht ganz einfach, die Spelzen zu lösen. Bei kleinen Samen ist das oft völlig unmöglich. In diesem Fall werden die Samen einfach zu einem Brei zerstoßen und als Riegel geröstet. Grasblüten mit besonders spitzen Härchen, sogenannten Grannen, können nach dem Ernten auch kurz auf die Glut gelegt werden, um die scharfen Enden abzuflammen, die sonst im Zahnfleisch abbrechen und sich entzünden können.

Bei kleinsamigen Pflanzen liegt das Hauptinteresse nicht in der Frucht, sondern in der Energie, die in den →Rhizomen und Wurzeln gespeichert ist.

Wuchsformen

Die Gräser sind mit einigen spektakulären Ausnahmen relativ klein und eher unscheinbar. In der Regel ist der Stängel nicht verzweigt und nur wenige Millimeter im Durchmesser. Besonders große Gräser sind Schilf *Phragmites australis*, der bis zu 9 Meter hoch wachsen kann, sowie Bambus. Hier liegt die mögliche Höhe bei immerhin 40 Metern. Süßgräser *Poaceae* haben einen runden, hohlen Stängel mit Knoten. Sauergräser *Cyperaceae* besitzen einen mehr oder minder dreieckigen Halm, bei Binsengewächsen *Juncaceae* ist er meist rund und besitzt keine verdickten Knoten.

Viele Gräser vermehren sich nicht nur über Samen, sondern über unterirdische Wurzelausläufer. Deshalb sind sie oft als ganzes Feld sichtbar, bei dem es sich jedoch tatsächlich um ein einziges Individuum handelt. Solche einheitlichen Felder sind auch ein Hinweis, dass es sich lohnt, die Rhizome auszugraben.

Die Samen der meisten Wildgräser sind nicht sehr groß. Sie können jedoch zu tausenden einfach gesammelt und nachdem sie von den Spelzen befreit wurden, zu einem nahrhaften Brei verkocht werden.

Geruch

Gräser haben keinen besonders auffälligen Geruch. Zerriebene Halme erinnern ein wenig an trockenes Stroh oder Bambus. Je nach Wuchsort riechen sie auch leicht faulig. Pflanzen mit starkem Waldmeistergeruch (wie die oben erwähnten, leicht giftigen Ruchgräser) enthalten geringe Mengen von Cumarin. In den vorhandenen Mengen wirkt es jedoch kaum giftig. Diese Halme sollten dennoch nach Möglichkeit nicht abgeerntet werden.

Geschmack

Manche Pflanzen wie Schilf haben einen sehr eigentümlichen Geschmack, der vermutlich vom Standort herrührt. Ich bin der Meinung, dass die jungen und zarten Triebspitzen dieser Pflanze nach »sumpfiger Banane« schmecken. Da wir die grünen Blattbereiche der Gräser meist jedoch nicht verzehren, interessiert uns insbesondere der

Geschmack der Samen. Dieser erinnert in den meisten Fällen an Haferflocken. Manche Samen sind auch völlig geschmacksneutral, hier lässt sich dennoch nach einigen Momenten des Kauens ein süßer Geschmack erkennen. Die Rhizome können leicht süßlich sein, unterscheiden sich jedoch sehr zwischen einzelnen Gattungen.

Wichtige Vertreter

Bambus (diverse Gattungen) (EP), Schilf *Phragmites australis* (E), praktisch alle Getreidearten (E) wie Reis, Roggen, Weizen, Mais *Zea mays* (E), Seggen *Carex spec.* (E), Zuckerrohr *Saccharum officinarum* (E), Binsen *Juncus spec.* (E)

Zusammengefasst

Sicherlich gehören Gräser zu den ergiebigsten und häufigsten Familien, die wir auf unserer Suche nach pflanzlicher Notnahrung finden können. Sie sind weltweit in einem unglaublichen Artenreichtum vorhanden und bieten Stärke in Samen und Wurzeln. Gräser können praktisch nicht mit Pflanzen anderer Familien verwechselt werden und sind bis auf wenige Ausnahmen allesamt essbar. Hier sei an Ihren Mut appelliert, auszutesten, welche Grasart in welcher Weise verwendet werden kann. Die weltweit rund 15.000 Arten dieser Familien hat bis jetzt wohl kaum jemand auf Geschmack, Ergiebigkeit und Konsistenz getestet.

FAUSTREGEL:

Gräser müssen auf Fruchtkörper von Pilzen untersucht werden. Befallene Pflanzen dürfen auf keinen Fall verwendet werden. Arten mit fast unsichtbar kleinen Samen oder starkem Waldmeistergeruch sollten gemieden werden. Die Triebspitzen von Bambus sollten generell (auch in Bezug auf Bekömmlichkeit) gegart werden.

Zweikeimblättrige – Dikotyledonen

Amaranthaceae – Fuchsschwanzgewächse

Familie

Man muss sicherlich ein leicht pathologisches Verhältnis zu essbaren Pflanzen aufgebaut haben, um die von Kleingärtnern verhassten Fuchsschwanzgewächse *Amaranthaceae* als Lieblingspflanzen auserkoren zu haben. Aber tatsächlich gehört diese eher unscheinbare Pflanzengruppe zu meinen absoluten Favoriten. Es gab bis jetzt keinen von mir bereisten Ort der Erde, an dem ich nicht auf den Märkten mir unbekannte und lokal als Nahrung verwendete Amarante gefunden habe und immer wieder die gleiche Faszination verspüre. Diese Familie ist außerordentlich wichtig in puncto pflanzlicher Notnahrung und wird dennoch von den allermeisten Kräuterkundigen kaum wahrgenommen. Und das, obgleich

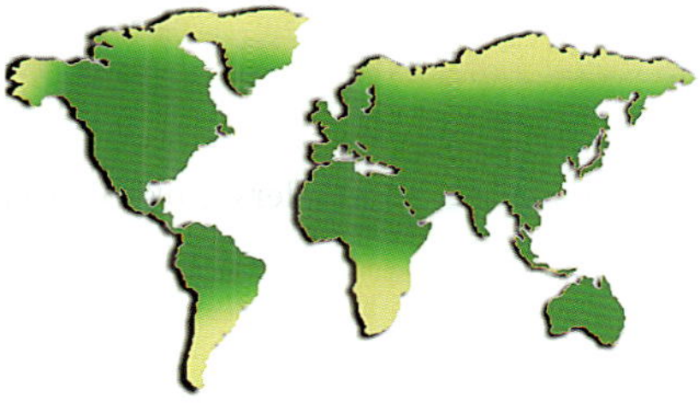

sie früher Grundnahrungsmittel ganzer Zivilisationen gewesen ist. Die Arten dieser Familie bieten einige großartige Vorteile. Sie sind unglaublich robust. Es sind die klassischen Ruderalpflanzen, wachsen also auf Bauschutthalden, in Wüsten und Steppen, an Wegrändern oder auf ständig sorgfältig gejäteten Beeten mit einer atemberaubenden Geschwindigkeit. Einige von ihnen wie der Queller *Salicornia europaea* wachsen sogar im Salzwasser. Außerdem sammeln sie eine große Menge von Mineralien, Proteinen und Kohlenhydraten in den Samen und Zuckerverbindungen in der Wurzel an. Sie können diese Pflanzen weltweit finden und sicher bestimmen. Besonders artenreich sind die Fuchsschwanzgewächse in den Tropen.

Blüten

Die Blüten der *Amaranthaceae* sind in der Regel unscheinbar und oft zu den namensgebenden grünen Fuchsschwänzen vereint (nicht zu verwechseln mit der gleichnamigen Gattung aus der Familie der Süßgräser *Poaceae*), manchmal sind es jedoch auch kleine, unreife grüne Kügelchen oder Köpfchen. Die Blütenstände finden sich in den Blattachseln. Manche tropische Arten bilden jedoch auch spektakuläre, bis 50 Zentimeter lange purpurne Blütenstände aus.

Blätter

Wie bei allen folgenden Zweikeimblättrigen sind die Blätter mit verästelten Adern durchzogen. Die Blätter sind in der Regel wechselständig, einfach (also beispielsweise nicht gefiedert) und oft dunkelgrün bis violett gefärbt. Die Blattränder sind manchmal gesägt. Das Laub der Gänsefüße *Chenopodium*, einer Gattung der *Amaranthaceae*, erinnert mit ein wenig Fantasie an die Schwimmfüße von Wasservögeln oder ist leicht pfeilförmig. Die Fuchsschwanzgewächse haben keine Nebenblätter.

Fruchtstände

Die Samen lassen sich nach der Reife aus den schuppenförmig angeordneten Blüten heraus reiben. Sie können zu einem Brei verarbeitet und dann zu Fladen verbacken werden. Die gesamten Pflanzen lassen sich jedoch auch mit Blättern, Blüten und Samen einfach zu einem →Spinat verkochen.

Wuchsformen

Amaranthaceae werden nicht besonders groß. Meistens sind es etwa einen halben Meter bis eineinhalb Meter hohe Sträucher. Oft lässt sich eine Art Hauptachse erkennen, die in direkter Linie zur Pfahlwurzel steht. Von dieser Achse aus verzweigen sich Seitentriebe vielfach.

Geruch

Wenn Sie Fuchsschwanzgewächse zerreiben, können sie meist zwei unterschiedliche Duftnoten feststellen. Die Blätter haben einen deutlichen Spinatgeruch. Sicherlich

Viele Fuchsschwanzarten bilden große, aber sehr holzige Wurzelrüben aus. Man kann sie klein reiben und in Wasser auskochen, um die Speicherstoffe zu lösen.

haben Sie schon erraten, dass Spinat *Spinacia oleracea* natürlich auch eine Fuchsschwanzart ist. Die große und oft violett-rote Pfahlwurzel riecht dagegen eindeutig nach Rote Bete, Mangold oder Futterrübe (alles Variationen von *Beta vulgaris*, einem Fuchsschwanzgewächs).

Geschmack

Die Samen und Blüten der Fuchsschwanzarten haben einen sehr angenehmen, nussigen Geschmack, während die Blätter in der Regel nach sehr zartem Spinat oder Mangold schmecken. Meines Erachtens schmecken die gekochten Blätter von →einheimischen »Unkrautfuchsschwänzen« *Amaranthus spec.* deutlich besser als gezogener Spinat. Auch in der asiatischen Küche werden direkt am Reisfeld gesammelte, wild gewachsene Fuchsschwänze sehr häufig zu Suppen und Schmorgerichten verarbeitet. Manche Arten haben eine deutliche Oxalsäurenote, die Sie vom Sauerampfer kennen. Die oft große Wurzel ist süßlich im Geschmack, vergleichbar mit Rote Bete oder Runkelrübe.

Wichtige Inhaltsstoffe

Proteine (insbesondere mit →essenziellen Aminosäuren), Stärke, Zucker, Vitamine, Oxalsäure, Öle, Mineralien.

Wichtige Vertreter

Fuchsschwänze *Amaranthus spec.* (E), Gänsefüße *Chenopodium spec.* (E), zum Beispiel Guter Heinrich *Chenopodium bonus-henricus* (E) oder der sehr häufige Weiße Gänsefuß *Chenopodium album* (E), Melden *Atriplex spec.* (E, in großen Mengen leicht abführend).

Zusammengefasst

Die *Amaranthaceae* sind eine der am wenigsten beachteten und dabei eine der wichtigsten Familien für die pflanzliche Ernährung überhaupt. Sie sind anspruchslos, weltweit verbreitet und enthalten hochwertige Inhaltsstoffe und eine große Menge an Energie. Ein weiterer und besonders wichtiger Grund, sich für die Fuchsschwanzgewächse zu interessieren, ist, dass sie im Gegensatz zu vielen anderen essbaren Wildpflanzen sehr zart sind und überaus delikat schmecken.

Eine Verwechslung unbekannter *Amaranthaceae* mit dem Bingelkraut *Mercurialis spec.* ist möglich, da diese Pflanzen an gleichen Standorten vorkommen und ähnlich aussehen. Hier können Sie darauf achten, dass das Bingelkraut (es ist ein relativ harmloser Vertreter der *Euphorbiaceae*) gegenständiges Laub besitzt, während Fuchsschwanzgewächse meist wechselständige Blätter haben. Im Falle der versehentlichen Verwendung des Bingelkrauts ist jedoch kein Schaden zu erwarten.

Apiaceae – Doldenblütler

Es war eine schwere Entscheidung, den Doldenblütlern eine allgemeine Wertigkeit zuzuordnen. Sie werden aber im Laufe dieses Abschnitts erkennen, warum ich mich dazu entschieden habe, sie als »nicht zum Verzehr empfohlen« zu deklarieren und damit fast ein wenig ungerecht zu stigmatisieren. Denn die Arten der *Apiaceae* sind sehr einfach und sicher als Mitglieder dieser

Familie erkennbar. Sie besitzen nämlich einen typischen Blütenstand als gemeinsames Merkmal: die »echte« Dolde. Auch sind die Pflanzen recht häufig an Bachufern oder Waldrändern zu finden. Das große Problem ist, dass es Arten gibt, die essbar sind, sich von den tödlich giftigen jedoch nur in minimalen Bereichen unterscheiden. Es gibt zwei Pflanzen dieser Familie, die auch in den Pflanzenporträts aufgeführt sind, da sie praktisch unverwechselbar sind. Vom Rest lasse selbst ich ohne gutes Bestimmungsbuch die Finger.

Es gibt durchaus eine ganze Reihe von essbaren *Apiaceae*, die Sie bestimmt auch kennen. Wir möchten hier jedoch kurz das Problem der Familie anschneiden. Hierzu nehmen wir die Hundspetersilie *Aethusa cynapium*. Der Beiname »Hund-« deutet genauso wie »Aber-«, »Eber-« oder »Schein-« in der Trivialnomenklatur an, dass es sich um die falsche handelt. Die »falsche Petersilie« ist bis auf einige Unterschiede der echten Petersilie *Petroselinum crispum* zum Verwechseln ähnlich. So sehr, dass es früher häufig schwere Vergiftungen gegeben haben soll, bis die krausblättrige Petersilie gezüchtet wurde.

Echte Dolde: Jede Einzelblüte steht an gleich oft verzweigten Stielen.

Es gibt außerdem eine Reihe von Variationen im Wuchs der Pflanzen dieser Familie, sodass die Bestimmung nicht immer sicher erfolgen kann. Neben der Hundspetersilie gibt es noch eine ganze Reihe von Giftpflanzen, deren ungewollter Verzehr immer wieder zu lebensgefährlichen Vergiftungen führt. So sind Ihnen vielleicht der Wasserschierling *Cicuta virosa* sowie der Gefleckte Schierling *Conium maculatum* als sehr giftige Pflanze bekannt. Gerade der Gefleckte Schierling wird oft fälschlicherweise bei der Suche nach Wiesenkerbel *Anthriscus sylvestris* oder wild wachsender Petersilie gesammelt. Hier wandert auch manchmal der Taumelkälberkropf *Chaerophyllum temulum* in den Sammelkorb, der bedenkliche Schäden verursachen kann. Mir ist außerdem ein Fall bekannt, wo eine Wildpflanzensammlerin (vor dem Besuch eines Pflanzen-Seminars) statt der Samen von vor der Samenreife gelb blühenden Pastinaken vermutlich diejenigen des Gefleckten Schierlings verzehrt hatte. Das Ergebnis war nach einigen Tagen Intensivstation eine wochenlang anhaltende Lähmung der Finger, Hände sowie der Gesichtsmuskulatur.

Problematisch ist insbesondere, dass die Giftwirkung meist erst einige Stunden nach Aufnahme der Pflanze einsetzt, wenn also ein Entleeren des Magens keine Abhilfe bringen kann. Aus diesem Grunde zählt diese Familie zu denjenigen, die auf keinen Fall im Notfall verwendet werden dürfen, wenn Sie sich nicht absolut sicher sind, dass es sich um eine essbare Pflanze handelt. Dies schließt auch den Verzehr im Genießbarkeitstest aus.

Blüten

Die Blütenstände der *Apiaceae* sind sogenannte Dolden. Dabei ist die genaue Unterscheidung zwischen echten Dolden, die in der Regel in solch weit aufgefächerter und nach oben gerichteter Form nur bei dieser Familie vorkommen, und Scheindolden wichtig. Der Blütenstand besteht aus vielen winzigen Blüten, die an kleinen, sich auffächernden Stielen hängen. Von der Pflanze gehen oft an der höchsten Stelle des Stängels feine Strahlen ab. Diese sind jedoch alle »gleichwertig aufgefächert«. Das bedeutet, dass sich bei echten Dolden diese Strahlen entweder alle nicht weiter auffächern, oder allesamt etwa auf gleicher Höhe in eine Reihe kleinerer Büschel aufteilen, die bei vielen Doldenblütlern eine Untereinheit der Dolden, die Döldchen (d) bilden. Niemals teilen sich diese Stängelchen ungleichmäßig auf. Also sind alle Strahlen genau gleich häufig verzweigt. Wenn sich einzelne dieser Blütenträger verästeln, wie Sie es von Baumzweigen kennen, ist das eine Scheindolde und damit keinem Doldenblütler zugehörig. Scheindolden finden Sie in den Pflanzenporträts bei verschiedenen Pflanzen anderer Familien, zum Beispiel dem Holunder *Sambucus spec.* (siehe Seite 168) oder bei der Schafgarbe *Achillea spec.* (siehe Seite 213). Die zahlreichen Einzelblüten in den echten Dolden haben in der Regel verkümmerte oder keine Kelchblätter. Die mehr oder weniger radiärsymmetrischen Blüten besitzen fünf weiße, gelbe oder zart rosa gefärbte Kronblätter. Bei manchen Arten sind diese vom Außenrand her so eingeschnitten, dass es scheinbar doppelt so viele sind.

Am untersten Punkt, an dem sich die Dolde aufteilt, sitzt bei manchen Arten noch ein Kranz teils gefiederter, kelchblattartiger sogenannter Hüllblätter (h).

Blätter

Das Laub der Doldenblütler ist wechselständig und besitzt eine Blattscheide (bs), eine den Stängel umfassende Struktur der Blattstiele. Die Blattspreite ist oft tief eingeschnitten oder gefiedert.

Fruchtstände

Die Samen der Pflanzen dieser Familie stehen zu zweit eng an die Stelle gedrängt, an der die Blüte vorher stand. An einer Dolde könnten so viele hundert kleine Samen abgesammelt werden, deren Form in etwa jener entspricht, die Sie von Kümmel kennen, manchmal sind sie auch etwas gedrungener. Da die Frucht jedoch erst nach Verblühen

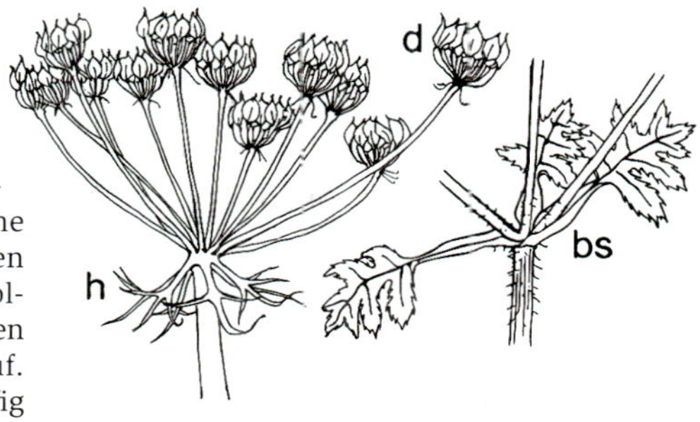

der Dolden gesammelt werden kann, bieten sich meist nicht mehr genügend →Merkmale, um einzelne *Apiaceae* sicher voneinander zu unterscheiden. Deshalb darf unbedingt nur an jenen Pflanzen gesammelt werden, die noch ausreichende andere Merkmale haben. Meines Erachtens sind es für den »Nicht-Profi« nur die beiden schon erwähnten Pflanzen Giersch *Aegopodium podagraria* und Wilde Möhre *Daucus carota*.

Wuchsformen

Apiaceae sind meist krautig und zwischen 30 Zentimetern und etwa 3 Meter hoch. Unterirdisch besitzen sie in der Regel eine große Speicherwurzel. Der Pflanzenstiel ist bei den meisten Vertretern innen hohl und kantig an der Außenseite. Manche Arten sind entweder völlig oder nur bodennah behaart und am Stängel knotig verdickt.

Geruch

Die olfaktorische Einteilung der Doldenblütler ist ziemlich einfach. Ein häufiger Inhaltsstoff sind ätherische Öle, die einen Geruch haben, der an Möhren, Fenchel oder Kümmel erinnert. Einige Pflanzen haben eine feine Limonennote oder sollen an Mäuseharn erinnern.

Geschmack

Sie können auch bei vielen Giftpflanzen, von denen Sie die Gefährlichkeit der Inhaltsstoffe aufgrund der familiären Verwandtschaft einschätzen können, kleinste Mengen der Blätter auf den Geschmack testen (das hat jedoch nichts mit dem weiter oben beschriebenen »Genießbarkeitstest« zu tun). Dies ist aber nicht bei allen Familien möglich (!), sondern nur bei solchen, von denen keine direkte große Gefahr ausgehen. Bei den meisten *Apiaceae* ist das der Fall. Keine Frage, es gibt tödlich giftige Vertreter dieser Familie, jedoch werden Sie beim Zerkauen von einem Quadratzentimeter des Blatts (niemals Samen oder Wurzel) und dem Ausspucken maximal ein Brennen im Mundraum oder ein Taubheitsgefühl der Zunge feststellen. Sie werden so bei jeder *Apiaceae* den grundsätzlichen Geschmack von Fenchel oder Sellerie feststellen können, egal, ob es sich hierbei um eine giftige oder essbare Art handelt. Sie können also am Geschmack durchaus erkennen, in welche Familie eine unbekannte Pflanze eingeordnet werden kann, *nicht aber*, ob sie giftig ist. Sie erkennen spätestens jetzt, dass Ihnen Giftpflanzen nur selten eine »Warnung aussprechen«.

Pflanzen, die Sie nicht absolut sicher bestimmen, jedoch geschmacklich in eine der »gefährlichen Familien« einordnen können, sollten wie weiter oben erklärt nicht verzehrt oder dem Genießbarkeitstest unterzogen werden. Die Doldenblütler gehören zu dieser Gruppe.

Wichtige Inhaltsstoffe

Ätherische Öle, Xanthotoxin (ein fotosensibilisierender Giftstoff, der in vielen *Apiaceae* vorkommt, auch in essbaren), Alkaloide, Inulin.

Wichtige Vertreter

Wilde Möhre *Daucus carota* (E), Pastinake *Pastinaca sativa* (E), Giersch *Aegopodium podagraria* (E), Anis *Pimpinella anisum* (E), Kälberkropf *Chaerophyllum spec.* (tw. T), Riesen-Bärenklau *Heracleum mantegazzianum* (T +), Wiesen-Bärenklau *Heracleum sphondylium* (Xn), Gefleckter Schierling *Conium maculatum* (T +), Wasserschierling *Cicuta virosa* (T +)

Zusammengefasst

Obwohl es viele essbare Pflanzen innerhalb der Familie der Doldenblütler gibt, besteht durch die große Ähnlichkeit vieler essbarer Arten mit giftigen immer ein Risiko beim Verzehr. Unbekannte Pflanzen dieser Gruppe dürfen im Notfall nicht als Nahrung herangezogen werden.

Asteraceae – Korbblütler

Die Familie der Korbblütler ist für den Notnahrungssuchenden aus verschiedenen Gründen wichtig. Sie gehört nicht nur zu den artenreichsten Familien der Dikotyledonen, sondern viele essbare Mitglieder sind Ihnen vermutlich auch gut bekannt. Ernährungstechnisch ist die Familie außerdem eine besonders reichhaltige Gruppe, die industriell in großem Maßstab Verwendung findet.

Wir werden uns hier in diesem Abschnitt auf die Pflanzen beschränken, die die für *Asteraceae* typischen Blüten besitzen. Damit schließen wir einen Bereich aus, der insbesondere durch ätherische Öle oder eingelagertes Thujon schädlich ist (zum Beispiel Beifuß *Artemisia vulgaris* oder Wermutkraut *Artemisia absinthium*). Außerdem werden dadurch einige durch Pyrrolizidinalkaloide giftige Pflanzen wie die Pestwurz *Petasites spec.* ausgeklammert. Wir behandeln also hier Pflanzen mit typischen Korbblüten, die

Korbblütler bilden Blütenköpfchen, auf denen zahlreiche Einzelblüten stehen. Gut zu erkennen sind hier die einzelnen Fruchtknoten am Ende der gelben Zungenblüten.

Die Korbblüten der giftigen Greiskräuter können Sie meistens an dunkler Färbung der Hüllblätter oder der einheitlichen Färbung der Zungen- und Röhrenblüten erkennen.

wir im Weiteren noch genauer betrachten werden.

Die allermeisten leicht erkennbaren Korbblütler sind ungefährlich, wenige sind minder giftig, wobei dennoch der Appell erfolgt, dass Testversuche mit unbekannten Pflanzen nur im absoluten Notfall erfolgen dürfen und sonst nur sicher bestimmte Arten verwendet werden sollten. Einige →einheimische Pflanzen müssen wir explizit als giftig einordnen. Dazu gehören insbesondere die Greis- oder Kreuzkräuter *Senecio spec.*, die Sie oft an dunkler Färbung oder einem schwarzen Fleck an den Hüllblattspitzen erkennen können. Des Weiteren gehören die Wucherblumen *Tanacetum spec.* dazu. Hier haben wir den glücklichen Umstand, dass diese Giftpflanzen fast ausnahmslos unangenehm, zumindest penetrant harzig oder ätherisch riechen. Wenn Sie das nächste Mal in einer Gärtnerei sind, sollten Sie einige Chrysanthemenblätter zerreiben und sich diesen Geruch einprägen. Dieser Duft steht für viele Arten der giftigen Asteraceae.

Der sehr seltene Giftlattich *Lactuca virosa* hat dagegen interessanterweise nicht nur Inhaltsstoffe mit vergleichbarer (aber milderer) Wirkung wie der hochgiftige Schlafmohn *Papaver somniferum*, sondern er riecht auch insbesondere an der Wurzel ätzend nach Mohn. (Mohn gehört nicht zu der hier beschriebenen Gruppe, sondern zu den Mohngewächsen *Papaveraceae*.) Einige Pflanzen der Korbblütler wie zum Beispiel der Löwenzahn *Taraxacum spec.* bilden einen weißen Milchsaft. Die Behauptung ist weit verbreitet, dass dieser Milchsaft giftig sei, die Pflanzenteile dagegen nicht. Das ist natürlich nicht wahr, da innerhalb der Pflanze eine weit größere Menge des Milchsafts vorhanden ist als diejenige, die austritt – er ist ungefährlich.

Dies bringt uns jedoch gleich zu einer Regel, die auch außerhalb der Korbblütler Verwendung findet.

FAUSTREGEL:

Hat eine Pflanze einen milchigen Saft und ist dabei kein Korbblütler, darf sie auf keinen Fall verzehrt werden und sollte nach Möglichkeit nicht einmal berührt werden. Hier liegt insbesondere in heimischen, subtropischen und tropischen Regionen die Wahrscheinlichkeit nahe, dass es sich entweder um die Familien der giftigen Mohngewächse *Papaveraceae*, Sumachgewächse *Anacardiaceae* oder Wolfsmilchgewächse *Euphorbiaceae* handelt. Einige Pflanzen dieser Familien sind so giftig, dass Milchsaft auf der bloßen Haut zu schweren Verätzungen führen kann.

Blüten

Das, was Sie bei den meisten *Asteraceae* als »Blüten« erkennen, sind überhaupt keine. Es sind vielmehr hunderte oder tausende winziger eigenständiger Blütchen, die in einem blumenartigen Köpfchen vereint sind. Die bei kindlichen Liebesorakeln ausgezupften, weißen »Blütenblätter« der Gänseblümchen *Bellis spec.* sind jeweils vollständige Blüten, wie Sie bei einem kurzen Ausflug in den Garten feststellen werden. Am Ende des weißen Züngchens ist eine winzige Röhre zu sehen, die unten mit einem Kelch abgeschlossen ist. Aus der Röhre stehen kaum sichtbar die Staubgefäße heraus. Diese Art von Blüten, die →Zungenblüte, ist zygomorph, hat also nur eine Symmetrieachse. Die kleinen Punkte in der Mitte des Blütenkörbchens sind außerdem runde, radiärsymmetrische Blüten, die →Röhrenblüten. Die von unten zu sehenden kelchartigen, grünen Blätter sind sogenannte Hüllblätter und keine Kelchblätter, da sie nicht eine einzelne Blüte, sondern einen gesamten Blütenstand umfassen (vgl. Hüllblätter bei Doldenblütlern).

Es gibt einige Pflanzen der *Asteraceae*, die nur zygomorphe →Zungenblüten besitzen (zum Beispiel Löwenzahn *Taraxacum spec.*), oder nur radiärsymmetrische →Röhrenblüten (etwa die strahlenlose Kamille *Matricaria discoidea*). In der Regel können Sie jedoch beide Blütenformen auf den Vertretern der Korbblütler finden. Allein mit diesem Wissen ausgestattet werden Sie bei der nächsten Wiesenexkursion überall Korbblütler ausfindig machen können.

Blätter

Die meist wechselständigen Blätter der Korbblütler – oftmals liegen sie als bodenständige Blattrosette vor – sind manchmal tief eingeschnitten, gesägt oder mit einem Stachelrand versehen. In der Regel ist das Laub nebenblattlos.

Fruchtstände

Nach dem Verblühen fallen oft die Kronblätter ab und lassen die Frucht zurück, die mit der Zeit größer wird. Viele Pflanzen dieser Familie bilden an den Samen feine Flugschirmchen aus, welche der Verbreitung des Samens durch den Wind dienen. Die Samen können, wenn sie groß genug sind, einfach zerkaut werden und enthalten viel Energie in Form von Öl. Im Fall der Sonnenblume *Helianthus annuus* wird dieses Öl sogar in industriellem Maßstab verwertet.

Wuchsformen

Die allermeisten *Asteraceae* sind mehr oder minder krautige Pflanzen von eher kleinem Wuchs. Die hier häufigsten, großen Korbblütler sind →verwilderter Topinambur *Helianthus tuberosus* mit etwa 3 bis 4 Metern Höhe, sowie die Große Klette *Arctium lappa*, die zwar nur etwa 2 Meter hoch wird, aber nicht selten einen Durchmesser der unteren Blattrosette von über 3 Metern hat. Daneben gibt es viele eher unscheinbare Pflanzen, die zwischen 10 Zentimetern und 70 Zentimetern Höhe erreichen. In der Regel lässt sich eine Mittelachse erkennen, also ein Haupttrieb, der sich oben vielfach verzweigt oder unverzweigt in einem einzigen Blütenkörbchen endet.

So klein und doch eine eigenständige Blüte. Man benötigt oft eine Lupe, um alle Blütenorgane in den kleinen Zungenblüten der *Asteraceae* zu erkennen.

Direkt über dem Boden können Sie sehr häufig eine bodenständige Blattrosette erkennen. Beim »Schießen« von Kopfsalat *Lactuca sativa* verlängert sich diese Blattrosette, die davor den Salatkopf bildete. Dadurch verteilen sich die Blätter über die ganze Sprossachse und der Salatkopf »löst« sich in seiner Achse auf. Weitere Beispiele sind die Blattrosetten von Gänseblümchen und Löwenzahn.

Für den Notnahrungssuchenden ist hier insbesondere wichtig, was wir in einem vorherigen Kapitel besprochen haben. Viele dieser Pflanzen haben durch ihr ausladendes Laub eine große →Photosynthesefläche. Da sie jedoch gedrungen wachsen und nicht verholzen, muss die entstandene Energie irgendwohin abgeleitet worden sein. Eine Möglichkeit sind die Samen, die bei den meisten *Asteraceae* jedoch im Verhältnis eher kümmerlich wirken. Die logische Konsequenz ist, dass die meisten Korbblütler eine große, teilweise riesige Pfahlwurzel oder weitreichende Rhizome erzeugen. Diese sind zum Beispiel die Löwenzahn- oder Klettwurzel oder die Knolle des Topinambur. Für die Wurzeln dieser Familie ist der Speicherstoff Inulin typisch.

Geruch

Es gibt bei *Asteraceae* prinzipiell drei »Geruchsqualitäten«. Wie kurz vorher erklärt, gibt es bei giftigen Pflanzen dieser Familie fast immer einen unangenehm »schweren Geruch«, wie Sie ihn von Chrysanthemen kennen. Daneben gibt es den leichten »ätherischen Geruch«, wie ich ihn nennen würde. Das ist etwa der angenehme Duft von zerriebener Kamille *Matricaria recutita*. In abgewandelter Form können Sie diesen Geruch auch an anderen Pflanzen wie der Schafgarbe *Achillea spec.* vernehmen. Die dritte Geruchsqualität stammt von Pflanzen, die einen hohen Bitterstoffanteil besitzen, wie die Große Klette oder der Löwenzahn. Hier kann man schon »riechen«, dass die Pflanze sehr bitter schmecken wird. Sie kennen diese Geruchsqualität auch von Chicorée oder Kopfsalat.

Geschmack

Tatsächlich sind viele Pflanzen dieser Familie außerordentlich bitter. Das kann für uns einerseits einen Vorteil haben, da diese Bitterstoffe eine positive Wirkung insbesondere bei Magen- oder Darmbeschwerden haben. Andererseits können Pflanzenteile wie das Laub der Großen Klette so bitter sein, dass sie als ungenießbar eingestuft werden müssen. Man muss sich vorsichtig herantasten, wie viel »bitter« man verträgt. Einige Personen bekommen zum Beispiel nach dem Genuss von wenigen Löwenzahnwurzeln Bauchschmerzen. Sie können diese Bitterstoffe auch auslaugen, wie im Kapitel »Prozessieren« beschrieben ist. Wichtig ist dabei jedoch, dass Sie das hier mit kaltem Wasser machen, weil sonst der nahrhafte Bestandteil, das Inulin ausgewaschen wird. Daneben gibt es noch einige zarte Vertreter, wie Gänseblümchen oder Kamille, den leicht bitteren Grundgeschmack werden sie jedoch auch hier erkennen können. Um sich diesen einzuprägen, suchen Sie sich am besten eine Große Klette (Kapitel 6 »Dirty Dozen«) und zerkauen ein Stückchen des Laubblatts. Es wird sich sehr schnell ein Geschmack einstellen, der stark speicheltreibend ist und besonders an der Zungenwurzel und zwischen den Wangen und Backenzähnen zu wirken scheint.

Wichtige Inhaltsstoffe

Gerbstoffe, Ätherische Öle, Inulin, Flavonoide, teilweise Pyrrolizidinalkaloide

Wichtige Vertreter

Klette *Arctium spec.* (E), Löwenzahn *Taraxacum spec.* (E), Sonnenblume *Helianthus spec.* (E), Gänseblümchen *Bellis spec.* (E), Gänsedistel *Sonchus spec.* (E), Lattich *Lactuca spec.* (meist E), Wegwarte *Cichorium spec.* (E), Greiskräuter *Senecio spec.* (T), Wucherblumen *Tanacetum spec.* (T)

Zusammengefasst

Die *Asteraceae* sind für uns eine besonders wichtige Nutz-, Nahrungs- und Heilpflanzengruppe. Wie Sie in den Pflanzenporträts noch lernen werden, können wir sie für unterschiedlichste Zwecke verwenden. Sie sind energiereich, weltweit verbreitet und sicher zu unterscheiden. Wenn Sie im Notfall auf unbekannte Pflanzen zurückgreifen müssen, sind Korbblütler unter Beachtung der Faustregeln eine der sicheren Möglichkeiten, sich zu ernähren.

FAUSTREGEL:

Sie müssen im Notfall bei unbekannten Korbblütlern folgende Regel beachten: Ernten Sie keine Pflanzen, die einen schwarzen Fleck an der Spitze der grünen Hüllblätter unterhalb des Blütenkopfes besitzen oder deren Blätter eher unangenehm aromatisch nach Chrysanthemen oder stark nach Mohn riechen. Meiden Sie darüber hinaus alle unbekannten Pflanzen, deren Röhrenblüten und →Zungenblüten einheitlich gelb gefärbt sind. Hierunter fallen viele Greiskräuter.

Brassicaceae – Kreuzblütler

Familie

Wenn es um die Bestimmung einer Familie nach Blüten geht, gehören die Kreuzblütler zu jenen, die am einfachsten erkannt werden können. Die Blüten fast aller *Brassicaceae* sind untereinander sehr ähnlich, was jedoch auch die genaue Bestimmung der Art problematisch machen kann. Hier spielt uns jedoch der Umstand in die Hände, dass die allermeisten Kreuzblütler unproblematisch sind, was Giftstoffe angeht. Es gibt jedoch eine Gattung, vor der sich in Acht genommen werden muss. Die Schöteriche *Erysimum spec.* enthalten herzaktive Glycoside, die tödliche Vergiftungen verursachen können. Zu dieser Gattung gehört auch der als Zierpflanze beliebte Goldlack *Erysimum cheiri* sowie die Schöteriche wie der Acker-Schöterich *Erysimum cheiranthoides* oder der Bleiche Schöterich *Erysimum crepidifolium*. Wir können hier einige gemeinsame Merkmale der Schöteriche betrachten, die sie von den anderen, in unseren Breiten ansonsten in Maßen durchweg essbaren Kreuzblütlern unterscheiden.

Die Schoten, also Früchte, sind bei den giftigen Schöterichen länglich und vierkantig im Querschnitt, während essbare Kreuzblütler eine im Querschnitt runde oder ovale

Schote besitzen. Außerdem ist die Kreuzblüte der Schöteriche in der Regel gelb, rötlich oder violett gefärbt.

Interessant für uns ist nicht nur, dass die meisten Kochgemüse *Brassicaceae* sind (alle Kohlarten sind Variationen einer einzigen Pflanze *Brassica oleracea*), sondern oft auch schnell wachsende und deshalb nicht sonderlich beliebte Unkräuter. Eine ganze Reihe Kreuzblütler wie das Hirtentäschelkraut *Capsella bursa-pastoris*, der Ackerschmalwand *Arabidopsis thaliana*, die Wasser-Sumpfkresse *Rorippa amphibia* und die Knoblauchsrauke *Alliaria petiolata* wachsen in riesiger Menge, regelrecht als Felder an Ackerwegen, Waldrändern oder auf regelmäßig überschwemmtem Auenland. Damit sind die *Brassicaceae* nicht nur geschmacklich eine willkommene Bereicherung, sondern auch unter Beachtung der gefährlichen Arten eine sehr zuverlässige Nahrungsquelle.

Blüten

Die kreuzförmige Blüte der *Brassicaceae* besitzt einen meist gut zu erkennenden Kelch aus vier grünen Kelchblättern. Darüber sitzen die oft weißen oder gelben, manchmal violetten Kronblätter. Deutlich zu sehen sind vier lange Staubblätter, etwas unscheinbarer haben die Blüten außerdem noch zwei kürzere. Befruchtete Blüten verwelken meist nicht sofort, sondern die Frucht wächst aus der Blüte heraus, was so aussieht wie ein verlängerter Stempel. Die Blüten sowie Früchte sind wichtige Bestimmungsmerkmale und können beide meist in großer Menge an ein und derselben Pflanze gefunden werden. Zu beachten ist, dass es gelegentlich Pflanzen gibt, deren Blüten und Schoten ähnlich aussehen wie diejenigen der Kreuzblütler (z. B. das Schöllkraut *Chelidonium majus*, gelber Milchsaft!). Hier ist darauf zu achten, immer mehrere unabhängige Merkmale für die Bestimmung einzubeziehen.

Blätter

Die Blätter der Kreuzblütler sind wechselständig und ohne Nebenblatt. Wie die *Asteraceae* bilden *Brassicaceae* häufig bodenständige Blattrosetten aus, die in eine Hauptachse verlängert auswachsen. Die Blattränder sind oft gesägt oder gewellt. Man erkennt bei manchen Arten dieser Familie eine wachsige Bereifung des oft fleischigen Laubs.

Kaum zu verwechseln sind die Vertreter der Kreuzblütler. Die deutliche Kreuzsymmetrie sowie meist gut sichtbare Schötchen an ein und derselben Pflanze vereinfachen die Bestimmung sehr.

Fruchtstände

Als Fruchtform hat sich bei dieser Familie die längliche Schote etabliert, die in unterschiedlicher Ausprägung zu finden ist. Be-

Aus den kleinen Schoten der *Brassicaceae* können zahlreiche nahrhafte Samen gewonnen werden. Es muss jedoch ausgeschlossen werden, dass eine unbekannte Pflanze zur Gattung der Schöteriche gehört. Das lässt sich am besten über den Querschnitt der Schote ableiten. Die essbaren Brassicaceae haben einen runden oder ovalen Querschnitt (a), während die Schötchen der Schöteriche deutlich vierkantig sind (b) (Merkmal dramatisiert).

kannt sind Ihnen wahrscheinlich die Schoten von Raps *Brassica napus*. Gelegentlich findet man auch kleine herz- oder nierenförmige Schötchen.

Je nach Art enthalten Früchte dieser Familie zahlreiche winzige oder zwischen 10 und 15 bis zu zwei Millimeter große, glänzende, ovale Samen. Alle Samen speichern große Mengen von Öl, das teilweise durch Rösten bekömmlich gemacht werden muss, da alle *Brassicaceae* einen sehr scharfen Inhaltsstoff darin einlagern.

Wuchsformen

In der Regel sind die Kreuzblütler klein und oft auch unscheinbar. Manche Pflanzen wie der Ackerschmalwand werden nur wenige Zentimeter hoch, Raps oder Meerrettich erreichen etwa anderthalb Meter. Alle Brassicaceae bilden außerdem eine mehr oder minder große Wurzel mit Speicherstoffen. Sie müssen bei einzelnen Pflanzen austesten, ob sie zart genug zum Verzehr sind. Das kann auch von der Bodenbeschaffenheit und der Wasserversorgung abhängig sein. Einige Pflanzen, zum Beispiel der Meerrettich *Armoracia rusticana*, bilden eine mehrere Zentimeter dicke Wurzel aus, die außerordentlich scharf schmeckt. Diese Wurzeln sind unverarbeitet – obwohl ungiftig – unverarbeitet als Nahrung »ungenießbar«, da sie zum normalen Verzehr schlicht zu scharf sind.

Geruch

Auch die Kreuzblütler haben als gemeinsames Merkmal einen Inhaltsstoff, der sowohl olfaktorisch als auch geschmacklich eindeutig feststellbar ist. Diese Stoffe sind schwefelhaltige Glycoside, die sogenannten Senfölglycoside. Ihr stechend scharfer Geruch erinnert durchweg an Kresse *Lepidium spec.*, Kohl *Brassica spec.* oder Rettich *Raphanus spec.*

Geschmack

Die Senfölglycoside sind auch geschmacklich eindeutig zu identifizieren. Typisch ist, dass sich eine leichte Reizung insbesondere an der Zungenspitze bemerkbar macht. Beim Zerkauen senfölreicher Bestandteile und gleichzeitigen Ausatmen durch die Nase stellt sich sofort ein kurzzeitiges, aber dennoch sehr unangenehmes Brennen in der Nase ein, das einem die Tränen in die Augen treibt und zu kurzzeitiger Atemblockade führen kann. Sie kennen dieses Gefühl sicherlich von einem Besuch in einer Sushi-Bar und dem dabei erfolgten Erstkontakt mit dem japanischen Meerrettich Wasabi.

Die grünen Bestandteile der Pflanzen sind meist weniger scharf als Wurzeln oder Samen.

Wichtige Inhaltsstoffe

→Vitamine, Mineralien, Schwefel, Öle. Alle Pflanzenteile der *Brassicaceae* enthalten Senfölglycoside, die teilweise Bakterien abtöten. Manchmal werden Senfölglycoside in Thiocyanate zersetzt, die den Jodstoffwechsel der Schilddrüse stören und bei dauerhaftem Verzehr großer Mengen zu einem »Kohl-Kropf« führen können.

Wichtige Vertreter

Schaumkräuter *Cardamine spec.* (E), Rauken *Sisymbrium spec.* (E), Hirtentäschelkraut *Capsella bursa-pastoris* (E), Acker-Rettich *Raphanus raphanistrum* (E), Knoblauchsrauke *Alliaria petiolata* (E), Schöteriche *Erysimum spec.* (T+)

Zusammengefasst

Die Pflanzen der *Brassicaceae* sind durch Blüten, Geruch und Geschmack eindeutig zu identifizieren. Es muss sichergestellt sein, dass es sich nicht um eine Pflanze der Gattung Erysimum handelt, die meist gelbe oder violette Blüten und eine vierkantige Schote besitzt. Im Zweifel lassen Sie die Pflanze stehen.

FAUSTREGEL:

Einheimische Kreuzblütler mit Schoten rundlichen Querschnitts sind ungefährlich. Unbekannte Pflanzen mit vierkantigen Schoten dürfen nicht verzehrt werden.

Sehr scharfe *Brassicaceae* sollten nur in begrenzten Mengen und nicht dauerhaft verzehrt werden. Die in den Pflanzenporträts beschriebenen Arten können jedoch ohne Probleme auch in großen Mengen gegessen werden. Im Notfall können insbesondere kleine und weißblütige Kreuzblütler verwendet werden, auch wenn Sie die genaue Art nicht bestimmen können.

Euphorbiaceae – Wolfsmilchgewächse

Familie

Die Familie, die wir nun behandeln, scheint auf den ersten Blick relativ einfach zu sein, weiß man doch, dass Wolfsmilchgewächse einen weißen Milchsaft haben. Doch so einfach ist das leider nicht. Erstens haben bei weitem nicht alle Pflanzen dieser Familie einen Milchsaft, zweitens ist die Familie der *Euphorbiaceae* vielleicht eine der vielgestaltigsten überhaupt. Innerhalb dieser Familie gibt es Pflanzen, die an winzige Nadelbäumchen aus Gummi erinnern wie die Zypressen-Wolfsmilch *Euphorbia cyparissias*, aussehen wie Kakteen, etwa die Dreikantige Wolfsmilch *Euphorbia trigona* oder wie gedrungene Ahornbäumchen mit riesigen Blättern, zum Beispiel der Wunderbaum *Ricinus communis* (nicht zu verwechseln mit den infernalisch stinkenden Autoinnenraumbeduftern). Gemein haben alle *Euphorbiaceae*, dass sie meist hochgiftig sind, manche sind mindergiftig, nur sehr wenige ungefährlich. Da manche Arten im mediterranen Klimabereich als Verdunstungsschutz ein ausgeprägtes Di-

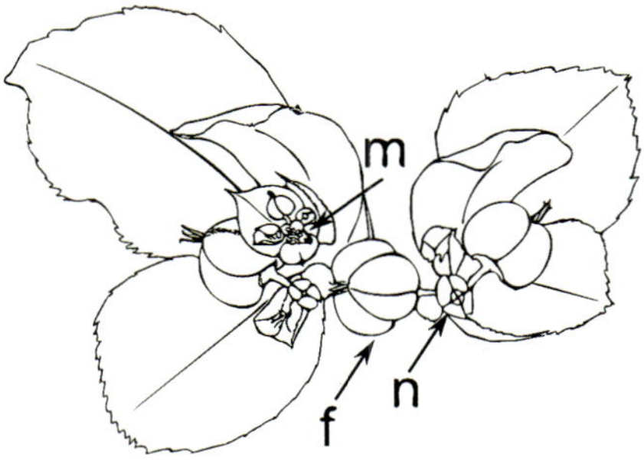

ckenwachstum mit reduzierten Blättern ausbilden, lassen sie sich nicht immer über ihr Laub bestimmen.

Blüten

Ein Merkmal, an dem man sich meist orientieren kann, sind die Blüten, vielmehr das Fehlen solcher. Eine ganze Reihe von Wolfsmilchgewächsen, insbesondere der Gattung *Euphorbia*, besitzt stark reduzierte Blüten. Oft über besonders auffälligen Laubblättern, die als Scheinblüte dienen, hängen wenige Millimeter große Kügelchen, der weibliche Blütenteil (f), neben noch sehr viel kleineren männlichen Blütenbereichen (m). Beide Blütenteile sind getrennt, liegen jedoch nebeneinander. Daneben werden oft kleine kugelige Nektardrüsen (n) gebildet. Diese Blütenform wird als Cyathium bezeichnet. Am besten achten Sie beim nächsten Weihnachtsstern *Euphorbia pulcherrima*, den Sie sehen, auf die Cyathien in den rot gefärbten Scheinblüten.

Blätter

Die sehr unterschiedlich geformten Blätter sind oft wechselständig, manchmal gegenständig oder wirtelig. Bei manchen Arten sind diese jedoch vollständig reduziert.

Fruchtstände

Die Fruchtformen sind Kapseln, variieren in Form und Größe jedoch stark. Gelegentlich sind sie bestachelt.

Cyathien einer Wolfsmilch: Die eigentlichen Blüten sind zu unscheinbaren Kügelchen reduziert. Auffällig gefärbt sind allenfalls Hochblätter unter den Blüten.

Einige *Euphorbiaceae* sind stark verdickt und haben keine Blätter. Um sie von den Kakteen zu unterscheiden, müssen Sie auf Blüten und Milchsaft achten.

Wuchsformen

Auch der Wuchs ist vielgestaltig. Von kakteenartigen, bestachelten oder kleinen krautigen Formen über Bäume und Sträucher finden Sie alles bei *Euphorbiaceae*.

Geruch

Aufgrund des Fehlens einer »richtigen« Blüte müssen *Euphorbiaceae* oft besondere Anstrengungen unternehmen, um Bestäuber anzulocken. Dies wird insbesondere durch die auffällig gefärbten Scheinblüten erreicht. Daneben erzeugen die Nektardrüsen in den Blättern oft einen extrem starken Honigduft. Wenn man im Frühsommer an einem kleinen Polster der Sonnwend-Wolfsmilch *Euphorbia helioscopia* vorbeigeht, kann man einen intensiv-blumigen Geruch vernehmen.

Geschmack

Aufgrund der sehr giftigen Inhaltsstoffe verbietet sich bei dieser Pflanzenfamilie jeder Geschmackstest. Zwar wird mittlerweile das Bingelkraut *Mercurialis annua* als für den Menschen mindergiftig oder essbar beschrieben, es ist jedoch in Bezug auf Nährwert und Verbreitung nicht sinnvoll, einzelne *Euphorbiaceae* als essbare Alternative zu beschreiben. Zu beachten ist, dass der Milchsaft oft zu starken Verätzungen der Schleimhäute und der Augen(!) führen kann.

Wichtige Inhaltsstoffe

Hochtoxische Proteine, Terpenester

Wichtige Vertreter

Zypressen-Wolfsmilch *Euphorbia cyparissias* (T), Wunderbaum *Ricinus communis* (T+), Sonnwend-Wolfsmilch *Euphorbia helioscopia* (T).

Zusammengefasst

Unbekannte Pflanzen mit stark reduzierten Blüten zwischen auffällig rötlich oder gelblich gefärbten Laubblättern sowie solche mit klarem oder milchigem Saft sollten unbedingt gemieden werden. Es gilt in Anbetracht der Wolfsmilchgewächse besonders, dass niemals eine unbekannte Art auf Genießbarkeit getestet werden darf, wenn sie nicht sicher einer ungefährlichen beziehungsweise »wahrscheinlich essbaren« Familie zugeordnet werden konnte.

FAUSTREGEL:

Pflanzen mit auffällig gefärbten Blättern, über denen kleine kugelige Blütenorgane stehen, oder die einen Milchsaft besitzen und dabei nicht einer essbaren Gruppe (z.B. *Asteraceae*) zugeordnet werden können, dürfen nicht verzehrt werden.

Fabaceae – Hülsenfrüchtler (Unterfamilie Schmetterlingsblütler Faboideae)

Familie

In diesem Abschnitt über die *Fabaceae* betrachten wir hauptsächlich eine wichtige Untergruppe, die Unterfamilie der Schmetterlingsblütler *Faboideae*. Die beiden anderen Unterfamilien der *Fabaceae* sind Johannisbrotgewächse *Caesalpinioideae* sowie Mimosengewächse *Mimosoideae*, die für uns eher wenig Bedeutung haben.

Auch im Fall der Schmetterlingsblütler ist es nicht ganz einfach, die Pflanze für den Notfall so zu bewerten, dass jeder mit meiner Meinung übereinstimmen wird. Das hat weniger damit zu tun, dass es nicht möglich ist, die gefährlichen und essbaren Arten gegeneinander aufzuwiegen, wie wir das bei den anderen Familien gemacht haben. Vielmehr wird die gewohnheitsmäßige Benutzung einiger Pflanzen bei manchen von Ihnen einen falschen Eindruck über die Familie hinterlassen haben. Bevor wir uns den Erkennungsmerkmalen widmen, möchte ich eine Warnung aussprechen, die Sie spätestens im Abschnitt über die Nachtschattengewächse verinnerlicht haben sollten.

Durch die Zuchtwahl des Landbaus sowie durch das Einführen von Pflanzen von anderen Kontinenten besteht die heimische Küche aus einer Mischung verschiedenster Pflanzen diverser Familien. In der Natur des Pflanzen- und Saatgutaustauschs liegt auch, dass unsere Nutzpflanzen oft einzelne, essbare »Ausnahmen« aus Familien sind, die eigentlich größtenteils giftige Arten beherbergen. Gleichermaßen ist aber auch die öffentliche Wahrnehmung durch Pflanzen geprägt, die in großem Umfang angebaut und zu verschiedenen Kultursorten gezüchtet wurden. So scheint der Anteil der essbaren Vertreter höher, als er tatsächlich ist. In Mitteleuropa wurde auf diese Weise nicht nur die Erbse *Pisum sativum* eingeführt, sondern praktisch alle Bohnenarten *Vicia spec.* beziehungsweise *Phaseolus spec.* (roh enthalten die Samen das giftige Protein Phasin).

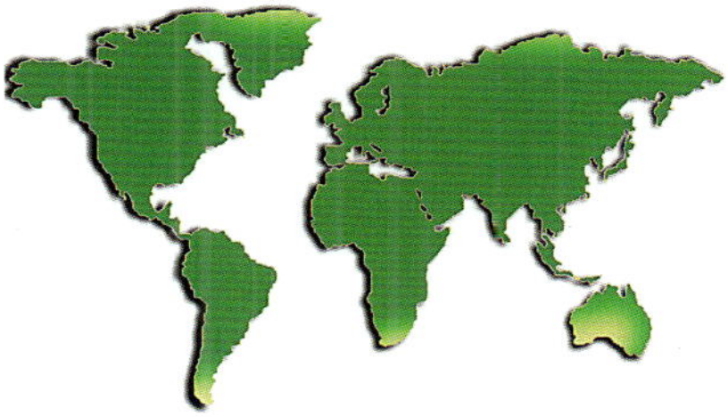

Selbstverständlich gibt es auch bei dieser Familie eine ganze Reihe von essbaren, einheimischen Pflanzen, wie zum Beispiel die Wiesen-Platterbse *Lathyrus pratensis*, doch eine große Schwierigkeit liegt darin, dass es alleine in der Gattung *Lathyrus* rund 150 Arten gibt, unter denen sich einige giftige Vertreter befinden, etwa die Ranken-Platterbse *Lathyrus aphaca*. Meines Erachtens wäre es nicht verantwortungsvoll, Ihnen ein Bild einer essbaren Platterbse zur Verfügung zu stellen, ohne darauf einzugehen, dass man sich mit etwas Pech ziemlich vergreifen kann, denn die einzelnen Arten innerhalb derselben Gattung haben, wie Sie wissen, große Ähnlichkeit. Einige Pflanzen der *Faboideae* gehören zu den giftigeren Pflanzen Deutschlands. Ein bekannter »Kindsmörder« (tatsächlich gibt es eher selten tödliche Vergiftungen) ist beispielsweise der Goldregen *Laburnum anagyroides*, dessen Samen von spielenden Kindern oft als »Bohnen« identifiziert werden. Auch gibt es regelmäßig Vergiftungen mit den stattlichen Lupinen *Lupinus spec.*, da sie fälschlicherweise als essbar bekannt sind. Das ist jedoch eine gefährliche Fehleinschätzung, denn die essbaren »Süßlupinen«, die zum Beispiel zu Brotaufstrich verarbeitet werden, sind ausschließlich durch Zuchtwahl entstandene alkaloidarme Sorten.

Insbesondere können jedoch kleine *Faboideae* zu folgenschweren Verwechslungen führen. So wurde vermutet, dass Christopher McCandless durch die Verwechselung der kanadischen »wilden Erbse« *Hedysarum mackenzii* mit einer sehr ähnlichen Pflanze, der »wilden Kartoffel« *Hedysarum alpinum* gestorben sei. Mittlerweile weiß man zwar, dass *Hedysarum alpinum* nicht giftig ist, aber es zeigt die mögliche Gefahr und Unsicherheit selbst in wissenschaftlicher Literatur bei vielen *Faboideae*. (Die inspirierende Odyssee von Christopher McCandless »Alex Supertramp« hat Jon Krakauer in seinem spannenden Buch »Into the Wild« beschrieben). Selbst die meisten Kleearten gelten in der Fachliteratur als giftig beziehungsweise gesundheitsschädlich und können bei regelmäßigem Verzehr zu Unfruchtbarkeit und Entwicklungsstörungen führen. (Zur Entwarnung: Wenn Sie alle paar Monate einige in Teig eingebackene Kleeblüten verzehren, werden Sie mit großer Wahrscheinlichkeit keinen Schaden nehmen. Es sollte jedoch vermieden werden, Klee als Grundnahrungsmittel einzusetzen. Darum geht es in diesem Band).

Die Schmetterlingsblüten einiger Arten stehen in Köpfchen oder Kügelchen. Dazu gehören Esparsetten, Lupinen und Klee.

Dass Schmetterlingsblütler aufgrund ihrer teilweise gefährlichen Inhaltsstoffe eher als Notnahrung ausfallen, ist für uns tatsächlich problematisch. Wir haben in einem früheren Kapitel gesehen, dass Pflanzen quasi immer Stickstoffmangel haben, obwohl die Luft zu etwa 78 % daraus besteht. Der chemisch sehr stabile Luftstickstoff kann von Pflanzen nicht aufgenommen werden. Da Stickstoff jedoch das Leitelement der Aminosäuren und damit der Proteine ist, sind fast alle Pflanzen arm an Eiweiß. Eine Ausnahme machen hier Pflanzen, die mit Vertretern der Knöllchenbakterien *Rhizobiaceae* Symbiosen eingehen. Diese Bakterien bereiten den Luftstickstoff so auf, dass er für die Pflanze verfügbar wird. Dies ist insbesondere bei Schmetterlingsblütlern der Fall. Deshalb wachsen viele *Faboideae* auch auf magerem Boden außerordentlich gut und sind in den Samen sehr proteinreich.

Um mit diesem Dilemma umzugehen, gehen wir einen etwas anderen Weg, als einzelne essbare *Faboideae* zu lernen, deren Verwechslung jedoch kaum ausgeschlossen werden kann. Die Mitglieder der Familie werden als pflanzliche Notnahrung von uns beiseitegelassen, insbesondere weil ein Test einer unbekannten Pflanze dieser

Familie in einer Notfallsituation möglicherweise lebensgefährliche Auswirkungen hat. Vielmehr verlassen wir uns auf unsere »Ernährungsstrategie für den Notfall«. Diese besteht neben der Aufnahme von pflanzlichen Kohlenhydraten und Ölen aus sehr viel zuverlässiger verfügbaren tierischen Proteinbestandteilen – zusammen ist das die Grundlage einer ausgeglichenen Ernährung.

Dies bedeutet nicht, dass Sie nicht zum Beispiel die hier essbaren Platterbsen sowie die möglichen Verwechslungen genau lernen und diese auch verwenden könnten. Dazu benötigen Sie jedoch einiges an Bestimmungserfahrung. Hier geht es jedoch in erster Linie erst einmal um den allgemeinen Wert der Familie im Nahrungsnotfall.

Blüten

Die Blüten der Schmetterlingsblütler sind besonders charakteristisch für diese Unterfamilie und kommen in dieser Form kaum in anderen Pflanzengruppen vor. Die Blüte hat einen deutlichen Kelch aus meist fünf grünen Kelchblättern. Sie ist in der Regel deutlich zygomorph. Die Krone besteht aus fünf einzelnen Blättern. Ein meist großes, unpaariges Kronblatt thront wie ein Spinnaker über den vier paarigen. Unter diesem »Fahne« (fa) genannten Kronblatt liegen jeweils seitlich die nach vorne gezogenen »Flügel« (fl), die ein weiter unten gelegenes, inneres Kronblattpaar einschließen. Dieses eng aneinanderliegende, zu Beginn verwachsene »Schiffchen« (s) enthält die Bestäubungsorgane, die oftmals unter Spannung liegen. Einem Insekt, das den Nektar am Grund des Kelches erreichen möchte, werden die Staubgefäße nach Lösen einer Sollbruchstelle an den Bauch geschleudert. Häufig stehen viele Blüten in einer Ähre zusammen. Wenn Sie das nächste Mal einen Klee sehen, nehmen Sie sich einen Moment Zeit und betrachten die winzigen Einzelblüten mit einer starken Lupe. Sie werden die typischen Schmetterlingsblüten vorfinden.

Die Blüten der *Faboidae* sind sehr unterschiedlich gefärbt. Häufig findet man goldgelbe, weiße oder rosa bis violette Blüten.

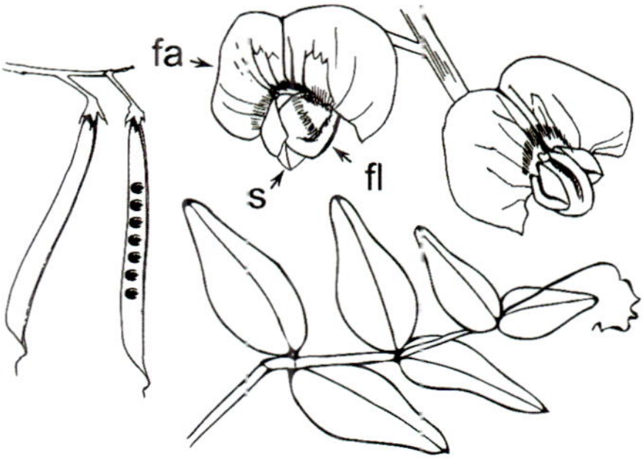

Blätter

Das Laub der Schmetterlingsblütler ist in aller Regel gefiedert und steht meist wechselständig. Die Fiederblätter sind in einer großen Formenvielfalt ausgebildet. Sie können reduzierte →Blättchen besitzen, manchmal ist das Endblättchen ein spiraliges Halteorgan – eine typische Anpassung von rankenden *Fabaceae*. In einigen Fällen wie den Kleearten *Trifolium spec.* oder den Gartenbohnen *Phaseolus spec.* findet man nur drei Blätter je Fiederblatt. In der Regel haben *Faboideae* gut sichtbare, paarige Nebenblätter, die in einigen Fällen zu Dornen umgebildet sind.

Fruchtstände

Die Früchte aller *Fabaceae* sind Hülsen, wie Sie diese von Erbsen kennen. Nicht verwechseln sollten Sie diese Fruchtform mit den Schoten von *Brassicaceae*. Da Sie auf verschiedene →Merkmale achten, wissen Sie jedoch, dass *Brassicaceae* in der Regel keine Nebenblätter haben, nach Rettich riechen und dass ihre Blüten deutlich kreuzsymmetrisch sind.

Wuchsformen

Faboideae sind nicht nur ausgesprochen artenreich, sondern auch sehr vielgestaltig. Man findet unter ihnen Bäume, verholzte Sträucher, Ranken und kleine krautige Pflanzen.

Geruch

Viele Schmetterlingsblütler, insbesondere die Samen haben einen Geruch, der leicht an zerriebene, frische Bohnen oder Erbsen erinnert. Bei Bäumen können Sie den Duft überprüfen, indem ein Stück Rinde angeschnitten und abgezogen wird.

Geschmack

Im Gegensatz zu den vorher besprochenen *Euphorbiaceae* sind die *Fabaceae* nicht so stark giftig, dass eine kleine Menge von zerkautem Blattmaterial zu schweren Problemen führt. Wenn Sie eine Pflanze finden, die möglicherweise eine *Fabaceae* ist, Sie aber unsicher sind, kann der leicht bittere, erbsen- oder bohnenartige Geschmack Auskunft bieten.

Wichtige Inhaltsstoffe

Proteine, Kohlenhydrate, Phytoöstrogene, Mineralien, Phasin, Alkaloide.

Wichtige Vertreter

Goldregen *Laburnum anagyroides* (T+), Robinie *Robinia pseudoacacia* (T), Platterbsen *Lathyrus spec.* (E, tw. T), Ginster *Genista spec.* (T), Lupinen *Lupinus spec.* (T), Klee *Trifolium spec.* (Xn).

Zusammengefasst

Obwohl viele Pflanzen der Unterfamilie *Faboideae* reich an Proteinen und anderen wertvollen Nährstoffen sind, dürfen unbekannte *Fabaceae* (etwa bei unsicherer Bestimmung einer Art) nicht zur Ernährung eingesetzt werden. Die Schmetterlingsblütler sind aus diesem Grund eher als geringwertig für den Notnahrungssuchenden einzustufen und nach Möglichkeit zu meiden.

Fagaceae – Buchengewächse

W R Familie

Wenden wir uns nun einer Pflanzenfamilie zu, die im Gegensatz zu den vorherigen nicht ganz so vielfältig in Form und Verbreitung ist, dafür jedoch in unserem hiesigen Verbreitungsraum, das heißt in den gemäßigten Zonen, sehr häufig vorkommt.

Zu den Buchengewächsen gehören nicht nur, wie man vielleicht meinen könnte, Buchen, vielmehr sind viele Laubbäume unserer Breite dieser Familie zugehörig. Es handelt sich um eine ganze Reihe von Hartholzgewächsen. Die für uns wichtigen Arten gehören zu den Buchen *Fagus spec.*, Kastanien *Castanea spec.* und Eichen *Quercus spec.* Die sehr nahrhaften Nussfrüchte dieser Pflanzen können je nach Geschmack und Geruch einfach verzehrt werden oder müssen erst prozessiert werden, um leichte Gift- oder Bitterstoffe zu entfernen. Die Früchte dieser Pflanzen kennen Sie sicherlich als Kastanien, Eicheln und Bucheckern. Hierzu sollten Sie jedoch wissen, dass echte Kastanien (zum Beispiel die Edelkastanie *Castanea sativa*) nichts mit Rosskastanien

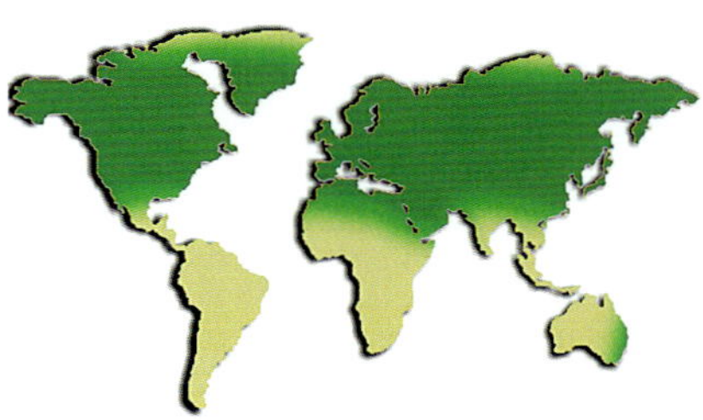

Aesculus spec. zu tun haben. Diese gehören nicht zu den Buchengewächsen, sondern zu den Seifenbaumgewächsen *Sapindaceae* und haben gefingertes Laub, eine weniger spitze, grüne Fruchtwand sowie größere und runde Samen. Während Sie Maroni geröstet quasi unbegrenzt essen können (aufgrund des hohen Fettanteils kann es einem dabei gelegentlich schlecht werden), kann eine Mahlzeit aus Rosskastanien mit starken Bauchschmerzen und weiteren Vergiftungen enden. Die Namensähnlichkeit der beiden »Kastanien« in der Trivialnomenklatur hat keinerlei systematischen Hintergrund.

Auch die Hain- oder Weißbuche *Carpinus betulus* gehört nicht zu den Buchen, sondern ist ein nahe mit der Hasel verwandtes Birkengewächs aus der Familie der *Betulaceae*.

Sowohl Bucheckern als auch Eicheln enthalten Giftstoffe, die in Übermaßen genossen zu leichten Vergiftungen führen können. Wichtig für uns sind dabei Fagin sowie Tannine beziehungsweise Gerbstoffe, die besonders in Eicheln in großen Mengen vorkommen. Glücklicherweise sind beide Stoffe sehr gut wasserlöslich beziehungsweise hitzelabil, weshalb es ohne besonders hohen Aufwand möglich ist, diese zu entfernen oder unschädlich zu machen. Andererseits haben Gerbstoffe in begrenzten Mengen auch eine gesundheitlich förderliche Wirkung, wie Sie der Beschreibung wichtiger Stoffgruppen entnehmen können. Es lässt sich insbesondere aus der Rinde von Buchen und Eichen durch einen Auszug ein dunkelbrauner Sud für die äußere Anwendung und in kleinen Mengen für die Behandlung von Beschwerden des Magen-Darm-Traktes herstellen. Unbekannte Pflanzen, die dieser Familie zugeordnet werden können, sollten auf jeden Fall auf Geruch und Geschmack getestet werden, um den Gehalt von Tanninen und Fagin einschätzen zu können.

Alleine mit den drei Untergruppen der *Fagaceae*, den Eichen, Buchen und Kastanien haben wir rund elfhundert essbare und nahrhafte Arten abgedeckt.

Blüten

Die Blüten der meisten Buchengewächse sind eher unscheinbare Kätzchen, die oft als →Trauben in Blattachseln zusammenstehen. Die Kron- und Kelchblätter sind gleichartig gestaltet und insgesamt sechs an der Zahl.

Blätter

Das Laub steht wechselständig und ist oft auf der Oberseite glatt-glänzend. Der Blattrand ist gezähnt (Kastanien, Buchen) oder gelappt (Eichen). Es lassen sich mehr oder weniger stark ausgebildete Nebenblätter finden.

Die Nussfrüchte von Buchen, Eicheln oder »echten« Kastanien können Sie sicherlich leicht wiedererkennen. Sie sind allesamt nach der teils notwendigen Prozessierung essbar und enthalten sehr viel Energie.

Fruchtstände

Als Nüsse ausgebildet, haben die runden bis dreieckigen Früchte in der Regel eine lederartige Schale, die den stärke- und ölreichen Kern umschließt. Sie sind meist zwischen 1 und 4 Zentimetern im Durchmesser und sitzen in einem kleinen Fruchtbecher, der als Hütchen oder stachlige Kapsel ausgebildet sein kann. Diese bricht bei Samenreife auf und gibt die Nuss frei.

In aller Regel muss man weder einen Baum besteigen noch mit Stöcken nach den Früchten werfen, weil sie bei Reife herunterfallen und einfach am Boden gesammelt werden können. Der hohe Ölanteil lässt die Früchte schnell ranzig werden. Oft können Sie jedoch noch im Frühjahr und Sommer viele Eicheln oder Bucheckern des letzten Herbstes verwerten.

Wuchsformen

In der Regel sind die Buchengewächse Bäume oder große Sträucher. Sie können über 30 Meter hoch werden und bilden ein außerordentlich hartes Holz.

Geruch

Der Geruch der Früchte kann Auskunft über den Gehalt von Fagin bieten. Dieses riecht nach Ammoniak und kann bei frischen Eicheln durch Zerreiben mit einem Stein freigesetzt werden. Riecht eine Frucht dieser Familie so, sollte sie erhitzt werden, da dadurch der Giftstoff deaktiviert wird. Auch Auslaugen kann Fagin entfernen. Echte Kastanien riechen süßlich und verströmen nach dem Rösten genauso wie Eicheln und Bucheckern den typischen Duft, den Sie sicherlich vom Weihnachtsmarkt kennen und vielleicht genauso lieben wie ich.

Geschmack

Je nach Art schmecken die Nussfrüchte leicht bis sehr stark bitter. Das hat etwas mit dem Tanningehalt zu tun. Der Geschmack breitet sich pelzig im ganzen Mund aus und zieht ihn zusammen. Nach dem Prozessieren der Früchte sollte dieser Geschmack deutlich reduziert worden sein. Ist das nicht der Fall, muss der Vorgang noch einmal wiederholt werden.

Wichtige Inhaltsstoffe

Tannine, Fagin, Stärke, Öl, Oxalsäure.

Wichtige Vertreter

Traubeneiche *Quercus petraea* (EP), Rotbuche *Fagus sylvatica* (EP), Edelkastanie *Castanea sativa* (E).

Zusammengefasst

Auch wenn einige Seminarteilnehmer nach dem Genuss ihres ersten Eichelbrotes der Meinung waren, dass Eicheln nur als →Jamón Ibérico de Bellota gut schmecken, sind die Früchte der Buchengewächse eine wichtige Zunahrung in Zeiten von Kriegen und Missernten gewesen. Regional waren diese Nüsse teilweise Grundnahrungsmittel, wenn Alternativen aufgrund des Klimas gefehlt haben. In den gemäßigten Regionen kann man sich mit den Früchten der *Fagaceae* insbesondere im nahrungsarmen Winter behelfen.

Lamiaceae – Lippenblütler

Im Gegensatz zu den Buchengewächsen, die uns in der Regel als verholzte Bäume begegnen, sind die Lippenblütler *Lamiaceae* mit sehr wenigen Ausnahmen immer krautig und in der Regel klein. Diese Familie ist nicht nur einfach zu erkennen, sondern stellt sich außerdem als besonders wertvoll dar, da ein Teil der Vertreter klassische »Pflanzen mit positiver gesundheitlicher Wirkung« sind. Der Grund dafür sind ätherische Öle, die meist in großen Mengen in glasigen Bläschen auf Blättern und Stielen gesammelt werden. Diese Ölhaare erkennt man an einem silbrigen Schimmer der Pflanzenteile. Zerreibt man die Pflanze zwischen den Fingern, werden die Haare zerstört und der meist angenehme Duft der Pflanzen verstärkt sich deutlich. Ein wichtiger Bestandteil der Öle ist Thymol, der in vielen Gewürzpflanzen wie Dost *Origanum spec.*

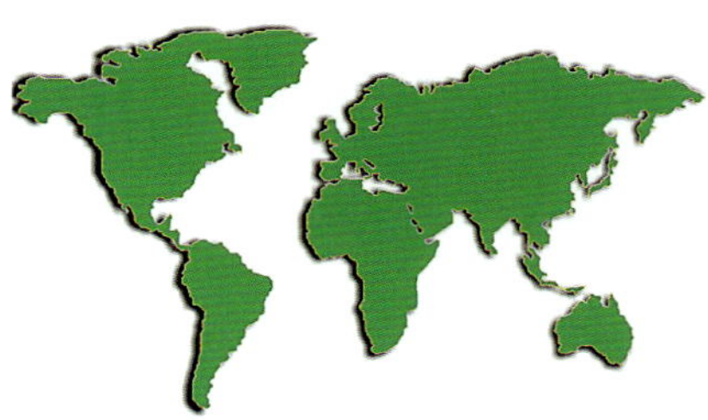

oder Thymian *Thymus spec.* vorkommt. Außerdem kennen Sie sicherlich Menthol, den Wirkstoff aus den Minzen *Mentha spec.* Die Wirkung der Inhaltsstoffe vieler Lamiaceae ist erstaunlich stark. Sie sind meist pilz- und bakterientötend wie etwa das Thymol, oft scheinen sie außerdem »kühlend« zu wirken, wenn sie auf die Haut aufgetragen werden. Dies findet zum Beispiel nach Insektenstichen Verwendung. Hier noch einmal, auch wenn ich Gefahr laufe, mich zu wiederholen: Selbst wenn die Inhaltsstoffe desinfizierend wirken sollten, dürfen Pflanzenteile keinesfalls in offene Wunden gelangen, da die Pflanzenoberfläche dicht mit gefährlichen Bakterien besiedelt ist.

Als Aufguss (nur leicht erhitzt, denn ätherische Öle sind flüchtig) zubereitet, wirken sie heilend bei Krankheiten des Lungen- oder Rachenbereichs sowie als Umschlag bei leichten Infektionen der Haut. Viele der »aromatischen« Lippenblütler finden außerdem in der Küche als Gewürz Verwendung.

Geringe Mengen dieser wirksamen Inhaltsstoffe enthalten Pflanzen, die einen deutlich schwächeren Duft haben, wie zum Beispiel Gundermann *Glechoma hederacea* oder Taubnesseln *Lamium spec.* Diese können auch in Mengen als →Spinat verzehrt werden, während man von stark ätherisch duftenden Arten lieber keine Unmengen zu sich nehmen sollte.

Wichtig ist für uns neben dem medizinischen Wert insbesondere, dass viele der meist eindeutig erkennbaren *Lamiaceae* Speicherknollen bilden.

Auch bei dieser Familie gibt es einige wenige giftige Vertreter, zum Beispiel die Turkmenische Rauschminze *Lagochilus inebrians* oder der Aztekensalbei *Salvia divinorum*. Man wird diese jedoch kaum unterwegs wild wachsend antreffen. Dennoch: Diese Gruppe enthält eine große Anzahl medizinisch wirksamer Pflanzen. Unbekannte und sehr stark ätherisch duftende *Lamiaceae* sollte man im Notfall nur vorsichtig und vorerst in geringen Mengen (zum Beispiel bei Erkältung) verwerten.

Blüten

Ein gutes und relativ sicheres Merkmal der *Lamiaceae* sind die stark zygomorphen Blüten. In einem verwachsenen Kelch mit fünf spitzen Kelchblattenden sitzen die vollständig verwachsenen Kronblätter. Deutlich zu erkennen sind zwei Abschnitte der Krone, die jedoch gelegentlich reduziert vorliegen. Die meist deutlich erkennbare »Oberlippe« steht nach oben, manchmal leicht blasenartig eingewölbt. Seitlich und nach unten wird die Krone durch die Unterlippe begrenzt, die oft als dreizipfliger Lappen ausgeprägt ist. In der Regel kann die Krone in einem Stück abgezogen werden. Bei Kindern ist das Aussaugen des Nektars von Taubnesselblüten sehr beliebt. Die Blüten stehen meist quirlartig in Blattachseln.

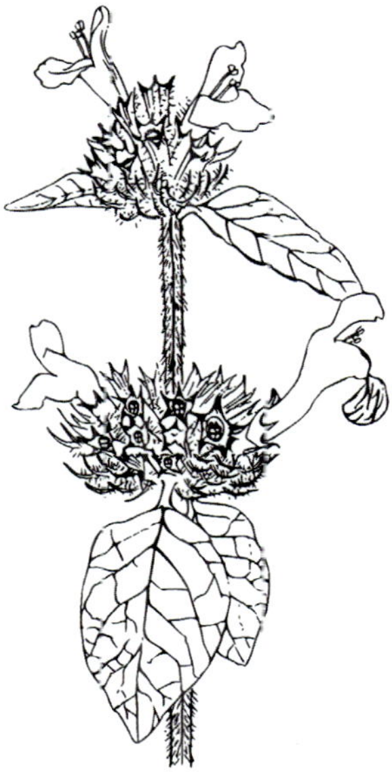

Blätter

Das Laub ist klar erkennbar kreuzgegenständig. Dieser Umstand wird dadurch verdeutlicht, dass *Lamiaceae* typischerweise einen gut erkennbar vierkantigen Stängel haben. Das oft brennnesselähnlich gesägte Laub steht so jeweils 90° zu den nächsten Blattpaaren versetzt. Häufig sind die Blätter dicht mit Haaren besetzt.

Fruchtstände

Die meist schwer zu erkennenden Früchte sind recht klein und tief im Kelch verborgen. Diese Fruchtknoten sind außerdem ein wichtiges Erkennungsmerkmal. Wenn Sie die Kronblätter aus dem Kelch gezupft haben, sehen Sie am Grund den runden Knoten, der durch Nähte in vier Abschnitte geteilt ist. Dieses Merkmal ist zusammen mit der Blüte und dem Stängelquerschnitt ein ziemlich sicheres Zeichen, dass es sich um einen Lippenblütler handelt.

Wuchsformen
In der Regel finden Sie kleine, unverholzte Pflanzen in dieser Familie. Einige wachsen kriechend über den Boden, viele, etwa die Taubnesseln, sind krautige Pflanzen in Form und Größe der Brennnesseln (diese mit Brennhaaren besetzten Pflanzen sind jedoch kein Mitglied der *Lamiaceae*, sondern bilden eine eigene Familie). Manchmal sind die unteren Bereiche verholzt.

Geruch
Zerriebene Blätter haben oft einen eigentümlichen, zitrusartigen Geruch, der immer etwas an Minze oder Lavendel erinnert. Die →ätherischen Öle enthalten eine Menge unterschiedlicher chemischer Bestandteile. Das Öl aus den Drüsenhaaren der verschiedenen Pflanzenarten enthält neben artspezifischen Bestandteilen identische Stoffe, nur in unterschiedlichen Mengenverhältnissen.

Geschmack
Entsprechend der ätherischen Bestandteile schmecken viele Lippenblütler leicht bitter und erfrischend beziehungsweise beim Einatmen kühlend. Viele Pflanzen haben auch den typischen »Taubnesselgeschmack«. Wenn Sie am Waldrand das nächste Mal eine solche finden, testen Sie ein Stück des Halmes. Diesen intensiven, aber nicht unangenehmen Geschmack vergisst man kaum mehr.

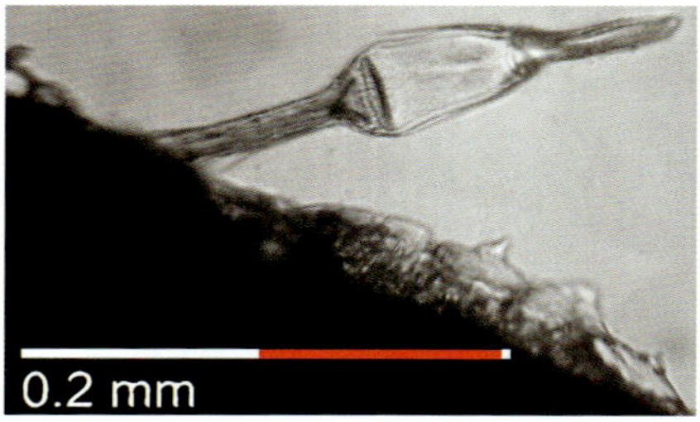

Aromatisch riechende Lippenblütler speichern in mikroskopisch kleinen Drüsenhaaren ätherische Öle. Beim Sammeln sollten Sie Acht geben, dass diese Strukturen nicht zerstört werden.

Eindeutig: zygomorphe, zu einer Röhre verwachsene Blüte, fünfzackiger Kelch und kreuzgegenständiges Laub.

Wichtige Inhaltsstoffe
Terpene wie Menthol, Thymol, Linalool, Bitterstoffe.

Wichtige Vertreter
Taubnesseln *Lamium spec.* (E), Wilder Majoran *Origanum vulgare* (E), Minzen *Mentha spec.* (E), Gundermann *Glechoma hederacea* (E), Salbei *Salvia spec.* (meist E)

Zusammengefasst
Aufgrund der recht guten Erkennungsmerkmale sind Lippenblütler in der Regel schnell zu bestimmen. Es gibt innerhalb dieser Familie kaum wirklich gefährliche Pflanzen. Dennoch muss daran gedacht werden, dass die medizinisch vorteilhaften Wirkungen von ätherisch duftenden Arten bei Übermaß zu Problemen wie Kopfschmerzen oder Übelkeit führen können. Wenn Sie unterwegs an einer Infektion der oberen Atemwege leiden, kann jedoch eine Zubereitung solcher Lamiaceae einen heilenden Effekt haben. Für die Ernährung sind die teilweise gebildeten unterirdischen Speicherknollen oder verdickten Wurzeln eine wertvolle Bereicherung.

Raunculaceae – Hahnenfußgewächse

Familie

Wenn in Europa von starken Giftpflanzen die Rede ist, meint man in der Regel die Vertreter zweier Familien. Insbesondere die Gruppe der Hahnenfußgewächse *Ranunculaceae* sowie die weiter unten beschriebene Familie der Nachtschattengewächse Solanaceae beherbergt fast ausschließlich hochgiftige Pflanzen. Wir wissen, dass diese Pflanzen bestimmte chemische Stoffgruppen bilden – meist zum Fraßschutz oder gegen Bakterien und Pilze –, die im menschlichen Organismus wirken. Diese Wirkung macht eine starke Giftpflanze auch zur Arzneipflanze. Doch wie wir schon besprochen haben, ist bei so stark wirksamen pflanzlichen →Drogen die Reinheit und genaueste Dosierung ausschlaggebend, um die gewollte Wirkung zu erzielen. Beide Faktoren sind ohne Labor nicht zu kontrollieren. Deshalb schließt sich die Selbstbehandlung mit Vertretern dieser Gruppen dringend aus! Insbesondere, wenn der Wirkungsort der Stoffe entweder der Herz-Kreislauf oder das Gehirn beziehungsweise die Nerven sind.

In den Pflanzen der *Ranunculaceae* kommen hochgiftige Alkaloide vor, wie zum Beispiel das Aconitin des Blauen Eisenhuts. Dieser Giftstoff, der früher auch als Pfeilgift eingesetzt wurde, gehört zu den stärksten pflanzlichen Giften. Schon bei Berührung der angeschnittenen Knolle (was bei der Gartenarbeit mit dieser als Zierpflanze durchaus beliebten Gattung regelmäßig vorkommt) kann es zu Vergiftungen kommen. Es ist also wichtig, dass wir bei der Suche nach essbaren Pflanzen die *Ranunculaceae* unbedingt ausschließen. Neben oft stark wirksamen Alkaloiden bilden Hahnenfußgewächse außerdem das hochgiftige Protoanemonin in allen Pflanzenteilen. Hier verursacht die bloße Berührung verletzter Pflanzen eine Rötung bis Entzündung. Im Gegensatz zu den enthaltenen Alkaloiden zersetzt sich beziehungsweise verdampft das Protoanemonin beim Trocknen oder

Rösten der Pflanzen. Dies zu wissen ist außerordentlich wichtig, weil Sie in den Pflanzenporträts eine (!) mindergiftige, aber energiereiche und sehr häufige Pflanze der Gattung *Ranunculus* finden werden: das Scharbockskraut *Ficaria verna*. Alle anderen Hahnenfußgewächse müssen unbedingt gemieden werden. Darum ist eine genaue Identifizierung wichtig.

Blüten

Ein Grund, warum *Ranunculaceae* meist schon aus der Entfernung gut zu identifizieren sind, ist die spezielle Form der Blüten. Vielleicht kennen Sie einige Hahnenfußge-

Die speckig glänzende Blüte des Scharfen Hahnenfuß finden Sie in jeder Wiese. Deutlich ist hier die gelbliche Färbung der Kelchblätter sichtbar.

wächse von der Wiese und haben sie als »Butterblume« kennengelernt. Möglicherweise haben Sie genauso wie ich als Kind aufgrund des Namens angenommen, sie seien essbar und sich böse den Mund »verbrannt«. Die Herkunft des Namens »Butterblume« sind die speckig gelb glänzenden »Blütenblätter«, zum Beispiel die des Scharfen Hahnenfuß *Ranunculus acris*. Diese Farbe rührt daher, dass viele Pflanzen dieser Familie anstelle von Kelchblättern →Nektarblätter (nb) besitzen. Das sind umgewandelte Blütenorgane, die ein glänzendes Sekret auf der Oberfläche verteilen oder als kleine Röhre Lockstoff für Bestäuber sammeln.

Die Familienmitglieder besitzen außerdem in der Regel sehr ähnlich gestaltete Kron- beziehungsweise Nektar- und Kelchblätter. Viele *Ranunculaceae* scheinen deshalb eine radiärsymmetrische Blüte aus Kronblättern ohne Kelch zu haben. In Wirklichkeit sind die Kelchblätter in der Regel ebenso gefärbt wie die meist fünf Kronblätter (kb).

Ein Hinweis, dass es sich um ein Hahnenfußgewächs handelt, ist also der fehlende typisch grüne Kelch, was bei Zweikeimblättrigen eher die Ausnahme ist. In jeder Blüte sind viele Staubgefäße ausgebildet. Manche *Ranunculaceae* besitzen eine zygomorphe Blütensymmetrie der helmartig

Neben hühnerfußartigem Laub finden Sie bei Ranunculaceae auch »fingerförmig zusammengesetzte« Blätter, wie etwa beim Nieswurz Helleborus spec.

ausgebildeten Blüte wie der Eisenhut *Aconitum spec.* Auch hier ist das Fehlen eines deutlichen Kelchs ein starker Hinweis zur Einordnung in die Familie.

Blätter

Namensgebend für die deutsche Bezeichnung der Familie ist hier nicht die Blüte, sondern das in der Regel tief eingeschnittene oder handförmig zusammengesetzte Laub. Bei den Blättern der Gattung *Ranunculus* erinnert die Form (mit einiger Fantasie) an den Fuß eines Huhnes. Das Laub ist wechselständig, in der Regel ohne Nebenblatt und oft stark behaart.

Fruchtstände

Die Früchte sind bei vielen häufigen *Ranunculaceae* kleine, sich in einzelne Teile aufspaltende Kügelchen (sf). Gelegentlich werden auch paprikaschotenähnliche oder wie Erbsenhülsen geformte sogenannte Balgfrüchte ausgebildet.

Wuchsformen

Die allermeisten Hahnenfußgewächse sind kleine, krautige Pflanzen. In Europa ist die Waldrebe *Clematis vitalba* als kletternde Liane verholzt.

Geruch

Das durch die →Nektarblätter gebildete Sekret hat oft einen durchdringenden Geruch, der süßlich, aber auch leicht »aasig« sein kann. Die Bruchstellen der Pflanzen mit hohem Protoanemoningehalt haben einen scharfen, abstoßenden Duft.

Geschmack

Sie sollten aufgrund der hohen Giftigkeit in keinem Fall unbekannte *Ranunculaceae* auf den Geschmack testen. Da es sich jedoch oftmals anbietet, Scharbockskraut als Nahrungsmittel zu verwenden, sollten Sie mit dem Geschmack von Protoanemonin vertraut sein. Scharbockskraut kann nämlich je nach Standort und Sammelzeitpunkt größere Mengen des Giftstoffs ansammeln. Um festzustellen, ob eine Prozessierung erforderlich ist, kann eine Geschmacksprobe bei dieser Pflanze helfen.

Wenn Sie ein kleines Blattstück des Scharfen Hahnenfuß *Ranunculus acris* von einer Wiese zerkauen, werden Sie schnell ein scharfes Brennen auf der Zungenspitze und -wurzel sowie einen bitteren Geschmack feststellen. Diese reizende Reaktion ist quasi unverwechselbar und kann bei der Einschätzung des Scharbockskrauts sehr hilfreich sein.

Wichtige Inhaltsstoffe

Alkaloide, Protoanemonin.

Wichtige Vertreter

Buschwindröschen *Anemone spec.* (T), Eisenhut *Aconitum spec.* (T+), Hahnenfuß *Ranunculus spec.* (T), Kuhschelle *Pulsatilla spec.* (T), Rittersporn *Delphinium spec.* (T+), Scharbockskraut *Ficaria verna* (EP).

Zusammengefasst

Ranunculaceae dürfen allgemein nicht als Nahrung verwendet werden, auch wenn das ein oder andere Blatt bei Wildpflanzensammlern gerne mal als »Wiesenpfeffer« in Salaten landet. Die schleimhautreizende Wirkung des Protoanemonins sowie die hohe Gefahr sehr gefährlicher Alkaloide schließt die Verwendung in den allermeisten Fällen (mit Ausnahme des Scharbockskrauts) aus. Unbekannte Hahnenfußgewächse können Sie anhand des nebenblattlosen, meist stark eingeschnittenen oder gefingerten Laubs sowie der scheinbar kelchblattfreien, oft speckigen Blüte erkennen.

Rosaceae – Rosengewächse

R

Familie

Wenn Sie die Familie der Rosengewächse auf ein Wort reduzieren möchten, ist das überaus einfach: Obst. Praktisch alle hier verwendeten Früchte sind Rosengewächse. Ob Kirschen, Mirabellen, Pflaumen, Aprikosen oder Mandeln der Steinobstgewächse Birnen, Äpfel, Mispeln, Vogelbeeren und Quitten der Kernobstgewächse oder Hagebutten, Erdbeeren, Himbeeren und Brombeeren aus der Unterfamilie der *Rosoideae*, sie zählen alle zu vitaminreichen und meist zuckerhaltigen Früchten der Rosengewächse. Außerdem einige vielleicht weniger bekannte Pflanzen wie das Mädesüß *Filipendula ulmaria*, Fingerkräuter *Potentilla spec.* oder Nelkenwurz *Geum spec.* Die Rosengewächse sind uns insbesondere durch lange

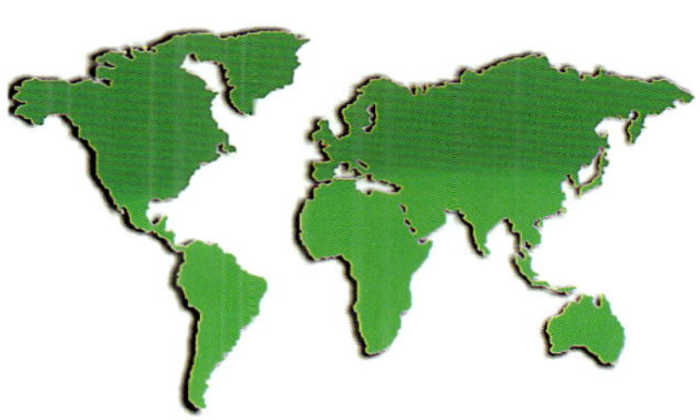

Kultivierung so gut bekannt, dass es kaum Schwierigkeiten bereitet, auch im Ausland unbekannte *Rosaceae* auf Anhieb korrekt einzuordnen. Wichtig ist, dass ziemlich alle Früchte der Rosengewächse essbar, richtiger: ähnlich giftig sind. Während das Fruchtfleisch all dieser Früchte reich an Zucker,

Fruchtsäuren und Vitaminen ist, können die Samen und Bereiche des Holzes und der Blätter cyanogene Glykoside enthalten. Den Inhaltsstoff erkennen Sie oft schon beim Anschneiden der Rinde eines Kirschbaums: Es riecht stechend nach Bittermandel. Hier gibt es wieder den Vorteil, dass wir manche Giftstoffe, in diesem Fall Benzaldehyd, das Spaltprodukt von Amygdalin und Prunasin, mit der Nase wahrnehmen können. Dass Sie bittere Mandeln nicht im Übermaß verzehren dürfen, wissen Sie sicherlich. Aber wie sieht das mit den Kernen von Obst aus?

Wenn Sie sich noch nie Gedanken darüber machen mussten, mag das daran liegen, dass Sie in aller Regel nicht so viele dieser Samen aufgebissen und geschluckt haben, dass es zu einer Vergiftung kommen könnte. Das sieht anders aus, wenn Sie zum Beispiel im Winter in die Notlage kommen, die oft zu Hunderten in Büschen hängenden und ledrig gewordenen, also scheinbar wertlosen Hagebutten von den ölreichen Samen abzutrennen. Diese haben eine ganze Menge Energie eingelagert, die durch Zerkauen oder Zerdrücken aufgeschlossen werden muss. Ebenso können aus verfaulten Äpfeln oder Kirschen die Samen oder Kirschkerne gesammelt werden.

Praktisch alle einheimischen Obstbäume sind Rosengewächse.

Hier ist in der Fachliteratur tatsächlich auch vom Fall einer tödlichen Vergiftung durch etwa eine Tasse Apfelsamen die Rede. Solche Mengen entsprechen durchaus dem, was man sich für die Tagesmahlzeit sammeln würde. Nun spielt uns die Eigenschaft des vorhandenen Giftstoffs in die Hände. Dies ist meist das cyanogene Glycosid Amygdalin, das sich in hochgiftigen Cyanwasserstoff beziehungsweise Blausäure sowie Benzaldehyd (verursacht den Marzipangeruch) zersetzt. Aus diesem Grund müssen die Kerne vor dem Verzehr unbedingt »entbittert« werden, wie dies auch bei Bittermandeln gemacht wird. Die aufgeschlossenen Samen werden am besten geröstet (siehe Kapitel 9 »Prozessieren«). Dadurch verlieren sie einen Großteil der schädlichen Wirkung. Da die Familie der Rosengewächse sehr vielgestaltig ist, empfiehlt es sich, neben dem Einprägen der unten aufgeführten Merkmale mit geschärftem Auge verschiedene Rosengewächse zu untersuchen. Wie unterscheidet sich die Blüte von Erdbeeren *Fragaria spec.* von der einer Hundsrose *Rosa canina*? Welche Gemeinsamkeiten haben die Früchte von Apfel *Malus spec.* und Vogelbeeren *Sorbus aucuparia*? Nebenbei bemerkt ist die Vogelbeere oder Eberesche entgegen vieler Aussagen nicht giftig, sondern eignet sich gekocht vorzüglich für Kompotts und Marmeladen. Der leicht giftige Inhaltsstoff ist die in hohen Dosen magenreizende Parasorbinsäure. Sie wird jedoch durch das Kochen zerstört. Um sich an rohen Vogelbeeren tödlich zu vergiften, müsste man fast das eigene Körpergewichts an rohen Vogelbeeren verzehren. Dies ist wieder ein eindrucksvolles Beispiel für die häufigen Fehlinformationen über giftige Pflanzen.

Zu beachten ist, dass viele *Rosaceae* in den grünen Pflanzenteilen ein weiteres cyanogenes Glycosid, das Prunasin, einlagern. Deshalb sollten grüne Pflanzenteile insbesondere verholzter Rosengewächse nicht roh verzehrt werden. Das Prunasin wird uns übrigens in den Pflanzenporträts beim Holunderaus einer anderen Familie unter dem Synonym Sambunigrin wieder begegnen.

Rosengewächse bilden eine leicht erkennbare Blüte aus. Wie diese Mandelblüte besitzen sie in der Regel fünf Kronblätter, zahlreiche Staubgefäße sowie einen deutlich ausgebildeten Kelch.

Innerhalb dieser Familie werden Sie mit Ausnahme der hitzelabilen cyanogenen Glykoside kaum ernsthaft gefährliche Giftstoffe in relevanten Dosen zu befürchten haben. Sie sollten deshalb unbedingt ein »Gespür« für diese Familie bekommen, gerade weil sie für die Ernährung im Winter unschätzbar wichtig ist.

Blüten

Die typische Blütenform der allermeisten Rosengewächse ähnelt den Rosenblüten zum Verwechseln. Dazu gehören neben vielen Variationen auch die Brombeer-, Apfel- oder Kirschblüten. In der Regel finden Sie einen leicht aufgeblähten Kelch aus fünf teils am Grund verwachsenen Blättern. Die Krone besteht gleichermaßen aus fünf jedoch nicht miteinander verwachsenen, meist häutig-verletzlichen Blättern mit weißer oder zart rötlicher Färbung. Oft sind die Kronblätter sehr breit und überlappen sich gegenseitig. Es sind viele (ein Vielfaches von 5) Staubblätter vorhanden. Manchmal besitzen die Blüten auch ein Mehrfaches der fünf Kronblätter, in der Regel sind es dann zehn. Eine Variante ist die Blüte einiger kleiner Pflanzen, wie dem Echten Nelkenwurz *Geum urbanum* oder dem Erdbeerfingerkraut *Potentilla sterilis*. Hier sind die fünf Kronblätter so klein, dass sie einander nicht berühren. Die darunter stehenden Kelchblätter liegen hier genau in den Lücken, sodass von oben gesehen ein gelb-grüner Doppelstern zu erkennen ist. Die Blüten sind gelegentlich zu Scheindolden vereinigt, wie zum Beispiel bei der Vogelbeere.

Auch bei Wildarten wie Mispel, Holzapfel und Wildbirne erkennt man die typische Fruchtform deutlich.

Blätter

Das Laub ist wechselständig und oft fein gesägt. Einige Arten haben gefiederte Blätter. Einige Pflanzen wie Brombeeren bilden auf der Mittelader von unten unangenehme Stacheln aus. In der Regel besitzen Rosengewächse Nebenblätter.

Fruchtstände

Die Früchte lassen sich in drei unterschiedliche Grundformen einteilen. Sehr viele sehen aus wie Äpfel. Im Querschnitt ist meist deutlich ein fünfkammriger Aufbau zu erkennen. Die zahlreichen Kerne erinnern an diejenigen von Äpfeln. Auf der dem Stängel gegenüberliegenden Seite lassen sich Reste des verwelkten Kelchs erkennen. Manchmal ist diese Fruchtform verlängert wie bei der Birne oder stark verkleinert wie bei der Mehlbeere *Sorbus spec.*

Dieser Form stehen die kirschartigen Früchte entgegen. Sie besitzen keine erkennbaren Kelchreste, sondern sind meist glänzend glatt, manchmal bereift wie beispielsweise die Pflaume. Der einzige, zentrale Kern ist stabil und verholzt.

Hin und wieder haben *Rosaceae* zusammengesetzte Früchte. Brombeeren oder Himbeeren sind im Prinzip nichts anderes als viele winzige Kirschen auf einem gewölbten Blütenboden. Sie enthalten in jeder kleinen Blase dieser Sammelfrucht Samen, die oft erst beim Verzehr wahrgenommen werden.

Wuchsformen

Rosengewächse sind sehr vielgestaltig. Dies prägt sich auch in ihrer Wuchsform aus. Oft sind es Bäume, einige sind krautige Pflanzen von unter einem Meter Höhe. Außerdem sind klimmende oder kriechende Vertreter wie bei den Rosen und Brombeeren bekannt. Viele Pflanzen dieser Familie sind auf der Sprossachse stark bestachelt (Brombeere) oder bedornt (Wildbirne).

Geruch

Aufgrund der oft enthaltenen Blausäureverbindungen riecht die Rinde einiger Bäume nach dem Anschneiden stark, zerriebene Blätter dagegen meist nur leicht nach Marzipan. Krautige Pflanzen verströmen oft einen leicht säuerlichen Duft.

Geschmack

Die grünen Pflanzenteile der meisten *Rosaceae* sind außerordentlich bitter. Um den Grundgeschmack vieler Rosengewächse zu verinnerlichen, nehmen Sie am besten ein paar junge Brombeerblätter und zerkauen diese. Es besteht außerdem eine leicht säuerliche Note. Wenn Sie Blätter von Äpfeln oder die Wurzeln des Nelkenwurz probieren, werden Sie genau diesen Grundgeschmack, der unter anderem von den enthaltenen Gerbstoffen stammt, feststellen. Er lässt sich mit ein wenig Übung deutlich von dem bitteren Geschmack der *Asteraceae* unterscheiden. Die Früchte schmecken meist angenehm süß. Einige Arten sind jedoch so sauer oder bitter, dass man sie roh als ungenießbar bezeichnen kann. Gekocht sind sie meist besser verträglich.

Wichtige Inhaltsstoffe

Fruchtsäuren, Gerbstoffe, Vitamine, Öle, cyanogene Glycoside, Zucker, Proteine.

Wichtige Vertreter

Alle Steinobst-, Kernobst- oder rosenartigen Pflanzen (E) bzw. (EP), Nelkenwurz *Geum spec.* (E), Mädesüß *Filipendula ulmaria* (E).

Zusammengefasst

Ziemlich alle *Rosaceae*, zumindest diejenigen, die Sie als solche identifizieren werden, sind essbar. Es ist darauf zu achten, dass die meisten Arten blausäurebildende Stoffe in den Kernen, Blättern und manchmal auch in den Früchten einlagern. Gekocht sind sie jedoch essbar. Selbst die Beeren des eigentlich als giftig geltenden Kirschlorbeer *Prunus laurocerasus* werden regional zu Marmeladen verarbeitet. Sie sollten unbedingt so viele typische *Rosaceae* wie möglich in Ihrer Umgebung suchen und sich die unterschiedlichen Variationen der Blüten, Blätter und Früchte ansehen. Wenn Sie diese Familie einmal verinnerlicht haben, werden Sie auch unbekannte Pflanzen sofort als zugehörig erkennen.

Die Vertreter der *Rosaceae* gehören zu den wichtigen Notnahrungspflanzen.

FAUSTREGEL:

Um Rosengewächse von anderen Pflanzen mit fünf Kronblättern zu unterscheiden, achtet man auf den deutlichen, grünen Kelch (Unterscheidungsmerkmal zu *Ranunculaceae*) und reichliche Staubgefäße. Außerdem sind die Kronblätter an der Außenseite abgerundet und nicht miteinander verwachsen.

Solanaceae – Nachtschattengewächse

Familie

Die Familie der *Solanaceae* hat ihren Platz in den Familienbeschreibungen nicht nur aus dem Grund bekommen, dass die allermeisten Vertreter dieser Gruppe hochgiftig sind, sondern auch weil die kulturelle Bedeutung in Mitteleuropa viele Wildpflanzensammler über die tatsächliche Anzahl essbarer Vertreter zu täuschen scheint. Denn viele Gemüsepflanzen wie die Tomate, Kartoffel, Aubergine, Paprika oder Chili sind Nachtschattengewächse. Diese sind jedoch ohne Ausnahme aus Amerika beziehungsweise Asien zusammengetragen worden und wachsen nicht wild bei uns. Doch selbst diese scheinbar essbaren Pflanzen sind zumindest in Bereichen giftig.

Alle grünen Teile der allermeisten Nachtschattengewächse enthalten als gemeinsames Merkmal das Alkaloid Solanin. Die unreifen Früchte der Auberginen sind ebenso giftig wie grüne Tomaten. Dabei ist das Solanin noch einer der weniger gefährlichen Inhaltsstoffe. →Einheimische Pflanzen wie die Tollkirsche *Atropa belladonna* enthalten zum Beispiel hochgiftiges Atropin (beziehungsweise Hyoscyamin) und Scopolamin.

Neben den *Ranunculaceae* gehören die Nachtschattengewächse zu den stark giftigen einheimischen Pflanzen. Das Problem ist hierbei insbesondere, dass diese Alkaloide oft in kleinen Mengen zu einer starken Wirkung an den Nerven führen. Viele sind hochwirksame Halluzinogene, deren Auswirkung je nach persönlicher Disposition sehr unterschiedlich ausfallen können.

Durch die Veränderung der Reizweiterleitung der Nerven kann Tod durch Herzversagen oder Atemlähmung die Folge sein. Häufig kommt es im Zusammenhang mit verzehrten Nachtschattengewächsen zu sogenannten Drogenpsychosen. Ich persönlich finde es deshalb nicht besonders verantwortungsvoll, wenn manche Autoren dem Laien einzelne, meinetwegen mindergiftige Pflanzen wie den Schwarzen Nachtschatten *Solanum nigrum* als »essbar« aufzählen. Dabei geht es nicht mal darum, dass diese Pflanze im Speziellen ein besonderes Vergiftungspotential birgt. Die Beeren des Schwarzen Nachtschattens sind – wenn überhaupt – nur roh mindergiftig. Gekocht und von den Samen abgetrennt werden sie beispielsweise in Italien zu Marmelade verarbeitet. Allerdings ist die Pflanze als typische Solanaceae prinzipiell mit anderen giftigen Pflanzen der Gattung verwechselbar, bedenkt man nicht, dass es sich hier um eine der seltenen Ausnahmen innerhalb der größtenteils giftigen Gruppe handelt.

Generell sollte der Notnahrungssuchende mit Plänen für die Zukunft (insbesondere außerhalb geschlossener Einrichtungen) von unbekannten *Solanaceae* die Finger lassen.

Blüten

Das wichtigste Erscheinungsmerkmal der Nachtschattengewächse ist die meist radiär-

Die Grundstruktur der Blüten der allermeisten Nachtschattengewächse ist identisch. Die lang gezogenen Staubgefäße drängen sich um den Griffel. Die Krone ist meist fünfzackig und basal als Röhre verwachsen.

Oben: Ziemlich ansprechend ist die Frucht der Tollkirsche. *Unten:* Wie kleine Chili *Capsicum spec.* wirken die Früchte des Bocksdorns *Lycium barbarum*.

symmetrische Blüte. Sie besteht aus einem deutlich fünfblättrigen, verwachsenen Kelch. Die Kelchblätter bilden einen fünfzackigen Stern. Die Krone ist ebenso aus fünf (manchmal sechs), zumeist am Grund zu einer Röhre verwachsenen Kronblättern aufgebaut. Im Gegensatz zu den auch fünfzähligen, jedoch nicht verwachsenen Rosenblüten sind die Enden der Krone bei *Solanaceae* in der Regel deutlich spitz. Die meist fünf Staubgefäße stehen dicht um den einzelnen Stempel gedrängt und haben einen stark verlängerten Pollensack.

Blätter

Nachtschattengewächse bilden häufig stark behaartes Laub. Oft ist es unangenehm klebrig. Es ist im Gegensatz zu den Rosengewächsen immer nebenblattlos.

Fruchtstände

Die Früchte sind in der Regel Beeren, die noch deutlich den fünfzackigen Kelch am Stiel tragen. Mit etwas Abstraktion können Sie die meisten dieser Früchte selbst herleiten. Nehmen Sie eine Tomate als →Archetypus der Frucht. Deutlich kleiner und etwas anders gefärbt sind die Beeren von Kartoffel, Tollkirsche oder Schwarzem Nachtschatten. Verändern Sie die Tomate vor Ihrem geistigen Auge zur Form einer Birne und färben Sie diese violett: eine Aubergine. Auch hier ist der fünfzackige Kelch deutlich sichtbar. Vorne dagegen spitz ausgezogen handelt es sich um eine Chilischote. Die Ähnlichkeit der Früchte ist verblüffend, wenn man sich auf dieses Gedankenexperiment einlässt. Eine andere Fruchtform sind Kapseln, manchmal stark bestachelt, wie die Frucht des Stechapfels *Datura spec.*

Wuchsformen

Die meisten Pflanzen dieser Familie sind eher klein und nur leicht verholzt. Es gibt ein paar verholzte Sträucher wie die Engelstrompeten *Brugmansia spec.* oder den Stechapfel.

Geruch

Einige Pflanzen verströmen einen eigenartig süßlich stechenden Geruch. Sie finden einen ähnlichen bei Kartoffeln, Tomate und Tabak. Manche riechen intensiv nach Erdnuss, andere geben einen eigenartig abstoßenden schweren Duft beim Zerreiben des Laubs ab. Hierbei kann allerdings eine Giftwirkung über die Haut erfolgen. Meist sind die Pflanzen geruchlich jedoch nicht besonders auffällig. Da alle *Solanaceae* Cumarin in unterschiedlichen Mengen enthalten, duften einige beim Welken leicht süßlich-aromatisch.

Geschmack

Auch wenn ich sehr an Sie appelliere, keinen Geschmackstest mit den Pflanzen dieser Familie durchzuführen, habe ich einige unter strenger Beachtung der möglichen Gefahr durchprobiert, da ich auf der Suche nach einer »Geschmacksqualität« war, um Ihnen im Notfall die Identifikation und damit den Ausschluss einiger Pflanzen zu vereinfachen. (Selbstverständlich wurde danach das Pflanzenmaterial umgehend ausgespuckt und der Mund gründlich gespült. Auch wurde der pH-Wert des Pflanzenmaterials so verändert, dass die teils als Säure gebundenen Giftstoffe nicht in großen Mengen freigesetzt wurden. Dennoch ist auch hier die Aufnahme der Gifte über die Mundschleimhaut möglich.)

Die enthaltenen Alkaloide, die den gemeinsamen Geschmack ausmachen würden, sind zwar in geringer Menge, aber dennoch in gefährlicher Dosierung enthalten, sodass sie geschmacklich nicht sicher feststellen sind. Vielmehr haben beispielsweise Tollkirschen *Atropa belladonna* einen herb-süßen Geschmack, den ich als sehr ansprechend beschreiben würde. Die hochgiftigen Blüten der Engelstrompeten *Brugmansia spec.* schmecken veilchenartig süß, während die Samen des Indischen Stechapfels *Datura metel* deutlich nach Stärke wie ein zerkautes Roggenkorn schmecken. Es gibt hier tatsächlich keine gemeinsame Geschmacksqualität, an die wir uns halten können, vielmehr »lockt« der Geschmack oft eher zum Verzehr.

Wichtige Inhaltsstoffe

Teils halluzinogene Alkaloide (z.B. Solanin, Atropin/Hyoscyamin, Scopolamin), Cumarin.

Wichtige Vertreter

Schwarzes Bilsenkraut *Hyoscyamus niger* (T +), Tollkirsche *Atropa belladonna* (T +), Stechapfel *Datura stramonium* (T +), Bittersüßer Nachtschatten *Solanum dulcamara* (T).

Zusammengefasst

Sie sollten sich unbedingt die Blütenmerkmale der Nachtschattengewächse einprägen. Sie sind bei den meisten Vertretern dieser Familie das sicherste Erkennungszeichen. Unbekannte Nachtschattengewächse dürfen unter keinen Umständen als Notnahrung oder zu »Heilungszwecken« eingesetzt werden. Natürlich sind diese Pflanzen in der Hand eines Pharmazeuten wichtige Grundstoffe für stark wirksame Medikamente. Insbesondere die Selbstmedikation mit diesen Pflanzen ist jedoch ein gefährliches Roulettespiel um die eigene geistige und körperliche Unversehrtheit.

Durch die Blütenregel schließen Sie übrigens eigentlich auch einige Raublattgewächse *Boraginaceae* wie etwa den Borretsch *Borago officinalis* oder den Beinwell *Symphytum spec.* aus. Jene gehören zwar nicht zu den *Solanaceae*, haben aber einen sehr ähnlichen Blütenaufbau und enthalten oft Pyrrolizidinalkaloide, weshalb sie nicht in größeren Mengen verzehrt werden sollten.

Die wichtigsten Familien – Übersicht 1 von 2

Familie	Systematik	Erkennungsmerkmale	
Cupressaceae – Zypressengewächse *S. 67*	*Nacktsamer*	Schuppenartige Blätter, gedrungene »Beeren«-Zapfen, rostbraune Borke.	
Pinaceae – Kieferngewächse *S. 69*	*Nacktsamer*	Nadelbäume mit angenehmem Harzduft. Nadeln *und* echte Zapfen sind vorhanden.	
Allioideae – Lauchgewächse *S. 72*	*Bedecktsamer, Einkeimblättrige*	Zwiebeln sind vorhanden, kugelige Blütenköpfchen. Blüten mit sechs Kronblättern. Oft röhrenförmige Blätter. Parallele Nerven.	
Cyperaceae – Sauergrasgewächse, *Juncaceae* – Binsengewächse, *Poaceae* – Süßgräser (Grasartige) *S. 74*	*Bedecktsamer, Einkeimblättrige*	Grasartige Pflanzen, hohler Halm, oft mit Knoten. Unscheinbare Blüten. Linealisches Laub. Parallele Nerven.	
Andere Einkeimblättrige: z. B. *Liliaceae, Iridaceae, Colchicaceae*	*Bedecktsamer, Einkeimblättrige*	Parallele Nerven, aufwendige und bunte Blüten wie bei Tulpen, Krokus oder Schwertlilien.	
Amaranthaceae – Fuchsschwanzgewächse *S. 77*	*Bedecktsamer, Zweikeimblättrige*	Verzweigte Sprossachse, Gänsefußartige oder eiförmig zugespitzte Blätter, wechselständig grüne Blütenstände in Fuchsschwänzchen oder Köpfchen.	
Apiaceae – Doldenblütler *S. 79*	*Bedecktsamer, Zweikeimblättrige*	Gefiederte Blätter, auffällige Blattscheide, echte Dolde.	
Asteraceae – Korbblütler *S. 82*	*Bedecktsamer, Zweikeimblättrige*	Korbblüten, oft mit Zungenblüten und Röhrenblüten. Meist wechselständiges Laub, oft bodenständige Rosette, manchmal Milchsaft.	

	Geruch/Geschmack	Faustregel	Familien-Wertigkeit
	Unangenehm schwerer Duft.	Alle Koniferen mit schuppenartigen Blättern *oder* beerenartigen Zapfen sind giftig.	
	Angenehmer Duft, Nadeln schmecken bitter-frisch.	Alle Koniferen mit echten Nadeln *und* echten Zapfen sind essbar.	
	Geruch und Geschmack nach Knoblauch.	Die allermeisten Lauchgewächse sind ohne Bedenken essbar. Achten Sie jedoch auf ein kugeliges Blütenköpfchen.	
	Geruch nach geschnittenem Gras, Samen schmecken oft nach Haferflocken.	Nur Pflanzen verwenden, deren Samen nicht kleiner als ein Millimeter sind. Keine verpilzten Gräser sammeln. Keine Pflanzen mit Waldmeistergeruch sammeln.	
	–	Keine unbekannten Einkeimblättrigen verwenden, die keine Lauchgewächse oder »Gräser« sind.	
	Geruch nach Zuckerrübe oder Rote Bete, Geschmack spinatartig.	Alle sicher als Fuchsschwanzgewächs erkannten Pflanzen sind essbar.	
	Geruch nach Dill, Karottenkraut oder Fenchel, Geschmack meist wie Sellerie oder Karotte.	Unbekannte Pflanzen mit echter Dolde dürfen nicht verzehrt werden. Am sichersten: Giersch, Wilde Möhre.	
	Bitterer Geschmack, leicht stechender Geruch, manchmal unangenehm aromatisch.	Keine unbekannten *Asteraceae* sammeln, die unangenehm harzig riechen, nur gelbe Röhren- und Zungenblüten oder einen schwarzen Fleck an den Hüllblättern haben.	

Die wichtigsten Familien – Übersicht 2 von 2

Familie	Systematik	Erkennungsmerkmale	
Brassicaceae – Kreuzblütler *S. 86*	*Bedecktsamer, Zweikeimblättrige*	Kreuzblüten, Schötchen oder Schoten als Frucht, oft gesägtes, wechselständiges Laub. **Kein Milchsaft!**	
Euphorbiaceae – Wolfsmilchgewächse *S. 89*	*Bedecktsamer, Zweikeimblättrige*	Unterschiedlicher Wuchs, in der Regel reduzierte Blüten als Cyathien. Oft weißer Milchsaft.	
Fabaceae – Hülsenfrüchtler (Unterfamilie Schmetterlingsblütler Faboideae) *S. 91*	*Bedecktsamer, Zweikeimblättrige*	Zygomorphe Schmetterlingsblüte, in der Regel gefiedertes Laub. Bohnenartige Hülsen.	
Fagaceae – Buchengewächse *S. 94*	*Bedecktsamer, Zweikeimblättrige*	Bäume mit gelapptem oder gesägtem Laub, Früchte mit einem Hütchen besetzt. Früchte wie Eicheln, Bucheckern oder Esskastanien.	
Lamiaceae – Lippenblütler *S. 96*	*Bedecktsamer, Zweikeimblättrige*	Gegenständiges Laub, zygomorphe, zweilippige Blüte, vierkantiger Stiel, viergeteilter Fruchtknoten.	
Ranunculaceae – Hahnenfußgewächse *S. 99*	*Bedecktsamer, Zweikeimblättrige*	Oft fünf speckig glänzende Nektarblätter. Manchmal helmartige Blüte. Kelchblätter meist gefärbt wie Kronblätter oder fehlend, tief eingeschnittenes oder fingerförmig zusammengesetztes Laub.	
Rosaceae – Rosengewächse *S. 101*	*Bedecktsamer, Zweikeimblättrige*	Gut sichtbarer Kelch sowie Krone aus jeweils fünf Blättern, zahlreiche Staubgefäße. Spross häufig mit Stacheln.	
Solanaceae – Nachtschattengewächse *S. 105*	*Bedecktsamer, Zweikeimblättrige*	Krone aus fünf außen spitzen Blättern, basal miteinander verwachsen. Die fünf Staubgefäße drängen sich um Griffel. Beeren oft geformt wie kleine Tomaten.	

	Geruch/Geschmack	Faustregel	Familien-Wertigkeit
	Riecht nach Kohl, Geschmack meist kohl- oder rettichartig.	Nur *Brassicaceae* sammeln, wenn vorhandene längliche Schoten nicht vierkantig sind. Alle anderen sind unproblematisch.	
	Bei *Euphorbiaceae* keine Geschmacksprobe!	Keine Pflanzen sammeln, die Cyathien besitzen oder Milchsaft bilden und nicht den *Asteraceae* zugeordnet werden können.	
	Borke und zerriebene Samen riechen nach Bohnen. Samen schmecken nach Erbsen.	Nicht sicher bestimmte *Fabaceae* niemals verzehren, diverse giftige Arten.	
	Samen oft stark bitter, Mund verpelzt bei Geschmackstest oft. Geröstet Geruch und Geschmack wie Maroni.	Alle Nussfrüchte von Bäumen, die als Buchen, Eichen oder Esskastanien identifiziert werden, sind essbar.	
	Geruch oft angenehm aromatisch nach Oregano oder Majoran, Geschmack würzig oder taubnesselartig.	Die allermeisten Pflanzen mit zygomorphen Blüten *und* gegenständigem Laub *und* einem vierkantigen Stängel *und* einem vierteiligen Fruchtknoten sind essbar.	
	Oft abstoßender Geruch, scharfer Geschmack. Achtung: Bei unbekannten *Ranunculaceae* keine Geschmacksprobe!	Pflanzen mit fünf glänzenden Kronblättern *oder* helmartiger Krone *und* ohne deutlich grün gefärbten Kelch und mit tief eingeschnittenen *oder* fingerförmig zusammengesetzten Blättern dürfen nicht verzehrt werden.	
	Viele *Rosaceae* lagern Blausäureverbindungen in grüne Pflanzenteile und Samen ein, die nach Marzipan riechen und nach Mandeln schmecken.	Die Pflanzen haben einen Kelch, zahlreiche Staubgefäße und eine Krone aus fünf unverwachsenen Blättern. Fehlt eines dieser Merkmale, sollte eine unbekannte Pflanze nicht gesammelt werden.	
	Teilweise süßlicher Geruch, manchmal nach Waldmeister oder Erdnüssen. Geschmack der Beeren und Samen unauffällig! Keine Geschmacksprobe!	Pflanzen mit spitzer, verwachsener Krone und fünf um den Griffel gedrängten Staubgefäßen dürfen nicht gesammelt werden.	

5b – Kurzporträts

In den ausführlichen Familienporträts haben wir uns die weltweit wichtigsten Pflanzengruppen angesehen, nun möchten wir noch einige Familien in Kürze betrachten, die zwar nicht ganz so wichtig sind, aber in manchen Regionen der Erde eine besondere Gefahr, einen hohen Wert darstellen oder eine traditionelle Rolle in der Ernährung spielen. Um sich verschiedene Vertreter dieser Gruppen in natura anzusehen, empfiehlt sich der Besuch eines botanischen Gartens.

Araceae – Aronstabgewächse

Die meisten Pflanzen der Aronstabgewächse *Araceae* sind hochgiftig. Vergleichbar mit Nesselkapseln von Feuerquallen besitzen sie Zellen in der Außenhaut, die unter Druck stehen und nadelförmige Kristalle aus Calciumoxalat, ein Kalziumsalz der Oxalsäure (wie Sie sie etwa aus Sauerampfer kennen), ausschleudern. In Zusammenwirkung mit weiteren Giftstoffen können verzehrte Pflanzenteile in kürzester Zeit zu schwerer Verätzung der Schleimhäute führen. Diese Wirkung ist jedoch so stark, dass probierte Pflanzen in der Regel sofort ausgespuckt werden.

Beschreibung

Sie kennen Pflanzen dieser Gruppe oft als beliebte Treppenhausgewächse. →Einheimisch sind beispielsweise der Aronstab Arum spec. sowie die Schlangenwurz *Calla palustris*. Oft haben sie sehr großes, pfeilförmiges oder eiförmig-zugespitztes Laub sowie eine kolbenartige, von einem spitztütenartig zusammengewickelten Hochblatt eingeschlossene Blüte. Gelegentlich ist das Laub auch tief eingeschnitten wie bei der Gattung *Monstera*. Oft erinnern die Blätter an Rhabarber (dieser gehört jedoch nicht in diese Familie, sondern zur Familie der Knöterichgewächse). Am Kolben finden sich nach dem Aufblühen viele teilweise stachlige Beeren. Hauptverbreitungsraum sind die Tropen. Hier spielt die Pflanzenfamilie durchaus eine wichtige Rolle für die Ernährung. Wie Sie in den einleitenden Kapiteln gelernt haben, ist viel Blattgrün bei gleichzeitigem Fehlen eines verholzten Stamms ein Hinweis dafür, dass Energie in Form einer dicken Wurzel oder Rhizomen abgespeichert wird. Dies ist zum Beispiel bei den Gattungen *Alocasia* (Riesentaro), *Colocasia* (Taro) in industriellem Maßstab der Fall. Allerdings sind selbst bei diesen »essbaren« Gattungen die Wurzeln hochgradig mit Oxalatraphiden durchsetzt. Um sie genießbar

Aronstabgewächse erkennt man in der Regel einfach an einem kolbenartigen Blütenstand, der von einem auffällig gefärbten Blatt (Spatha) eingeschlossen ist.

zu machen, müssen sie unter Schutzvorkehrungen wie wasserfesten Handschuhen zerkleinert und mehrfach ausgekocht oder geröstet werden. Fehler dabei führen zu Verätzungen der Schleimhäute. Besonders die nicht einfach bestimmbaren Wildformen enthalten große Mengen des Giftstoffs.

Es gibt nur eine für den Laien essbare Gattung dieser Familie, die Wasserlinsen *Lemna spec.*, die Sie jedoch aufgrund ihres reduzierten Wuchses kaum als Aronstabgewächs erkennen werden.

Wichtige Vertreter

Aronstab *Arum spec.* (T), Schlangenwurz *Calla palustris* (T), Flamingoblume *Anthurium spec.* (T), Philodendron *Philodendron spec.* (T+), Wasserlinsen *Lemna spec.* (EP).

Wilder *Taro Colocasic spec.* ist eine auffällige Giftpflanze, die erst nach Prozessieren essbar wird.

Arecaceae – Palmengewächse

Familie

Eine besonders weite Verbreitung in den Tropen sowie in wärmeren, aber trockenen Regionen gemäßigter Breiten haben die Palmen. Wenn Sie Palmen von Palmfarnen unterscheiden können, haben Sie eine ziemlich sichere Ernährungsmöglichkeit. Die Früchte der allermeisten Palmen sind essbar. Außerdem können fleischige Triebspitzen oder zarte Bereiche des Stamms gekocht und verzehrt werden. Selbst die Frucht der Betelpalme *Areca catechu*, die als euphorisierende Droge in ganz Asien gekaut wird, ist im Urzustand relativ ungefährlich. Erst die Behandlung mit Stoffen wie Ätzkalk bewirkt eine vollständige Umwandlung des zwar giftigen, aber in vorhandener Dosis eher unproblematischen Arecolins in den aktiven Stoff Arecaidin. Da die Giftstoffe dieser Pflanzengruppe gut wasserlöslich sind, empfiehlt es sich, die Früchte unbekannter Palmen (sofern Sie darauf angewiesen sind, solche zu verzehren) klein zu schneiden und auszulaugen.

In Früchten von Palmen finden Sie meist viel Fett oder Zucker. Innerhalb des Stamms

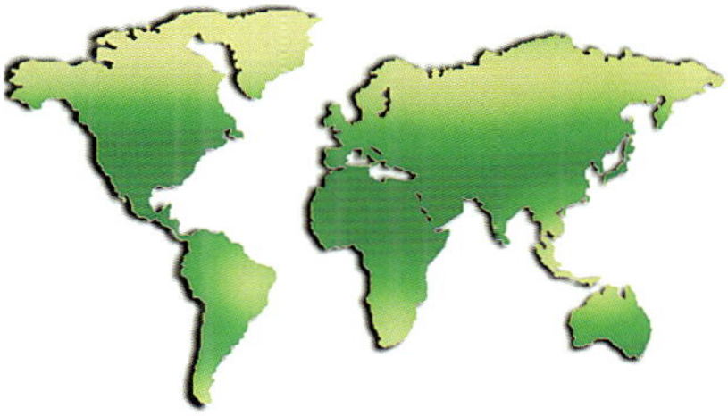

Der Stamm der Palmen besteht aus abgebrochenen Palwedeln.

wird oft eine große Menge Stärke eingelagert. An diese kommen Sie, indem das zentrale Mark des Stamms zerkleinert, gekocht und ausgelutscht wird.

Manche Palmen haben eine feinhaarige Oberfläche, die auf empfindlicher Haut zu Reizungen führen kann.

Zu beachten ist, dass in der Trivialnomenklatur zahlreiche Pflanzen als »Palmen« bezeichnet werden, obwohl sie es nicht sind. Die Madagaskar»palme« *Pachypodium lamerei* etwa ist ein hochtoxisches Hundsgiftgewächs. Achten Sie also weniger auf die deutschen Namen, sondern halten Sie sich an Bestimmungsmerkmale.

Im Gegensatz zu den Palmfarnen bilden echte Palmen Früchte aus. Die oft süße, faserige Hülle ist nach Einweichen genießbar. Der ölhaltige Kern muss zerkleinert werden.

Beschreibung

Wichtig ist im Prinzip die Unterscheidung zwischen Palmfarngewächsen und echten Palmen. Diese haben im Gegensatz zu Palmfarnen in der Regel keine zentrale, zapfenartige Blüte an der oberen Stammspitze. Vielmehr hängen die Blütenstände seitlich zwischen den Wedeln herunter. Einzelne Blüten sind meist eher unscheinbar. Die Früchte sind oft hartschalige, von einem grünen und faserigen Fruchtfleisch umgebene »Steinfrüchte«, wie die Kokosnuss, oder beerenartige Formen. Sofern Früchte vorhanden sind, können Sie sich sicher sein, dass es sich nicht um einen Palmfarn handelt, da diese, wie Sie in den systematischen Betrachtungen zu Beginn des Buchs erfahren haben, Nacktsamer sind und deshalb kein »Fruchtfleisch« bilden.

Wichtige Vertreter

Ölpalme *Elaeis guineensis* (E), Kokospalme *Cocos nucifera* (E), Dattelpalmen *Phoenix spec.* (E), Fischschwanzpalmen *Caryota spec.* (E), »Echte« Sagopalme *Metroxylon sagu* (E).

Palmen wachsen oft in extremen Biotopen. Sogar in sengenden Wüsten können sie sich ansiedeln.

Apocynaceae – Hundsgiftgewächse

Eine Pflanzengruppe, von der Sie sich unbedingt fernhalten sollten, sind die Hundsgiftgewächse. Zu ihnen gehören höchstgiftige Pflanzen. Geringste Mengen zum Testverzehr aufgenommener Pflanzenteile können zu schweren Vergiftungen führen. Hundsgiftgewächse kommen in vielen Regionen der Erde vor. Viele werden als Zierpflanzen gehalten, was regelmäßig zu gefährlichen Komplikationen führt. Namensgebend ist das Hundsgift Apocynum, ein trivialnomenklatorischer Hinweis auf die vergangene Nutzung des hochgradig toxischen Milchsafts.

In Deutschland gibt es nur zwei Arten wild: das Immergrün *Vinca spec.* sowie die Schwalbenwurz *Vincetoxicum hirundinaria*. Hauptverbreitungsgebiet der Familie sind die subtropischen und tropischen Klimazonen. Auch wenn sich die Pflanzengruppe aufgrund ihrer Brisanz kaum zur Ernährung im Notfall eignet, spielte sie traditionell und indigen oft eine große Rolle. Wichtiges Beispiel ist die »Bushbanana« *Leichhardtia* australis, die in den heißen Wüstenregionen Australiens ein wichtiges Grundnahrungsmittel der Aboriginal Kulturen war oder die sogenannte »Milkweed« *Asclepias syriaca*, deren Milchsaft sehr stark

giftig ist, aber in den USA als junge Pflanze dennoch gesammelt und gekocht gegessen wird.

Beschreibung

Die in der Regel immergrünen Pflanzen besitzen gegenständiges, häufig eiförmig-zugespitzt bis lanzettliches Laub. Die Blätter sind oft ledrig und zumeist dunkelgrün, manchmal blassgrün bereift. Auffällig ist die meist helle Mittelrippe. Überwiegend sind die Hundsgiftgewächse verholzt, teilweise rankend, aber kaum krautige Arten. In seltenen Fällen gibt es kaktusartige Sukkulenz mit Stacheln – aber mit einem Schopf aus Oleanderartigem Laub (Madagaskar»palme« *Pachypodium*). Wie die *Euphorbiaceae* haben auch die meisten Hundsgiftgewächse einen weißen, selten klaren, stark giftigen

Hundsgiftgewächse müssen unbedingt gemieden werden. Sie lassen sich über die Blüte in der Regel leicht erkennen. Viele besitzen eine schiffsschraubenförmig verdrehte Krone (links). Im Zentrum befindet sich ein deutlicher fünfzackiger Stern. Rechts ist die Blüte einer Seidenpflanze, einer Unterfamilie der *Apocynaceae*. Auch hier sind eigentümliche sternartige Blütenorgane zu erkennen.

Milchsaft mit stark wirksamen Herzglycosiden und anderen Giftstoffen wie Alkaloiden.Am einfachsten zu erkennen sind die allermeisten Vertreter an der typischen »Hundsgift-Blüte«. Die fünf verwachsenen Kronblätter ähneln zunächst oft jenen von Nachtschattengewächsen. Schaut man jedoch von vorne in die bei vielen Arten stark duftende Blüte, lässt sich ein deutlicher innerer Stern auf Höhe des Kelchs erkennen. Bei manchen Gattungen sind die fünf Staubblätter sternförmig miteinander verschmolzen. Bei vielen Gattungen sind die Kronblätter seltsam spiralig verzogen, sodass sie an eine Schiffsschraube erinnern.

Wichtige Vertreter

Immergrün *Vinca spec.* (T), Schwalbenwurz *Vincetoxicum hirundinaria* (T), Oleander *Nerium spec.* (T+), Buschmanns Schöngift *Acokanthera oppositifolia* (T+), Selbstmordbaum *Cerbera odollam* (T+), Strophanthus *Strophanthus spec.* (T+).

Die Samen in den Kapselfrüchten vieler Hundsgiftgewächse besitzen auffällig wollige Flughaare.

Cactaceae – Kakteengewächse

Familie

Für viele dürfte bei der Frage nach Kakteen *Cactaceae* der erste Gedanke sein, dass es nicht schwierig ist, sie zu erkennen. Leider hat das in der Vergangenheit in Notfällen schon zu schwerwiegenden Problemen geführt. Denn was man sich unter einem Kaktus vorstellt, ist die klassische, sogenannte »stammsukkulente«, also gedrungen dick gewachsene Form einer Pflanze, die sich an einen extrem trockenen und heißen Standort angepasst hat. Da jedoch nicht nur Kakteengewächse diese Anpassung erfahren haben, finden Sie mit kaktusartiger Form auch einige Vertreter einer weiter oben beschriebenen Familie: Wolfsmilchgewächse. Dabei ist der geografische Ursprung mehr als deutlich: Kakteen kommen ursprünglich ausschließlich aus Amerika, sukkulente Euphorbien waren vor allem in Afrika vertreten. Mittlerweile sind verwilderte Arten beider Familien allerdings weltweit verbreitet.

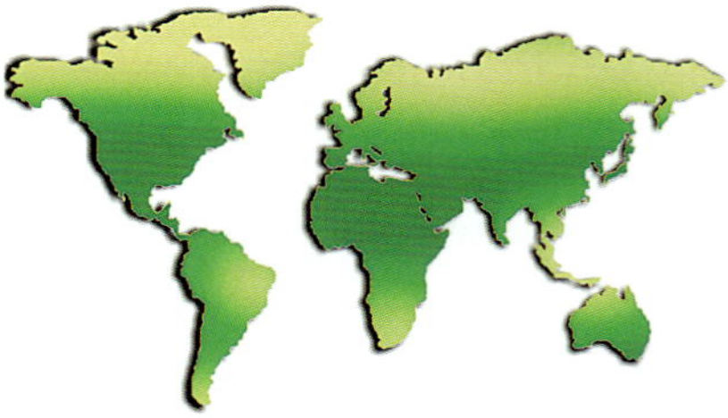

Da die allermeisten Kakteen ungiftig sind und im Notfall in Wüstengebieten zur überlebenswichtigen Ressource werden, sollte man sich die Unterscheidungsmerkmale ganz genau einprägen.

Einige wenige Kakteenarten gelten als giftig. Zum Beispiel der aus Südamerika stammende Peyotl-Kaktus *Lophophora williamsii*, welcher die psychedelische Substanz Mescalin enthält. Jene Arten sollen jedoch so stark bitter schmecken, dass man nicht auf die Idee kommt, größere Dosen zu verzehren. Zudem ist Mescalin ein ganz passables Emeticum (Brechmittel). Bevor Sie sich mit diesen Pflanzen ernsthaft vergiften können, wird Ihr Magen revoltieren. Das sind jedoch nur eine Handvoll Ausnahmen innerhalb der Familie mit mehr als 1500 Arten.

Viele Kakteen produzieren dagegen süße, zumindest in Maßen gut verträgliche Früchte. Auch im Wassernotstand kann es sinnvoll sein, grüne Bestandteile zu schälen und zur Aufnahme von Flüssigkeit zu essen.

Im Gegensatz zu Wolfsmilchgewächsen bilden Kakteen eine »echte« Blüte aus.

Beschreibung

Kakteen besitzen in der Regel einen dicken, grünen Stamm und keine deutlich ausgebildeten Blätter. Viele sind mit unangenehmen Stacheln bedeckt. Manche Stacheln, insbesondere auf den Früchten sind haarfein, mit Widerhaken bestückt und brechen ab, wenn sie die Haut durchstechen. Deshalb sollten beim Sammeln die Hände geschützt und die Stacheln vor dem Verzehr in der Glut abgeflammt werden. Wichtig für uns ist die Unterscheidung von den sehr ähnlich wachsenden und sehr giftigen Wolfsmilchgewächsen. Wir wissen, dass die meisten Euphorbiaceae keine typischen Blüten ausbilden, sondern Cyathien, eine reduzierte Form, bei der die einzelnen Blütenorgane getrennt als Kügelchen vorliegen. Wenn Sie an einer kaktusartigen Pflanze solche Kügelchen sehen, schließt sich deren Verwendung aus, da es sich wahrscheinlich eher um eine Wolfsmilch als um einen Kaktus handelt. Außerdem bilden alle sukkulenten (das bedeutet, die Pflanzen haben einen breiten Stammdurchmesser und reduzierte Triebe, vergleichbar mit einem Kaktus) Wolfsmilchgewächse einen hochtoxischen Milchsaft. Dies lässt sich durch Anschneiden der Pflanze überprüfen.

»Echte« Kakteen bilden oft spektakuläre rötliche oder gelbe Blüten aus und haben große Früchte. Die Blüten besitzen meist zahlreiche Staubfäden und sind von unten mit vielen kelchblattartigen Hüllblättern begrenzt.

Süßes Fruchtfleisch aber Stacheln und zahlreiche Kerne. Kaktusfeigen sind immer essbar - unabhängig von der Art.

Wichtige Vertreter

Drachenfrucht *Hylocereus spec./Selenicereus spec.* (E), Opuntien *Opuntia spec.* (E), Peyotl-Kaktus *Lophophora williamsii* (Xn), Kugelkaktus *Echinopsis spec.* (E).

Convolvulaceae – Windengewächse

Familie

Eine Schwesterngruppe zu den Nachtschattengewächsen *Solanaceae* sind die Windengewächse *Convolvulaceae*, die weltweit eine gewisse Rolle für die traditionelle Ernährung spielen und sehr weit verbreitet sind. Das ursprüngliche Hauptverbreitungsgebiet sind die Tropen und Subtropen. Allerdings wachsen einige Arten auch in gemäßigten Regionen. Zaun- und Ackerwinde wachsen zum Beispiel in Mitteleuropa und gelten als Getreideunkraut.

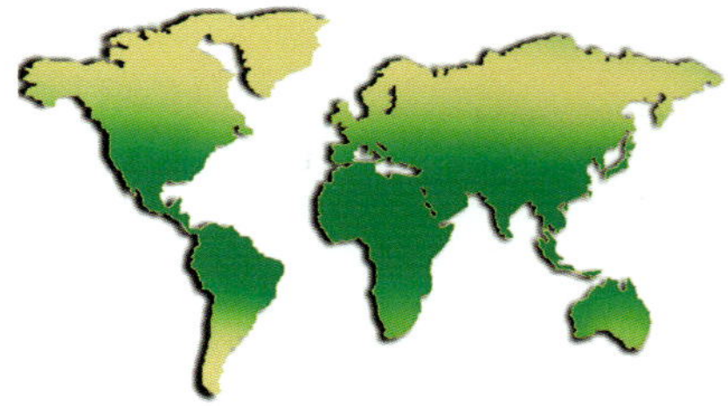

Da eine Art der tropischen Windengewächse mittlerweile in Mitteleuropa als Lebensmittel sehr geschätzt wird und mittlerweile auch angebaut wird und sehr große Ähnlichkeit zu den teils sehr stark giftigen Verwandten der Gattung der Prunkwinden Ipomoea hat, sollte die ganze Familie hier vorgestellt werden. Die Rede ist von der Süßkartoffel, die zunehmend in warmen Regionen Süddeutschlands angebaut wird. Sie ist trotz häufiger falscher Bezeichnung am Gemüsestand nicht mit Yams aus den Yamswurzelgewächsen verwandt. Wie so häufig repräsentiert die kulinarische Nutzung der Pflanze nicht den eigentlichen Nutzwert der Pflanzengruppe als Lebensmittel.

Ackerunkraut: Winden gehören weltweit zu einer für die Ernährung wichtigen Familie.

Innerhalb der Windengewächse mit rund 2000 Arten, gibt es nämlich nur sehr wenige Arten, die als Lebensmittel gelten: der Wasserspinat *Ipomoea aquatica*, sowie die Süßkartoffel *Ipomoea batatas*. Viele andere Arten sind zumindest leicht giftig, teilweise auch sehr stark giftig. Ähnlich wie in der Schwesternfamilie der Nachtschattengewächse bilden zahlreiche Windengewächse stark wirksame Alkaloide, zudem teilweise Herzglykoside. Bei giftigen Arten gelten alle Pflanzenteile als gefährlich, besonders die Wurzeln und Samen.

Die Arten innerhalb der Gattung *Ipomoea* lassen sich nur schwierig unterscheiden und sind weltweit verbreitet oder kommen verwildert vor. Wer Süßkartoffeln erkennt, könnte bei anderen Pflanzen auf die Idee kommen, dass andere Prunkwinden ähnlich genutzt werden. Das kann durchaus passieren. Die Prunkwinden haben innerhalb der Gattung sehr ähnliche Eigenschaften und bilden beispielsweise oft violett-blaue Blüten aus. In vielen Regionen der Erde wuchern die Pflanzen in großer Menge über Strände und Berghänge – es wird sich mit hoher Wahrscheinlichkeit nicht um die essbare Süßkartoffel handeln.

Beschreibung:

Viele Pflanzen innerhalb der Familie sind Kletterpflanzen oder Lianen. Das Laub ist herz- oder pfeilförmig, oft spitz zulaufend und wechselständig. An den Pflanzen lässt sich die nahe Verwandtschaft zu den Nachtschattengewächsen gut erkennen. Die Blüten sind auffällig und fünfzählig. Der Kelch besitzt 5 oft spitz zulaufende Kelchblätter. Die Krone aus ebenfalls 5 Blättern ist röhrig verwachsen und trichterförmig. Die 5 Staubblätter sind auffällig. Die Früchte von Windengewächsen sind oft kapselförmig, an deren Grund oft der fünfzackige Kelch stehen bleibt und so sehr stark an Tomaten oder Tollkirschen erinnern.

Wichtige Vertreter

Ackerwinde *Convolvulus arvensis* (Xn), Jalapenwinde *Ipomoea purga* (T+), Prunkwinde *Ipomoea purpurea* (T), Süßkartoffel *Ipomoea batatas* (E)

Zahlreiche Prunkwinden bilden wie die Süßkartoffel große Knollen mit Stärke aus. Allerdings sind viele von ihnen giftig.

Cucurbitaceae – Kürbisgewächse

Familie

Aus der Küche der meisten Kulturen kaum mehr wegzudenken sind die beliebten Gemüsesorten der Kürbisgewächse, der *Cucurbitaceae*. Zu ihnen gehören neben Zucchini und Gurke auch die Speise- und Zierkürbisse und die diversen Melonensorten – aber auch einige unscheinbare Arten wie die Zaunrüben *Bryonia*. Diese so genannten Panzerbeeren besitzen zahlreiche flache, ölreiche Samen, mäßig energiereiches Fruchtfleisch und sind mit einer harten Schale geschützt. Die Systematik ist hier (vergleiche Taxonomie des Lebens) eher verwirrend. Wassermelonen entstammen der gleichen Gattung wie die Koloquinte *Citrullus*, während die Zuckermelonen zu den Gurken *Cucumis* gehören, während Zucchini Kürbisse der Gattung *Cucurbita* sind. Was alle gemein haben: die Zuchtformen sind die essbare Ausnahme – und nicht die Regel. Vielmehr kann es durch unglückliche Rückkreuzungen durch Aussaat der gesammelten Samen zur Produktion starker Gifte, der Cucurbitacine, in allen Pflanzenteilen kommen. Innerhalb der Familie sind die einzelnen Arten so nah miteinander verwandt, dass es häufig zu solchen Hybridisierungen kommt. Diese sehr stark bitteren Triterpene führen nicht nur zu schweren gastrointestinalen Symptomen, sondern wirken als Zellgift und können schwere Organschäden erzeugen und zum Abort führen. Diese stark wirksamen Inhaltsstoffe sind medizinisch

Die Zaunrübe erinnert in Wuchs und Blüte stark an die verwandten Gurken.

Auch bei der Frucht ist bei vielen Arten die Familienbeziehung zu Melone, Zucchini und Kürbis klar.

wertvoll und Gegenstand verschiedener Untersuchungen. Problematisch ist allerdings, dass es neben diesen Rückkreuzungen auch Verwechslungsgefahren beispielsweise zwischen Koloquinte und Wassermelone gibt. Schon kleine Mengen der bitteren Pflanzenteile gelten als bedenklich. Nach Rückkreuzungen im Hobbygartenbau gibt es regelmäßig Vergiftungen. Kompliziert wird das Ganze dadurch, dass eigentlich giftige Arten bei stressfreiem Wachstum nur wenige Cucurbitacine bilden und in manchen Lebensmitteln gezielt diese stark bitteren Stoffe erhalten bleiben. Aufgrund des unangenehmen Geschmacks sind tödliche Vergiftungen allerdings selten. Die einzigen in Europa heimischen *Cucurbitaceae* sind die Zaunrübe *Bryonia* sowie die Spitzgurke *Ecballium*. Bei Berührung der unter Spannung stehenden Spritzgurkenfrucht platzt diese auf und schleudert Samen und stark giftigen, hautreizenden Schleim über mehrere Meter. Gerät diese Mischung in die Augen, kann es zu schweren Entzündungen kommen.Daher sollten unbekannte Arten der Familie grundsätzlich gemieden werden.

Beschreibung

Kürbisgewächse sind extrem schnellwachsend (teilweise mehrere Zentimeter pro Tag), meist krautig und rankend mit spiraligen Halteorganen an den Triebspitzen. Viele Kürbisgewächse sind Pioniergewächse und gehören in den natürlichen Verbreitungsgebieten zu den ersten Pflanzen, die auf stark gestörten Böden wachsen. Das Laub ist wechselständig und oft rau behaart. Die Blattspreite ist weinlaubartig gelappt. Die fünfzähligen, →radiärsymmetrischen Blüten stehen oft in Trauben in den Blattachseln und haben einen auffälligen Kelch und eine meist farbige, manchmal kontrastreich geaderte Krone. Die Blüten erinnern teilweise an die der Hundsgiftgewächse. Unterscheidungsmerkmale sind bei den Kürbisgewächsen fehlender Milchsaft sowie Wechselständigkeit des nicht ledrig-derben Laubblattes. Die Früchte der *Cucurbitaceae* erinnern an teilweise andersfarbige, stark behaarte oder warzige Gurken, Melonen oder sind unscheinbare Beeren. An der Spitze der Frucht bleibt die Krone lange Zeit erhalten. Die Beeren einiger Arten sind so dauerhaft, dass sie als Werkstoff für Gefäße genutzt werden. Andere sind Rohstoff für Fasern oder Schwämme.

Wichtige Vertreter

Kürbis *Cucurbita maxima* (E), Wilder Kürbis *Cucurbita foetidissima* (T), Flaschenkürbis *Lagenaria siceraria* (E-T), Zaunrübe *Bryonia spec.* (T +), Luffa *Luffa spec.* (Xn), Spritzgurke *Ecballium elaterium* (T +)

(Ordnung) Cyatheales – Baumfarne

Familie

Mit zu den urtümlichen Pflanzen, die es heute noch gibt, gehören die Baumfarne bzw. *Cyatheales,* die keinesfalls mit den Palmfarnen, den *Cycadales,* verwechselt oder gleichgestellt werden dürfen, welche zu den nacktsamigen Samenpflanzen gehören.

Vielmehr sind Baumfarne »echte Farne«, meist aus einer der beiden Familien *Cyatheaceae* (Tropenklima, Südamerika, Südostasien, Afrika) oder *Dicksoniaceae* (Bergklima, vor allem Asien und Ozeanien sowie Chile). Innerhalb der Baumfarne sind keine giftigen oder stark giftigen Arten bekannt. Aufgrund ihrer auffälligen Wedel lassen sich Bestände schon aus großer Entfernung erkennen. Die Stämme (eigentlich aufrechte Rhizome) sind weich und lassen sich einfach verarbeiten. Das Laub ist ungenießbar.

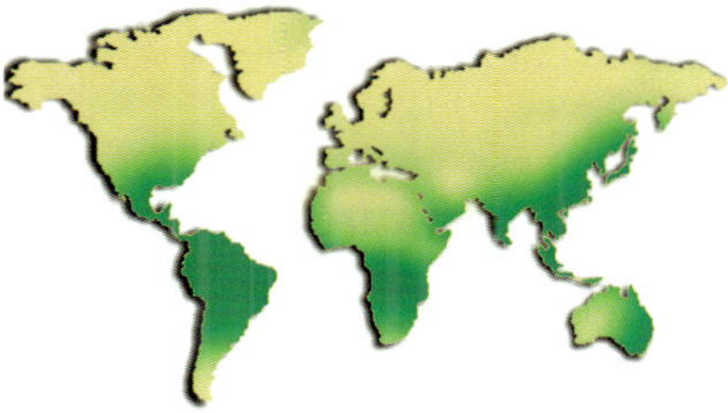

Beschreibung

Die einfach bestimmbaren Baumfarne haben farntypisch gefiederte, oft mehr als einen Meter lange Laubblätter, die in der oberen Stammmitte als eingerollter »Fiddlehead« erscheinen. Sie bilden nie Blüten, Fruchtstände oder Früchte und Zapfen aus, sondern wie andere echte Farne auf der Blattunterseite die Sporen. Ausschlaggebend zur Unterscheidung bei den oft sehr langsam wachsenden Pflanzen zu möglicherweise giftigen Farnen anderer Familien, ist der Stamm. Ähnlich wie Palmen haben Baumfarne kein sekundäres Dickenwachstum, deshalb wird der Stamm durch übereinander geschachtelte, abgestorbene und nach einiger Zeit abgefallene Wedel gebildet. Die Stängelreste lassen sich in aller Regel noch gut am Stamm erkennen. Die eigentlich empfindlichen Stämme sind durch dieses Polster so gut geschützt und stabilisiert, dass Baumfarne mehrere hundert

Baumfarne findet man vor allem in den heiß-feuchten tropischen Regionen der Welt. Sie sind kaum zu verwechseln.

Jahre alt werden können. Manche Baumfarne bilden große energiereiche Rhizome. Im Inneren der Stämme bildet sich eine mit Faserbündeln durchzogenes, weiches stärkehaltiges Mark, das roh oder gegart gegessen werden kann. Da die Baumfarne sehr langsam in die Höhe wachsen (*Dicksoniaceae* 1-5 cm je Jahr, *Cyatheaceae* ca. 10 cm je Jahr), sollte man die Pflanzen nur im Notfall einsetzen, der sich auf kleinere und eng stehende Stämme beschränken. Einige Baumfarne bilden unterirdische Rhizome, aus denen sie nach Entfernen des Stamms wieder austreiben können.

Wichtige Vertreter

Cyathea spec. (mehrere hundert Arten), *Dicksonia spec.* (ca. 40 Arten)

Die Wedel entstehen als Fiddleheads an der Spitze des Stamms.

(Ordnung) Cycadales – Palmfarne

Familie ⚠

Palmfarne (nicht zu verwechseln mit den weiter oben beschriebenen Baumfarnen) haben ihren Hauptverbreitungsraum im tropischen Gürtel, wobei die namensgebende Gattung *Cycas* in Südostasien heimisch ist. Die Pflanzen dieser Familie gelten als lebende Fossilien. Morphologisch haben sie sich seit mehr als 200 Millionen Jahren kaum verändert.

Palmfarne wachsen sehr langsam und werden Jahrhunderte alt. Sie gedeihen hauptsächlich in feuchten und warmen Regenwäldern, allerdings nicht gleichmäßig verbreitet, sondern mit Verbreitungsschwerpunkten. Mit wenigen Ausnahmen sind Vertreter der Gattung auf dauerhafte Feuchtigkeit angewiesen.

Die Pflanzen, zu denen auch wichtige Stärkelieferanten gehören, sind jedoch größtenteils durch Blausäureverbindungen und den leberschädigenden und krebsauslösenden Stoff Cycasin giftig. Bestimmte Nagetiere und Vögel werden von diesen Giftstoffen nicht geschädigt. In Regionen, in denen die nahrhaften Innenbereiche des Stamms verwendet werden, steht vor dem Verzehr ein aufwendiger Reinigungsprozess. Dazu wird das an Stärke reiche Mark aus dem Zentrum der Stämme entfernt und stark zerkleinert in Säcken über mehrere Tage in fließendem Wasser ausgelaugt. Danach wird es teilweise geröstet, getrocknet, wieder vermahlen und erst dann als Brei gekocht oder zu Fladen ausgebacken. Die Samen der bekannten Palmfarne sind ebenfalls giftig.

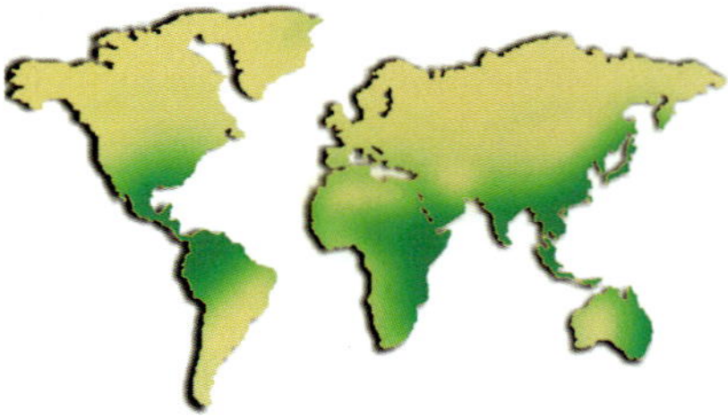

Es gibt regelmäßig Erkrankungen durch unzureichende Vorbereitung oder Verunreinigung mit unverarbeiteten Teilen. Zudem werden manche Palmfarne aus symbiotischen Algen durch die nichtproteinogene Aminosäure BMAA giftig, was für neurodegenerative Erkrankungen beim Menschen durch Verzehr von Palmfarn verantwortlich gemacht wird. Wenn möglich, meidet man lokal in kleinen Fabriken aufbereitete traditionelle Palmfarn-Speisen, da nicht immer eine saubere Verarbeitung sichergestellt werden kann. Industriell hergestellte und in Europa vertriebene Sagoprodukte gelten dagegen als unbedenklich. Allerdings werden unter diesem Namen nicht nur Perlsago aus Palmfarnen vertrieben, sondern verschiedenartige Stärkeprodukte aus Maniok, Mais- und Kartoffelstärke oder echten Palmen.

Übrigens stammen die beim Palmsonntag verwendeten Wedel meist von Palmfarnen.

Als Nacktsamer produzieren Palmfarne keine Blüten und Früchte, sondern große Zapfen, die etwas an jene von Tannen erinnern.

Beschreibung

Palmfarne sind an palmartigen, oft fein gefiederten Wedeln und einem mehr oder weniger senkrechten Stamm meist gut zu erkennen. Die Wedel sind erheblich robuster und fester als diejenigen von Palmen oder gar Farnen. Der Blattstängel einiger Arten ist mit Dornen besetzt. Die Fiederblättchen sind schmal und enden spitz. Als besonderes Merkmal besitzt diese Gruppe zur Unterscheidung zu echten Palmen tannenzapfenartige, oft sehr große Blütenstände auf der Spitze des Stamms. Interessant zur sicheren Ernährung sind bei diesen Pflanzen höchstens die fetten Larven von Rüsselkäfern, die den nahrhaften, aber potenziell giftigen Stamm durchbohren. Die Käfer und deren Puppen sind ungiftig.

Wichtige Vertreter

Sagopalmfarne (Falscher Sago) *Cycas spec.* (T), Zamia *Zamia spec.* (T), Macrozamia *Macrozamia spec.* (T).

Der japanische Palmfarn ist einer der wenigen Arten, die kommerziell überhaupt genutzt werden können. Als Notnahrung eignet sich diese Gruppe nicht.

Dioscoreaceae – Yamswurzelgewächse

Familie

Die größtenteils in den Tropen vertretene Familie der Yamswurzelgewächse spielte und spielt bei der Ernährung eine herausragende Rolle, weshalb sie hier vorgestellt werden soll, auch wenn die Nutzung als Notnahrung aus unterschiedlichen Gründen nicht empfehlenswert ist. Innerhalb der Familie ist eigentlich nur die Gattung *Dioscorea* relevant und weltweit mit mehr als 500 Arten vertreten. Trotz des Artenreichtums gibt es in Mitteleuropa nur die Gemeine Schmerwurz *Dioscorea communis*. Die allermeisten Yamsarten sind stark giftig. Selbst einige traditionell genutzte Wildformen sind unverarbeitet sehr gefährlich. Der Vorgang, die Wurzeln zu entgiften, ist sehr aufwendig, aber notwendig, da neben reizenden Oxalaten auch relevante Mengen cyanogener Glykoside vorkommen, die akut toxisch wirken und unbedingt entfernt werden müssen. Bei einigen Arten reicht das Zerkleinern und mehrtägige Wässern bei ständigem Wasseraustausch, teilweise unter Beimengung von Salz oder Asche. In Teilen Indonesiens wird die kleine, sehr giftige und harte, aber nahrhafte Knolle der wilden *Dioscorea hispida* zu Trockenscheiben »Chips« verarbeitet. Dazu werden die frischen Knollen von der harten Borke befreit und in Scheiben geschnitten und mit Salz oder Asche eingerieben. Die Scheiben werden in Körbe überführt, mit Steinen über Nacht beschwert und danach einige Stunden getrocknet. Salz bzw. Asche und Druck und Trocknen öffnen die giftenthaltenden Zellbestandteile. Die so vorbereiteten Knollenscheiben werden über drei bis vier Tage unter ständigem Wassertausch ausgelaugt oder in einen Fluss gehängt. Erst jetzt gelten die Scheiben als verträglich und werden vor dem Verzehr dennoch frittiert oder gekocht. Sollte man wirklich in Verlegenheit kommen, auf wilde Yams zurückgreifen zu müssen, möge man sich an diesen Vorgang erinnern.

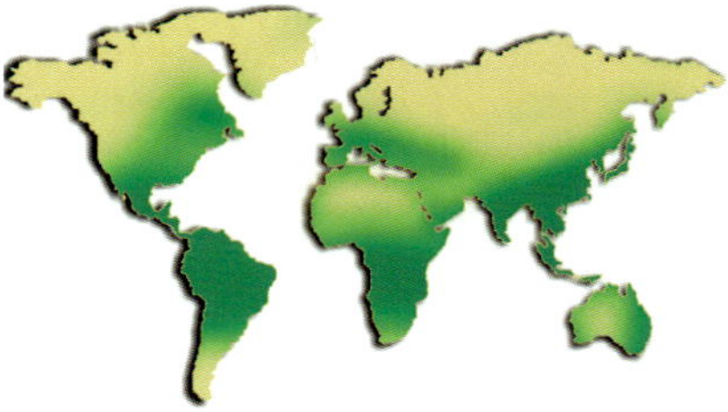

Yamsgewächse sind meistens Lianen, die an Waldrändern wachsen und dicke Wurzeln bilden.

Auch die kultivierte Form enthält im rohen Zustand große Mengen von Saponinen und cyanogenen Verbindungen und muss unbedingt gekocht werden.

Die heimische Schmerzwurz enthält zudem große Mengen von Histamin und Oxalaten, die bei Berührung mit dem Pflanzensaft zu Ausschlägen führen können. In Südeuropa werden die jungen Triebe gekocht und wie Spargel verzehrt.

Beschreibung

Yamswurzelgewächse sind kletternde Pflanzen. Der Trieb dreht sich in der Regel gegen den Uhrzeigersinn. Das Laub ist gestielt, am Boden teilweise wirtelig, weiter oben wechselständig und besitzt eine auffällige herzförmige Blattspreite und für Einkeimblättrige typische unverzweigte, aber der Herzform folgende Nervatur. In den Blattachseln entspringen traubige Blütenstände, an denen erst grüne, später ausgereift rote, stark giftige Beeren stehen. Yamswurzelgewächse bilden praktisch allesamt ein großes und stärke- sowie giftreiches Rhizom aus.

Die einheimische Schmerwurz – natürlich ist sie stark giftig.

Wichtige Vertreter

Weiße Yamswurzel *Dioscorea rotundata* (E), Flügel-Yams *Dioscorea alata* (E), Bitter-Yam *Dioscorea dumetorum* (T+), Schmerwurz *Dioscorea communis* (T+), Luftkartoffel *Dioscorea bulbifera* (T)

Moraceae – Maulbeergewächse

Familie

Insbesondere in subtropischen und tropischen Regionen Afrikas und Asiens spielen Maulbeergewächse eine große Rolle bei der Ernährung. Zu ihnen gehören nicht nur die namensgebenden Maulbeeren, sondern eine Reihe weiterer Nutzpflanzen, die größtenteils Sträucher oder Bäume, teils Lianen sind. Besonders bekannt sind die Gattung *Ficus*, die Feigen sowie die in Südostasien als wichtiges Grundnahrungsmittel genutzte Brotfrucht, zu deren Gattung *Artocarpus* auch die Jackfrucht gehört.

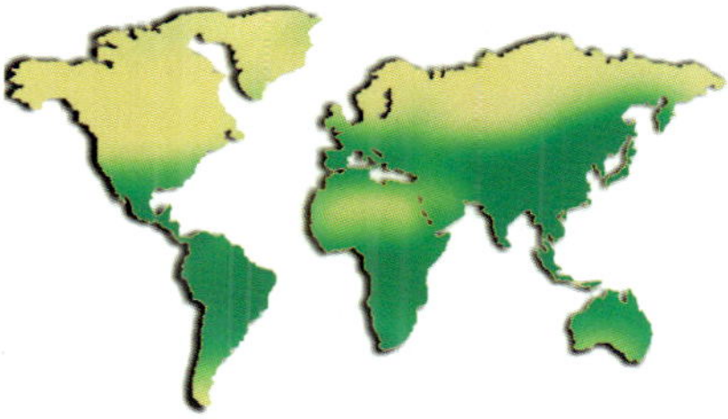

Beschreibung

Das oft ledrig-derbe, manchmal glänzende Laub ist wechselständig, teilweise rau behaart. Die Pflanzen bilden einen hautreizenden Milchsaft, häufig mit dem hitzelabilen Eiweiß spaltenden Enzym Ficin, und in aller Regel unscheinbare Blüten, die bei tropischen Arten cauliflor stehen können, also direkt aus älteren Ästen oder dem Stamm entspringen.

Als Besonderheit bilden die meisten Maulbeergewächse so genannte Fruchtverbände. Dabei verschmelzen zahlreiche Fruchtknoten bzw. Einzelfrüchte mehrerer Blüten zu einer scheinbaren Gesamtfrucht. Dabei lassen sich die einzelnen Früchte nicht mehr voneinander trennen, wie bei Sammelfrüchten, beispielsweise einer Brombeere. Es ist gar nicht so einfach, diesen Fruchtverband

Links: Bei Verletzung der Borke geben Maulbeergewächse meist einen hautreizenden Milchsaft ab.
Rechts: Maulbeergewächse bilden spezielle Sammelfrüchte wie Feigen oder Maulbeeren.

von anderen Fruchtformen zu unterscheiden. Hilfreich bei der Bestimmung ist, dass die einzelnen Fruchtknoten unterschiedlich schnell anwachsen und Fruchtverbände der Maulbeergewächse darum oft seltsam deformiert und dellig erscheinen. Diese Fruchtform findet man bei Maulbeere und Brotfrucht. Die zweite typische Fruchtform ist das so genannte Syconium, eine inverse Varianz des Fruchtverbands. Man findet sie vor allem an den Feigen der Gattung *Ficus* (zu der übrigens auch der Gummibaum gehört). Die Feigenfrucht (die, wie Sie nun wissen, aus mehreren hundert Früchten besteht) entsteht aus einem zu einem Hohlraum umwucherten Blütenstand, der nur eine kleine Öffnung nach außen behält, über die der Bestäuber (zum Beispiel Feigengallwespen) in das Innere des Blütenstands gelangen kann. Viele Feigen haben komplexe Geschlechterkombinationen und Bestäubungsprozesse und können sich effektiv nur mit speziellen in gemeinsamer →Evolution entstandenen Bestäubern fortpflanzen. Diesen Prozess gibt es so nur bei den Feigen, weshalb man bei dieser Fruchtform in Kombination mit Milchsaft sicher sein kann, die richtige Pflanze gefunden zu haben. Ökologisch sind Feigen in tropischen Regionen ähnlich wie die Eiche in europäischen Wäldern eine Schlüsselpflanze. Auf und von ihnen leben eine große Anzahl an sie angepasster Tiere und Pflanzen. Aufgrund der engen und oft symbiotischen Verbindung zu ihren Bestäubern ist dieses Gleichgewicht jedoch empfindlich. Großflächiger Einsatz von Insektiziden oder eingeschleppte Krankheiten können zum Rückgang von Feigen und damit zu erheblichen Einbußen in der örtlichen Artenvielfalt führen.

Aufgrund der einfachen Bestimmbarkeit spielen sie deshalb als Notnahrung eine große Rolle. Dabei werden bei unbekannten Arten ausschließlich die reifen Früchte genutzt. Sie sind bei manchen Arten klein und steinhart und müssen durch Wässern und Zerreiben genießbar gemacht werden.

Wichtige Vertreter

Feigen *Ficus spec.*, Maulbeeren *Morus spec.*, Jack- und Brotfruchtbäume *Artocarpus spec.*, Khoi-Baum *Streblus spec.*, Milchorangenbaum *Maclura spec.*

Musaceae – Bananengewächse

Familie

Abhängig vom Kontinent haben drei ähnliche und vom Laien schnell verwechselte Pflanzengruppen innerhalb der großen Ordnung der Ingwerartigen *Zingiberales* ihre ursprüngliche Verbreitung. Während in Südamerika die ökologische Nische von bananenähnlichen Helikonien besetzt ist, teilen sich im tropischen Afrika eine besondere Bananengattung, die Abessinische Banane *Ensete spec.* (nicht *Musa spec.*) mit den nah verwandten Strelitzien *Strelitzia spec.* Asiens großblättrige Stauden in diesem ökologischen Umfeld sind dagegen in den überragenden Fällen Vertreter der Bananengewächse aus der Gattung »*Musa*«, zu denen auch die kaputt gezüchtete und sterile Dessertbanane gehört.

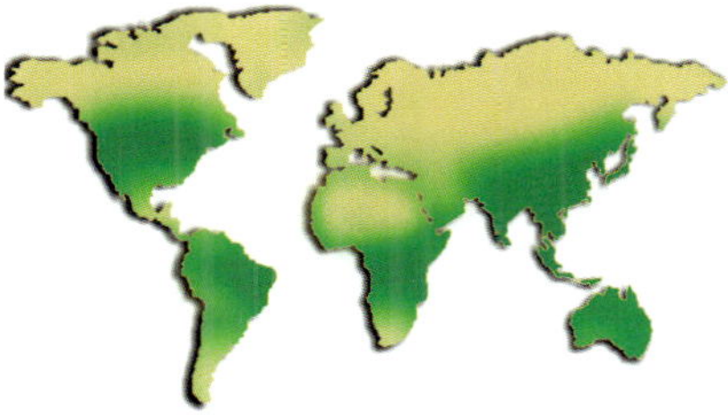

Die Blütenstände der Bananen sind kaum zu verwechseln. Die samenreichen Früchte und die Blüte sind gekocht essbar.

Beschreibung

Bananenstauden sind, wie ihr Name es schon sagt, immergrüne mehrjährige Pflanzen, deren auffälliger Stamm aus wechselständigen, aber im Gegensatz zu Strelitzien und Helikonien nicht zweizeilig, sondern fast quadratisch verschachtelten Blättern bzw. Stängelresten besteht. Die auffälligen großen Laubblätter sind länglich, glattrandig, ledrig, aber eher dünn und reißen schnell parallel zu den Nerven bis zur Mittelrippe ein (ebenfalls zur Unterscheidung zu den ungenießbaren Strelitzien und Helikonien). Der Blütenstand besteht aus einer großen Knospe, die sich schichtweise öffnet und darunter einzelne Blütenreihen mit Fruchtknoten freigibt, aus denen sich kaskadenartig die Beeren entwickeln. Wildbananen sind erheblich kleiner als die Dessertbanane und enthalten zahlreiche dicke Samen und ein oft roh ungenießbares Fruchtfleisch mit wenig Zucker. Die Früchte werden komplett mit Schale gekocht oder gebacken und dann ausgelutscht. Die Samen sind hart und nur nach starkem Rösten essbar. Ebenfalls nahrhaft und gekocht genießbar sind das weiche Mark des »Stamms« sowie der noch nicht ausgereifte Blütenstand.

Wichtige Vertreter:

Abessinische Banane *Ensete ventricosum*, Wildbanane u.a.: *Musa acuminata*, *Musa balbisiana*, Japanische Faserbanane *Musa basjoo*, Manilahanf *Musa textilis*

6 – Dirty Dozen

In den letzten Kapiteln haben wir uns mit der recht komplexen Welt der →Systematik beschäftigt, die uns einen wichtigen Überblick gibt, welche Pflanzengruppen mit hoher Wahrscheinlichkeit essbar sind und welche mit Sicherheit zu Vergiftungen führen. Hier handelte es sich zuletzt um die relativ präzise Gruppe der Familie, die jedoch jeweils einige Tausend Pflanzen vertritt.

Wie Sie im Kapitel über die pflanzliche Systematik gelernt haben, unterstehen den Familien nur noch wenige niedrigere hierarchische Abstufungen, bis wir ein einzelnes Individuum eindeutig benennen können. Einzelne Pflanzen werden, wie schon einmal erklärt, mit einem Vor- und Nachnamen bezeichnet, also *»Gattung art«*.

Zwei Pflanzenarten der gleichen Gattung unterscheiden sich nur noch minimal voneinander. Ein beliebtes Beispiel ist hier der Wegerich. Sie kennen sicherlich den Breitwegerich *Plantago major* und den Spitzwegerich *Plantago lanceolata*. Beides sind gut identifizierbare Wegeriche mit relativ kleinen Unterschieden. Wir beschäftigen uns hier deshalb beispielsweise mit der Gattung *Plantago*, zu der alle Wegericharten zählen.

In diesem Kapitel erfahren Sie also, dass weltweit praktisch alle Pflanzen, die man sicher als »Wegerich« erkennt, essbar sind. Wenn Sie sich also auch außerhalb der gemäßigten Zonen mit Nahrung versorgen müssen, können Sie auf die hier beschriebenen Pflanzen*gattungen* zurückgreifen. Die hier berücksichtigten Gattungen wurden nach unterschiedlichen Kriterien ausgewählt. Wir werden uns insbesondere Gattungen anschauen, die es *weltweit* gibt, die einen hohen *Nährwert* haben, *sicher erkannt* und fast *nicht verwechselt* werden können. Das sind für mich die **»Dirty Dozen«**, die schmutzigen Zwölf, da es hauptsächlich Pflanzen sind, deren Energie in unterirdischen Wurzeln, Knollen oder →Rhizomen vorliegt. Manche von ihnen lagern außerdem große Mengen von Ölen oder Kohlenhydraten in den Samen ein.

Tausend in Zwölf

Wie Sie im vorherigen Kapitel gelesen haben, entstammen diese Pflanzengattungen also zumeist Familien mit keinen oder kaum ernsthaft giftigen ähnlich aussehenden Pflanzen. Deshalb sollte selbst eine Verwechslung durch den unvorsichtigen oder unerfahrenen Sammler nicht gefährlich sein.

Die hier aufgezählten Pflanzengattungen werden im allgemeinen Sprachgebrauch in aller Regel als eine Art zusammengefasst. Wussten Sie zum Beispiel, dass es eine ganze Reihe unterschiedlicher Brennnesselarten gibt? Für die meisten gibt es nur »eine Brennnessel«, was aber auch meist völlig ausreichend ist, weil die unterschiedlichen Brennnesseln aus dem Blickpunkt der Ernährung gleichwertig sind. Aus den unten aufgeführten zwölf Gattungen können Sie auf diese Weise einige Tausend unterschiedliche, weltweit essbare Arten ableiten, ohne dass Sie dafür ein Bestimmungsbuch oder eine Enzyklopädie bräuchten.

Deshalb lohnt es sich auch, wenn Sie in Eigenregie von jeder Gattung so viele unterschiedliche Pflanzen wie möglich sammeln und betrachten.

Mit der aktuellen Neuauflage wurde das Konzept der Dirty Dozen allerdings noch mal erweitert und nach zahlreichen Rückmeldungen aus der Leserschaft der Praxis angepasst. Die starre Einteilung in Gattungen wurde nicht komplett der »Sammelrealität« gerecht. Beim Sammeln wurde kaum zwischen den Gattungen *Atriplex*, *Chenopodium* und *Amaranthus* unterschieden, dennoch waren die ersten beiden in einer Gruppe zusammengefasst, die Fuchsschwänze als eigene Gattung beschrieben. Den frei gewordenen Platz hat die Seerose eingenommen, eine Wasser- und Giftpflanze, die allerdings in feuchten Regionen eine wichtige Rolle als Nahrung spielt und korrekt aufbereitet sehr reich an Energie ist.

Darüber hinaus war die Gattung »Schilf« einerseits zu einschränkend, da die Nutzbarkeit sich auf viele Großgräser übertragen lässt – und teilweise lässt sich Schilf gar nicht so einfach von Pfahlrohr oder Bambus unterscheiden. Weil hier allerdings einige Vorsichtsmaßnahmen notwendig sind, wurde Schilf als einzelnes →Taxon »aufgelöst« und in die polyphyletische Beschreibung der Gräser eingegliedert, die dem Schilf ähnlich sind und vergleichbar genutzt werden können. Damit bestehen die Dirty Dozen nicht mehr streng aus einzelnen Gattungen, wurden damit aber um ein paar hundert Arten erweitert.

Wer die Dirty Dozen verinnerlicht und einen Blick für die Pflanzen entwickelt hat, wird auf jeder Fernreise ständig essbare Pflanzen finden – oft sogar in Wüsten und Steppen. Im Prinzip ist es egal, wo Sie sich auf der Welt befinden mögen, Sie werden mit hoher Wahrscheinlichkeit unter den Dirty Dozen Ihre Mahlzeit finden können. Diese Liste hat sich während meiner Reisen in unterschiedliche Regionen dieser Erde immer wieder bestätigt. Dennoch sollten Sie sich ermutigt fühlen, sie kritisch zu überdenken und gegebenenfalls an eigene Bedürfnisse oder Erfahrungen anzupassen.

Sie können überall auf der Welt einige der zwölf wichtigsten Gattungen finden. Ob in gemäßigten Zonen, in Wüsten und Steppen oder wie hier in den Tropen: *Typha latifolia* in Südostindien.

1. Brennnesseln

Familie

Pflanzenname
Urtica spec.

Trivialnamen
Brennnessel, Nessel, Nesselkraut, Brennkraut

Systematik
Familie: *Urticaceae* (Brennnesselgewächse)
Gattung: *Urtica* (Brennnesseln)

Standorte
nährstoffreiche Bachufer, Waldränder, Wiesen

Bestimmungsmerkmale
Die Brennnessel ist eine zwischen 70 und 150 Zentimeter große Pflanze mit kreuzgegenständigem, gesägtem Laub. Den Blattachseln entspringen die Blüten. Einfach zu erkennen sind Brennnesseln an den unangenehm stechenden Brennhaaren. Knickt man eine Brennnessel ab, so bleiben die holzigen inneren Bereiche an einem stabilen, oft rötlichen Bast hängen. Brennnesseln stehen gerne in großen Feldern.

Blätter G
Sammelzeit: März bis August

Blüten
Sammelzeit: April bis Juni

Samen R
Sammelzeit: Juni bis August

Spross
Sammelzeit: April bis Juni

Wurzel
Sammelzeit: Ganzjährig

Energiereiche Teile
Samen bzw. Nüsschen der weiblichen Pflanzen

Wichtige Inhaltsstoffe
fette Öle, Kohlenhydrate, Nesselgift (Acetylcholin, Ameisensäure)

Phytotherapeutischer Wert
entzündungshemmend, blutungshemmend, entwässernd (diuretisch)

Wissenswertes
Brennnesseln sind →zweihäusig, das heißt, dass es Pflanzen weiblichen und männlichen Geschlechts gibt. Während die weiblichen Blütenstände ab dem frühen Sommer ölreiche Nüsschen enthalten, enthalten die männlichen Blüten Eiweiß, sind ernährungsphysiologisch aber weniger relevant. Blätter können durch einfaches Abstreifen der Brennhaare »mit dem Strich« zum rohen Verzehr vorbereitet werden. Die mit Gift geladenen, hohlen Stachelröhren brechen bei diesem Vorgang ab.

Verwechslungsgefahren mit Giftpflanzen
In tropischen Regionen wachsen einige Pflanzen aus der Familie der Brennnesselgewächse, die eine überaus starke Reizwirkung besitzen. Hervorzuheben ist der Brennnesselbaum *Urtica ferox*, der in Neuseeland vor-

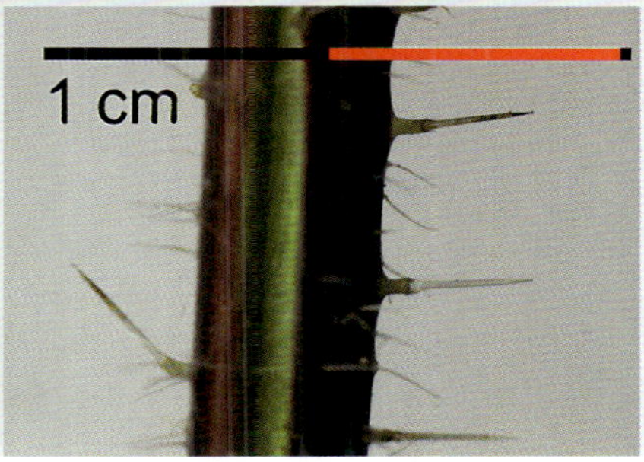

kommt. Der Brennnesselbaum ist mit rund zwei bis drei Metern Höhe eher ein Strauch. Seine spitz gesägten Blätter und vor allem die Stängel sind überzogen von langen Stachelröhren. In ihnen sind nicht nur die typischen Nesselgifte Histamin, Acetylcholin und Ameisensäure, sondern auch Nervengifte, die schwere und anhaltende Schmerzen, Krämpfe und Herzreaktionen auslösen können. Die »giftigste Brennnessel der Erde« soll auch schon Todesopfer gefordert haben. Allerdings muss man nicht bis nach Neuseeland reisen, um an deutlich schmerzhaftere Arten zu gelangen. Schon in Südeuropa gibt es deutlich unangenehmere Arten wie etwa die Pillen-Nessel *Urtica pilulifera* mit erheblich längeren und dickeren Stacheln. Wie auch bei den einheimischen Brennnesseln ist zu vermeiden, mit nackter Haut die Pflanze beziehungsweise die Brennhaare zu berühren. Großflächige Exposition mit dem Nesselgift auch einheimischer Nesseln kann zu einem anaphylaktischen Schock führen. Diese Erfahrungen musste eine Studienkol-

Nicht alle Brennnesseln bilden die von den hiesigen Arten bekannten Zöpfchen. Zur Bestimmung dienen dann Brennhaare und kreuzgegenständiges Laub.

legin zu »fortgeschrittener Stunde« während einer Sommerfeier auf meinem Trainingsgelände machen. Sie durchquerte aus nicht mehr völlig nachvollziehbaren Gründen auf allen Vieren das Unterholz des angrenzenden Auenwalds.

2. Fuchsschwänze, Gänsefüße und Melden

Familie

Pflanzenname
Amaranthus spec., Atriplex spec./Chenopodium spec. u.a.

Trivialnamen
Fuchsschwanz, wilder Spinat, Amarant, Gänsefuß, Melde, Schisskraut

Systematik
Familie: *Amaranthaceae* (Fuchsschwanzgewächse) Unterfamilie: *Chenopodioideae* (Gänsefußartige)
Gattungen: *Atriplex* (Melden), *Chenopodium* (Gänsefüße) sowie Unterfamilie: Fuchschwanzartige *Amaranthoideae*
Gattungen: *Amaranthus* (Fuchschwänze)

Standorte
Ruderalstellen, Wiesen, nährstoffreiche Trockenböden, Schwemmland

Bestimmungsmerkmale
Fuchschwänze, Gänsefüße und Melden haben als Mitglieder der Unterfamilie Gänsefußartige *Chenopodioideae* (Melden, Gänsefüße u.a. essbare) beziehungsweise der Fuchschwanzartige *Amaranthoideae* (Amaranthe u.a. essbare) in der Regel wechselständiges, nebenblattloses Laub, dessen Form entweder gänsefußartig, eiförmig-zugespitzt, lanzettlich oder leicht pfeilförmig ist. Die Blüten stehen als kleine Ansammlungen von Köpfchen, buschige »Ähren«, bleich bereift, matt grün bis violett in den oberen Bereichen der oft verzweigten Pflanzen. Die Samen sind klein, aber gut zerdrückbar. Das Laub dieser Pflanzen ist gelegentlich silbrig behaart. Die Pflanzen riechen an grünen Blattteilen leicht nach Spinat, an der Basis erdig, zuckerrübenartig. Der untere, oft starre Stängelbereich ist häufig rötlich gefärbt, verursacht durch sogenannte Betalaine, wie sie auch in der nah verwandten Roten Bete vorkommen. Mitunter ist der Wurzelbereich leicht rübenartig verdickt. Das Laub mancher Pflanzen hat teilweise einen markanten Oxalsäure-Geschmack. In diesem Fall kochen und auslaugen.

Blätter
Sammelzeit: März bis August

Blüten
Sammelzeit: April bis Juni

Samen A *(bei viel Oxalsäure)*
Sammelzeit: Juni bis November

Spross
Sammelzeit: April bis Juni

Wurzel A *(bei viel Oxalsäure)*
Sammelzeit: ganzjährig

Energiereiche Teile
Samen und Wurzeln

Wichtige Inhaltsstoffe
Kohlenhydrate, essentielle Aminosäuren, Mineralstoffe, Gerbstoffe, Oxalsäure, Saponine

Phytotherapeutischer Wert
Entzündungshemmend, als Auszug bei Atemwegserkrankungen, äußerlich bei Insektenstichen. Manche Melden wirken im Übermaß genossen abführend.

Wissenswertes

Fuchsschwänze, Melden und Gänsefüße zählen zu den sehr häufigen, essbaren »Unkräutern«. Da es oft schwer ist, die Samen aus den Blüten herauszulösen, werden die kleinen Blütenköpfchen einfach gekocht und gut gekaut geschluckt. Einige Fuchsschwanzarten waren in Südamerika Grundnahrungsmittel ganzer Zivilisationen. Sie lassen sich sprichwörtlich überall finden. Es gibt zudem einige hier nicht speziell berücksichtigte Gattungen (teilweise durch neuere taxonomische Ausgliederung) wie *Oxybasis*, *Blitum*, *Halimione* oder *Chenopodiastrum*, die sich kaum von den drei exemplarischen Gattungen unterscheiden und ebenso genutzt werden können.

Verwechslungsgefahren mit Giftpflanzen

Sie können unbekannte Melden gegebenenfalls mit dem Bingelkraut *Mercurialis spec.* verwechseln. Die Bingelkräuter gelten jedoch nicht als besonders gefährlich. Wenn Sie sicher gehen möchten, achten Sie darauf, dass *Amaranthaceae* wechselständiges Laub besitzen, während das Bingelkraut gegenständige Blätter hat.

ZUSAMMENGEFASST:

Nach nunmehr über 15 Jahren entschied ich mich, die drei Taxa Melde, Fuchsschwanz und Gänsefuß und Ähnliche als →polyphyletische Gruppe in die Dirty Dozen aufzunehmen. In der Praxis wurden diese drei Gruppen beim Sammeln von Pflanzengattungen ohnehin nie »sauber« voneinander unterschieden und erfuhren in den letzten Jahren zahlreiche kladistische Umstrukturierungen. Sie sind aufgrund ihres besonderen Aussehens ohnehin praktisch nur untereinander verwechselbar, sehr nah miteinander verwandt und gleichartig nutzbar.

3. Großgräser

Familie

Pflanzennamen

Phragmites, *Miscanthus*, *Arundo*, *Phalaris*, *Bambus* (div.) u.v.a.

Trivialnamen

Schilf, Schilfrohr, Reet, Pfahlrohr, Glanzgras, Bambus u.v.a.

Systematik

Familie: *Poaceae* (Süßgräser)
Gattung: diverse (polyphyletisch)

Standorte

Sumpfgebiete, Entwässerungsgräben, See- und Bachufer, Flüsse, offene Standorte

Bestimmungsmerkmale

Zu den »Großgräsern« – in Mitteleuropa ist meist Schilf gemeint – gehören zahlreiche ähnliche, teils nahe miteinander verwandte Süßgräser, die weltweit in zahlreichen unterschiedlichen Biotopen verbreitet sind und eine echte »Notnahrung« im Sinne des Wortes sind. Die aufrechten Stängel sind mit linealischen Blättern besetzt, wie Sie es auch von kleinen Gräsern kennen. Die Pflanzen sind aber über 2 Meter hoch. Die meist in Feldern wachsenden Pflanzen wie Schilf, Bambus oder Pfahlrohr werden durch meist schilfartig-buschige Blüten (im Falle von Bambus eher unscheinbar) überragt.

Für die Notnahrung sind ausschließlich die unterirdisch kriechenden, meist stark verholzten →Rhizome interessant. Sie enthalten je nach Pflanzengruppe unterschiedliche Speicherstoffe, aber teilweise auch Gifte. Bei unbekannten Arten müssen die Rhizome gut gebacken, klein gestampft und ausgekocht werden. Der Sud enthält die gewünschten Nährstoffe.

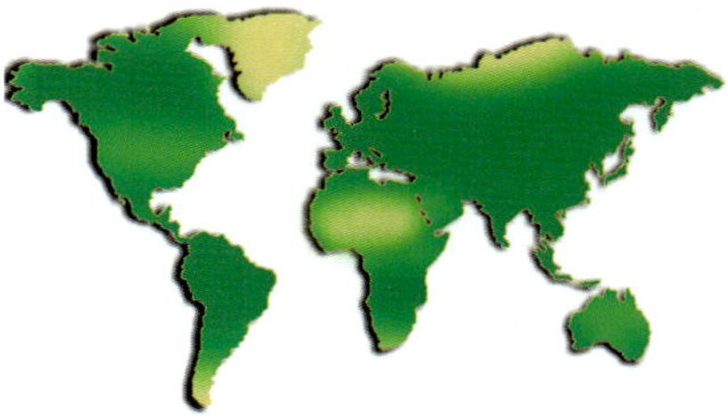

Wurzel R A

Sammelzeit: ganzjährig

Spross A

Sammelzeit: April bis Juni

Energiereiche Teile

Wurzeln, Rhizome

Wichtige Inhaltsstoffe

Stärke in Wurzeln, teilweise Alkaloide wie Gramin und DMT (in manchen Glanzgräsern) und cyanogene Glycoside (Bambus, Pfahlrohr)

Wissenswertes

Die Großgräser sind in dieser Auflage anstelle von Schilf gewählt worden, da es außerhalb von Europa zahlreiche so gestaltete Pflanzen gibt, die als Notfallernährung genutzt werden können. Einige von ihnen können bei ungenügender Verarbeitung und der Aufnahme großer Mengen der Rhizome zu leichten Vergiftungserscheinungen führen. Nicht relevant, obwohl immer wieder zitiert, ist tatsächlich der Gehalt von DMT in den Wurzeln einiger Gräser. DMT oder Dimethyltryptamin ist ein extrem starker psychedelischer Wirkstoff, dessen Wirkung beispielsweise bei der zeremoniellen Nutzung von Ayahuasca ausschlaggebend ist. Tatsächlich ist die Aufnahme von reinem DMT über die Nahrung praktisch nicht wirksam, da es durch das Enzym Monoaminoxidase

Links: Die großen und oft faserigen Rhizome enthalten viel Energie. Allerdings sollten sie nicht roh verzehrt werden. *Rechts:* Bambus wächst mittlerweile weltweit verwildert. Er lagert cyanogene Glykoside ein, die entfernt werden müssen.

in Darm und Leber abgebaut wird. Relevanter sind die hitzeempfindlichen Blausäureverbindungen.

Verwechslungsgefahren mit Giftpflanzen

Es sind keine Verwechslungen mit für den Menschen stark oder sehr stark giftigen Pflanzen bekannt.

4. Kletten

Familie

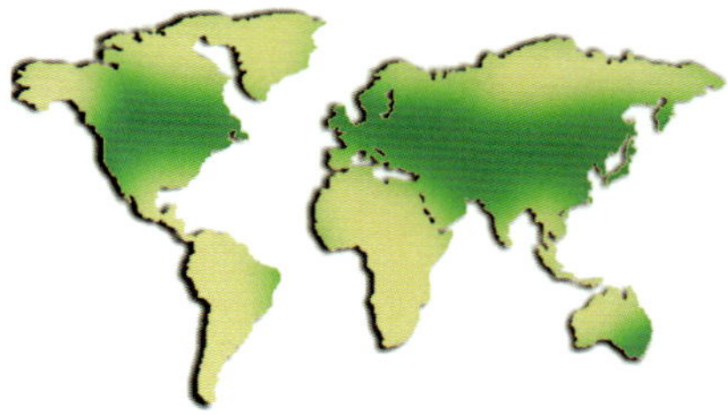

Pflanzenname
Arctium lappa, Arctium tomentosum u.a.

Trivialnamen
Klette, Klettkraut, Filzkraut, Igelköpfchen

Systematik
Familie: *Asteraceae* (Korbblütler)
Gattung: *Arctium* (Kletten)

Standorte
Ruderalstellen und Wege, magere Wiesen, selten in Wäldern

Bestimmungsmerkmale
Sicher erkennen können Sie Kletten an den Korbblüten, deren Hüllblätter mit feinen und spitzen Haken besetzt sind. Sie umhüllen oft violette →Zungenblüten und erinnern in ihrer Form an kleine Artischocken. Der meist reich verzweigte Stängel ist gefurcht und wachsig bereift. Außerdem sind alle Pflanzenteile meist stark filzig behaart. Das wechselständige Laub ist leicht herzförmig und bildet eine ausladende (teilweise über 3 Meter große) bodenständige Rosette.

Blätter
Sammelzeit: März bis Mai

Blüten
Sammelzeit: April bis Juni

Samen
Sammelzeit: Juni bis Juli

Spross
Sammelzeit: April bis Juni

Wurzel
Sammelzeit: ganzjährig

Energiereiche Teile
tiefsitzende Pfahlwurzel, Samen

Wichtige Inhaltsstoffe
Ätherische Öle, Inulin, Gerbstoffe (v.a. in Blättern), Schleimstoffe, Bitterstoffe, fette Öle in Samen

Phytotherapeutischer Wert
als Auflage bei Ekzemen und Flechten, verdauungsanregend, entwässernd (diuretisch).

Wissenswertes
Die Kletten bilden riesige Laubblätter. Diese lassen sich zum Beispiel zum Einwickeln von Nahrung beim Sammeln oder zum Backen verwenden. Sie schmecken jedoch selbst so bitter, dass sie in großen Mengen ungenießbar sind. Im Frühjahr und Frühsommer findet man in der Mitte der Rosette faltige und hellgrüne Blätter, die nach Blanchieren gegessen werden können, aber sehr herb schmecken. Möchte man einen Spinat aus ihnen kochen, muss das Wasser mehrfach gewechselt werden. Die Blätter der Kletten sind aufgrund ihrer Ungefährlichkeit aber starken Geschmacks ideales Testmaterial, um das Entfernen wasserlöslicher Giftstoffe durch Prozessieren zu üben.

Verwechslungsgefahren mit Giftpflanzen
Wer nur sehr flüchtig bei der Bestimmung hinschaut, kann prinzipiell ungewollt die durch Pyrrolizidinalkaloide giftigen Pest-

wurzen *Petasites spec.* sammeln. Während der Blütezeit sollte das nicht geschehen, Pestwurzen bilden nicht die typischen Klettblüten aus. Im Frühjahr sieht die Sache aber schon etwas anders aus. Während Kletten aber generell auf trockenem und kiesigem Untergrund wachsen, wachsen große Pestwurzarten im Schatten an Gewässern. Das Blatt der Klette ist deutlich behaart, der Blattrand ist glatt, bei Pestwurzen ist das Blatt kaum behaart und am Rand gezahnt. Außerdem besteht die Möglichkeit der Verwechslung mit der essbaren Spitzklette *Xanthium spec.*, deren Früchte entfernt an diejenigen der Kletten erinnern.

Die riesigen Wurzeln der Kletten können ausgegraben und die inneren Bereiche geröstet oder gekocht verzehrt werden.

5. Löwenzahn

Familie

Pflanzenname
Taraxacum spec. bzw. Leontodon spec.

Trivialnamen
Löwenzahn, Winterblume, Winterlöwenzahn, Butterblume, Pusteblume, Söiblueme, Milchkraut

Systematik
Familie: *Asteraceae* (Korbblütler), Gattung: *Taraxacum/Leontodon* (Löwenzahn)

Standorte
Wiesen, Ruderalstellen, Straßen und Wege

Bestimmungsmerkmale
Der Löwenzahn, oder das, was man darunter versteht, besteht tatsächlich aus einer ganzen Reihe unterschiedlicher Pflanzen. Sicheres und gemeinsames Erkennungsmerkmal sind die weißen oder buttergelben bis orangenen, nur aus →Zungenblüten bestehenden Korbblüten. Die Blüte steht in der Regel mit einem hohlen Stängel einzeln aus der bodenständigen Blattrosette. Das Laub ist meist tief gezähnt (*Taraxacum spec.*) oder eiförmig und nur leicht gesägt oder gelappt (*Leontodon spec.*). Darüber hinaus gibt es einige Pflanzen wie Lattícharten *Lactuca spec.* oder Ferkelkräuter *Hypochaeris spec.*, die man als Löwenzahn bezeichnet oder falsch bestimmt. Die Pflanzen lassen sich genauso nutzen.

Nach dem Verblühen stehen die weißen Flugschirmchen der winzigen Nussfrüchte in dem als »Pusteblume« bekannten Köpfchen zusammen. Löwenzahnarten haben oft einen weißen Milchsaft.

Blätter
Sammelzeit: März bis Mai

Blüten
Sammelzeit: April bis Juni

Samen
Sammelzeit: Juni bis Juli

Spross
Sammelzeit: April bis Juni

Wurzel W A
Sammelzeit: ganzjährig

Energiereiche Teile
weiße, bittere Pfahlwurzel, Blüten

Wichtige Inhaltsstoffe
Bitterstoffe, Inulin, Schleimstoffe, Zucker

Phytotherapeutischer Wert
Verdauungsfördernd, gallensafttreibend (zur Verdauung nach schweren Mahlzeiten), abführend, stark entwässernd (diuretisch).

Wissenswertes
Die Samen des Löwenzahns sind so winzig, dass es sich nur lohnt, sie zu sammeln, wenn einige Hundert dieser Köpfchen vorhanden sind. Um sie von den Flugschirmchen zu trennen, werden sie zuerst angefeuchtet und dann auf einen heißen Stein verbracht. Hier trocknen die Härchen, verkleben und verglühen. Wenn Sie das Abflammen ohne das Anfeuchten versuchen, werden Ihnen große Mengen der Samen

durch die Thermik abhanden kommen. Die möhrenartige, weiße Wurzel kann sehr einfach in großen Mengen geerntet werden. Teilweise schmeckt sie jedoch sehr bitter, sodass sie prozessiert werden muss. Nach dem Auslaugen der Bitterstoffe in kaltem Wasser dienen die Wurzeln als inulinreiche Speise.

Verwechslungsgefahren mit Giftpflanzen

Es sind keine Verwechslungen mit Giftpflanzen bekannt. Wer ganz sicher gehen will, achtet auf die Kombination: Milchsaft, hohler Blütenstängel mit einer einzigen Korbblüte und ohne Blätter. Laub ist tief gesägt bzw. gezähnt. Über diese Kombination landet man auf jeden Fall mindestens bei der Unterfamilie *Cichorioideae*, bei der mit wenigen Ausnahmen (siehe Giftlattich, Familie *Asteraceae* S. 82) praktisch keine ernsthaft giftigen Vertreter zu erwarten sind.

Die grundständige Rosette mit einer einzelnen Blüte und das mehr oder weniger schrotsägegezahnte Laub ist typisch für Löwenzahn.

6. Nachtkerzen

Pflanzenname
Oenothera spec.

Trivialnamen
Gewöhnliche/Gemeine Nachtkerze, Nachtblume

Systematik
Familie: *Onagraceae* (Nachtkerzengewächse) Gattung: *Oenothera* (Nachtkerzen)

Standorte
Ruderalstellen, Bachufer, Waldränder, Schutthalden, sonnige und trockene Standorte

Bestimmungsmerkmale
Das Erste, was Sie von Nachtkerzen vermutlich sehen, sind die zuweilen sehr großen, kreuzsymmetrischen Blüten mit vier leuchtend farbigen Kronblättern. Da die Kreuzblütler eine ähnliche Blütensymmetrie besitzen, sollten Sie die Unterschiede kennen, auch wenn in der Familie der Nachtkerzengewächse keine giftigen Vertreter auftauchen. Im Gegensatz zu den Kreuzblütlern haben die Nachtkerzen acht und keine sechs Staubblätter. Außerdem können Sie die Pflanze am fehlenden Senfölgeruch unterscheiden. Das Laub der Nachtkerzen ist meist eiförmig-zugespitzt, immer wechselständig und ohne Nebenblatt. Oft ist eine bodenständige Blattrosette ausgebildet, aus der einige meist unverzweigte und leicht verholzte Stängel entspringen. In praktisch allen Blattachseln der am Stängel stehenden Blätter finden sich Blüten oder die Kapselfrüchte. Die Kapseln stehen aufrecht und enthalten große Mengen bei Reife rehbrauner Samen. Nachtkerzen blühen in der Regel von unten nach oben, sodass an einer Pflanze meist große Mengen schon fast reifer Kapseln stehen, während sich die oberen Blüten erst noch entfalten. An den Staubgefäßen hängen deutlich sichtbar die klebrigen und spinnennetzartigen Pollen.

Blätter
Sammelzeit: März bis Mai

Blüten
Sammelzeit: Bei Pflanzen im 2. Jahr April bis Juni

Samen
Sammelzeit: Bei Pflanzen im 2. Jahr Juni bis Juli

Spross
Sammelzeit: Bei Pflanzen im 1. Jahr April bis Juni

Wurzel
Sammelzeit: Bei Pflanzen im 1. Jahr ganzjährig

Energiereiche Teile
Samen, Wurzeln der einjährigen, noch blütenlosen Rosetten.

Wichtige Inhaltsstoffe
fette Öle, Schleimstoffe, Bitterstoffe

Phytotherapeutischer Wert
Schleimstoffe bei entzündlichen Problemen des Verdauungsapparates und Rachenraums

Wissenswertes

Nachtkerzen blühen in den Abendstunden. Um sie von Königskerzen zu unterscheiden, achtet man auf die Blüten, die bei Nachtkerzen viel größer und auffälliger gestaltet sind. Außerdem bilden Nachtkerzen keine Blattrosette aus wollig-filzig behaarten Blättern. Besonders schmackhaft und proteinreich sind die gerade erst geöffneten Blüten, die einen süßlichen, leicht vanilleartigen Geschmack haben. Die Samen lassen sich ab dem Sommer in großen Mengen sammeln und sind sehr ölreich.

Verwechslungsgefahren mit Giftpflanzen

Es sind keine Verwechslungen mit Giftpflanzen bekannt.

Unterirdische Pflanzenteile wie Wurzeln und Rhizome sind manchmal sehr holzig. Diese Bereiche werden klein geschnitten, weichgekocht und ausgekaut. Der Sud sollte verwendet werden, da sich darin Speicherstoffe gelöst haben.

7. Rohrkolben

Pflanzenname
Typha latifolia, Typha minima u.a.

Trivialnamen
Rohrkolben, Kolben, Röhricht, Katzenschwanz, Zigarrenpflanze, Lampenputzer, Kanonenputzer

Systematik
Familie: *Typhaceae* (Rohrkolbengewächse)
Gattung: *Typha* (Rohrkolben)

Standorte
Sumpfgebiete, Entwässerungsgräben, See- und Bachufer, Flüsse

Bestimmungsmerkmale
Rohrkolben besitzen als typische einkeimblättrige Pflanze linealische Blätter mit parallelen →Nerven. Sie sind an der Basis röhrenartig ineinander zusammengelegt. Aus dem Boden gezogene Blätter sind an dieser Stelle stark schleimig benetzt. Die bis zu 1,5 Meter langen Blätter sind am oberen Ende meist zugespitzt und falten sich im oberen Drittel häufig nach unten um. Am sichersten ist der Rohrkolben an seiner Blüte zu erkennen. Oben an einem kreisrunden und hohlen Stängel sitzt ein großer brauner Kolben, der aus den zusammengepressten Flugschirmchen besteht. Bricht diese Oberfläche auf, erscheint eine watteartige Masse. Auf diesem Kolben sitzt ein kleiner, wollig behaarter Stiel, der als männlicher Blütenteil den Pollen beherbergt. Für indigene Völker Nordamerikas war Rohrkolbenpollen ein wichtiges eiweißreiches Grundnahrungsmittel. Dazu werden die männlichen Kolben im Frühsommer abgestreift und die Blüten und Pollen gesammelt, in der Sonne getrocknet, von Fasern befreit und mit etwas Wasser vermengt zu einem Teig verarbeitet. Die gerösteten Fladen sind lange haltbar und enthalten bis zu 20% Protein, darunter alle essenziellen Aminosäuren. Damit gehören die männlichen Blüten bzw. Pollen des Rohrkolbens zu den seltenen Proteinquellen, die in der Natur an Pflanzen gefunden werden können und ohne aufwendige Entgiftung essbar sind.

Blätter
Sammelzeit: März bis Mai

Spross G
Sammelzeit: April bis Juni

Wurzel
Sammelzeit: ganzjährig

Energiereiche Teile
riesige, stärkehaltige Rhizome, Blattbasis

Wichtige Inhaltsstoffe
Stärke in den Wurzeln und in der Blattbasis. Schleimstoffe an den unteren Blattenden

Phytotherapeutischer Wert
Sehr wertvolles Stärkungsmittel bei Erschöpfungszuständen. Zu Schleim gekochte Blattbasis lindert Magenbeschwerden.

Wissenswertes
Unterirdisch sowie an der Blattbasis sammelt der Rohrkolben große Mengen von Stärke. Sie können diese Blattbasis einfach gekocht als stärkereiche Nahrung zu sich

nehmen. Um die Fasern der →Rhizome gelagerte Stärke lässt sich herauslösen und zu Fladen verarbeiten. Die jungen Blätter haben einen angenehmen Geschmack und werden wie Palmherzen verwendet. Die Flughaare des Rohrkolbens eignen sich zudem ideal zum Entzünden eines Feuers.

Verwechslungsgefahren mit Giftpflanzen

Es sind keine Verwechslungen mit Giftpflanzen bekannt. Es sollte jedoch auf den typischen Kolben geachtet werden, um Verwechslungen mit Schwertlilien oder anderen ähnlich wachsenden Einkeimblättrigen auszuschließen.

Bis zum Bersten mit Stärke bepackt. Die Rhizome von Rohrkolben schmecken gekocht oder geröstet nussig und sind sehr nahrhaft.

8. Rosen

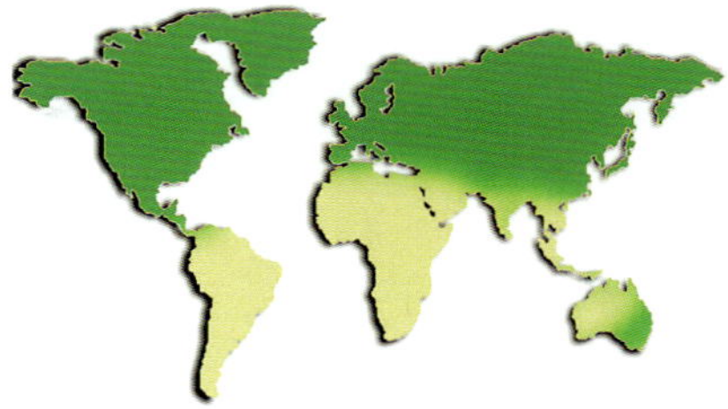

Pflanzenname
Rosa canina u.a.

Trivialnamen
Hundsrose, Heckenrose, Hagrose, Hagedorn, Hagebutte

Systematik
Familie: *Rosaceae* (Rosengewächse)
Gattung: *Rosa* (Rose)

Standorte
Waldränder, Wiesen, Hecken

Bestimmungsmerkmale
Rosen sind als Hecken wachsende oder rankende Gewächse, die sich mit außerordentlicher Geschwindigkeit ausbreiten. Insgesamt gibt es etwa 200 wilde Arten. Da Rosen als Zierpflanze intensiv gezüchtet werden, findet man mehrere tausend unterschiedliche Formen. Da sie außerordentlich robust und oft frostfest sind, findet man sie von der stürmischen Küste Norddeutschlands bis in die eisigen Bergtäler Neuseelands. Die Blüte ist meist radiärsymmetrisch, fünfzählig und besitzt einen aufgeblähten, grünen Kelch. Alle verholzten Pflanzenteile sind mit teils aggressiven Stacheln besetzt. Selbst unten an der Mittelrippe der Blätter finden sich die Stacheln, weshalb Rosen selbst von den hungrigsten Pflanzenfressern verschmäht werden. Die Blätter sind unpaarig gefiedert und besitzen einen gesägten Blattrand. Früchte der Rosen sind die Hagebutten, welche ein wenig an kleine Äpfel erinnern. Die Farbe der mit zahlreichen Samen gefüllten Früchte variiert von rot-orange bis rosa. Aufgrund ihrer nahen Verwandtschaft zu anderen Rosengewächsen mit blausäurehaltigen Samen ist das auch bei den Hagebutten zu vermuten. Deshalb wird bei der Nutzung größerer Mengen der Samen eine Entgiftung durch Rösten empfohlen.

Blätter
Sammelzeit: Februar bis April

Blüten
Sammelzeit: März bis Juli

Samen R A
Sammelzeit: Juli bis März

Früchte
Sammelzeit: Juli bis Januar

Energiereiche Teile
Samen und Früchte

Wichtige Inhaltsstoffe
Pektin, Vitamine, in den Samen: fettes Öl, cyanogene Glycoside (!), ferner insbesondere im Laub Bitter- und Gerbstoffe

Phytotherapeutischer Wert
Tee aus Hagebutten soll Erkältungen lindern. Gebrühte Blätter finden Einsatz bei Rachenentzündungen. Entwässernd (diuretisch)

Wissenswertes
Die als »Juckpulver« bekannten Härchen auf den Samen können während des Röstvorgangs abgeflammt werden, indem ein größeres Stück Glut einmal langsam durch eine Röstwanne geschoben wird. Die Blätter

sind oft außerordentlich bitter und sollten nur in Maßen verzehrt werden. In größeren Mengen führen die enthaltenen Gerbstoffe zu Verstopfung. Allerdings kann dieser Effekt bei der Behandlung von Krankheiten genutzt werden.

Verwechslungsgefahren mit Giftpflanzen

Es sind keine Verwechslungen mit Giftpflanzen bekannt.

VORSICHT:

Eine Menge giftiger Zierpflanzen haben einen Trivialnamen, der mit »-Rosen« endet. Dass diese nichts mit der Gattung *»Rosa«* zu tun haben, ist schnell erkennbar.

Wenn vor allem Früchte gesammelt werden, die fast nur noch Kerne enthalten, ist Entgiften durch Rösten sinnvoll.

9. Seerosen

Familie

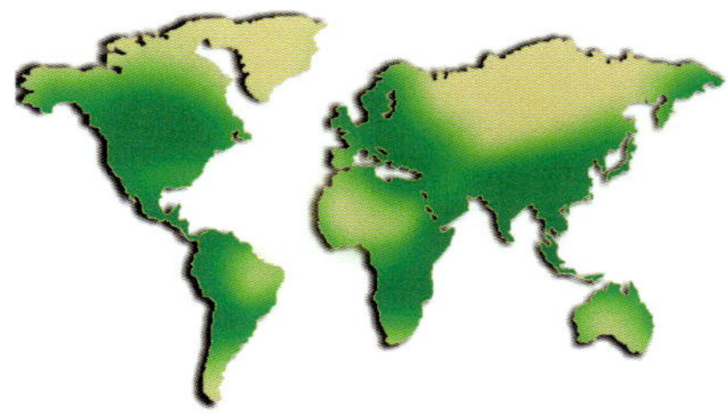

Pflanzenname
Nymphaea spec.

Trivialnamen
Seerose, Wasserlilie, Rosennymphe, Teichrose (Achtung: Fehlbezeichnung!)

Systematik
Familie: *Nymphaeaceae* (Seerosengewächse) Gattung: *Nymphaea* (Seerosen)

Standorte
Sumpfgebiete, Überschwemmungsland, stehende Gewässer, langsam fließende Flüsse

Bestimmungsmerkmale
Seerosen wurzeln im schlammigen Gewässergrund. Sie bilden bis zu armdicke und sehr stärkereiche Rhizome, aus denen sich an langen Stängeln die Schwimmblätter bilden, die auf der Wasseroberfläche treiben. Das Laub ist ledrig derb, rundlich-herzförmig, oft tortenstückartig tief eingeschnitten und auf der Unterseite gelblich-grün. Der Querschnitt der innen schwammigen Stängel ist rund. Die auf der Wasseroberfläche aufliegenden Blüten besitzen zahlreiche (bis zu 50) rötliche, violette, blass gelbe oder weiße Kronblätter und zahlreiche Staubblätter. Kelch und Krone sind matt, nie speckig glänzend. Die Frucht ist rund und erinnert an eine kugelige Mohnkapsel.

Samen R A
Sammelzeit: August bis Oktober

Wurzel P W T
Sammelzeit: Ganzjährig

Energiereiche Teile
Stärkereiche Samen, Rhizome

Wichtige Inhaltsstoffe
Stärke, Proteine, Schleimstoffe, Saponine, Gerbstoffe

Phytotherapeutischer Wert
Schleimstoffe bei Magen-Darm-Beschwerden und Husten

Wissenswertes
Seerosen wurden seit Jahrtausenden vom Menschen als Nahrung genutzt und sind an vielen Gewässern zuverlässig anzutreffen. Allerdings können die enthaltenen Bitter- und Gerbstoffe sowie Saponine zu Vergiftungen führen. Traditionell werden die Rhizome in Scheiben geschnitten und in kaltem Wasser ausgelaugt, um Saponine und Bitterstoffe zu entfernen. Danach werden sie ebenfalls wie die Samen trocken geröstet, zerstoßen und als Brei aufgekocht. Bei unzureichender Verarbeitung können leichte Vergiftungen auftreten.

Verwechslungsgefahren mit Giftpflanzen
Gefährlich ist die Verwechslung der Seerosen *Nymphaea* mit den sehr stark giftigen Teichrosen *Nuphar*, die unter anderem das stark giftige Nupharin enthalten. Eine sichere Bestimmung ist ausschlaggebend! Bei Teichrosen sind die schwimmenden Laubblätter eher eiförmig, die Blattstruktur derb, die Blattunterseite rötlich und mit

groben Nerven strukturiert. Die Blattstängel sind dreikantig. Die kugelige Blüte steht im Gegensatz zu den Seerosen über der Wasseroberfläche, hat einen außen grünlichen, innen gelben Kelch und eine auffällig breite Nabenscheibe. Die Krone ist meist buttergelb und speckig glänzend. Die Blüten ähneln denen der Hahnenfußgewächse. Die Fruchtkapsel hat einen hoch ausgezogenen Hals. Teichrosen sind in keinem Fall als Notnahrung geeignet.

NEUES MITGLIED:

Mit dieser Auflage wird die Seerose *Nymphaea* als Teil der Dirty Dozen aufgenommen. Seerosen sind roh giftig und müssen prozessiert werden. In Sumpf- und Feuchtgebieten sind sie allerdings weltweit ein sehr wichtiger Lieferant von Kohlenhydraten und sind deshalb wichtiger Bestandteil der Notfallernährung. Überlebenswichtig ist allerdings die sichere Unterscheidung zwischen See- und Teichrose!

Achtung: Bei der giftigen Teichrose steht die Blüte über der Wasseroberfläche. Die Blätter sind oval und haben einen dreikantigen Stängel.

10. Springkräuter

Familie

Pflanzenname
Impatiens glandulifera, Impatiens noli-tangere und ca. 850 weitere Arten

Trivialnamen
Rühr-mich-nicht-an, Springkraut, Altweiberzorn, Springorchidee, Waldorchidee

Systematik
Familie: *Balsaminaceae* (Balsaminengewächse) Gattung: *Impatiens* (Springkräuter)

Standorte
Sumpfgebiete, Entwässerungsgräben, See- und Bachufer, Flüsse, Waldränder

Bestimmungsmerkmale
Die meisten für uns wichtigen Springkräuter besitzen eine deutlich zygomorphe Blüte mit einem nur gering ausgeprägten Kelch. Die kompliziert aufgebauten, meist gelblichen oder violetten Blüten werden von großen Insekten bestäubt, die an den in kleinen Zipfeln am Ende gesammelten Nektar gelangen. Als wichtigstes Erkennungsmerkmal gelten hier der glasige, hohle Stängel mit verdickten Knoten sowie die typischen Kapselfrüchte, die bei leichter Berührung explosionsartig aufschnellen und die stärkereichen Samen verteilen. Das Laub steht in unteren Bereichen wechselständig, weiter oben oft wirtelig (jedoch nur wenige Blätter) um die Knoten verteilt und ist eiförmig-zugespitzt und am Rand gesägt.

Blätter G
Sammelzeit: März bis Mai

Blüten G
Sammelzeit: April bis Juli

Samen G
Sammelzeit: Juni bis Oktober

Spross G
Sammelzeit: April bis Juni

Wurzel G
Sammelzeit: ganzjährig

Energiereiche Teile
Samen, Wurzeln

Wichtige Inhaltsstoffe
Stärke (Samen), Öle, Gerbstoffe

Phytotherapeutischer Wert
Rohe Pflanzenteile aller Impatiensarten wirken abführend und können in größeren Mengen auch Erbrechen auslösen. Geringe Mengen (zum Beispiel drei bis vier untere Halmabschnitte mit je 15 Zentimeter Länge) können gegen Verstopfung gegeben werden.

Wissenswertes
Viele Springkräuter sind außerordentlich →invasive Arten, die sich in kürzester Zeit an neuen Standorten verbreiten. Die sehr stärkereichen Samen sind besonders einfach zu sammeln, indem die Hand vorsichtig um die Kapseln geschlossen wird, die aufspringen und die Samen in der Handfläche hinterlassen. Das eingeschleppte Drüsige Springkraut *Impatiens glandulifera* können Sie in riesigen Feldern an Gewässern finden. Auch das Fleißige Lieschen *Impatiens*

walleriana gehört übrigens ebenfalls zu den Springkräutern. Während die typischen Bestimmungsmerkmale wie Springfrucht und Blattform und -stellung auch für diese Pflanze gelten, muss man schon sehr genau hinschauen, um die zygomorphe Blüte als solche zu erkennen. Einfacher zu sehen ist allerdings der lange und für die Gattung typische Nektarzipfel. Solche Blütenzipfel kommen in Verbindung mit Springkapseln und dem glasig-knotigen und hohlen Stängel praktisch nur bei dieser Gattung vor.

Verwechslungsgefahren mit Giftpflanzen

Es sind keine Verwechslungen mit Giftpflanzen bekannt.

Knotig verdickt und glasig durchscheinend sind die Stängel der meisten Springkräuter einfach zu erkennen.

11. Wasserlinsen

Pflanzenname
Lemna minor, Lemna gibba u.a.

Trivialnamen
Wasserlinse, Entenflott, Entengrütze

Systematik
Familie: *Araceae* (Aronstabgewächse)
Gattung: *Lemna* (Wasserlinsen)

Standorte
langsam fließende Flüsse, Seen, Pfützen, Sümpfe

Bestimmungsmerkmale
Die Wasserlinsen sind so unscheinbar, dass sie meistens übersehen werden, obwohl sie in deutlich sichtbaren Teppichen in vielen Gewässern wachsen. Erkennen können Sie die Wasserlinsen an ihren winzigen blattartigen Schwimmstrukturen, aus denen direkt in das Wasser kleine Wurzeln abgehen. Die Wasserlinse ist ein Spezialfall in Wuchs und Aussehen. Darum sind die gängigen Bestimmungsmerkmale hier nicht gültig. So bildet die Wasserlinse meist keine Blüte aus, sondern vermehrt sich durch Sprossung. Auch ist keine Sprossachse erkennbar.

Blätter A G
Sammelzeit: ganzjährig

Wurzel A G
Sammelzeit: ganzjährig

Energiereiche Teile
Blätter und Wurzeln lagern über den Sommer viel Stärke ein.

Wichtige Inhaltsstoffe
Zucker, Stärke, Proteine, Schleimstoffe, Kalziumoxalat-Raphiden (!)

Phytotherapeutischer Wert
leicht harntreibend, zu Schleim zerkocht gegen Magenbeschwerden

Wissenswertes
Die kleinen Pflanzen lassen sich mit einem improvisierten Sieb eimerweise von der Wasseroberfläche abschöpfen. Sie enthalten große Mengen Energie.

Wasserlinsen gehören zur Familie der giftigen Aronstabgewächse. Dies wird auch in ihren mikroskopischen →Merkmalen klar. Wie im Familienporträt beschrieben, bilden alle diese Pflanzen Kristallnadeln, sogenannte →Raphiden aus, die zu stark schmerzenden und manchmal gefährlichen Schleimhautschäden führen können. Auch *Lemna* hat eine Menge dieser Nadeln in den Blättern eingelagert. Diese Kristalle sind chemisch so stabil, dass sie nicht entfernt werden können.

Eigene Versuche mit verschiedensten Behandlungsmethoden, die Raphiden auszuschwemmen, schlugen fehl. Das Ergebnis war jeweils, dass die Kristallnadeln nach wie vor vorhanden waren. Hier spielt uns jedoch ein Umstand in die Hände. Die Giftigkeit vieler *Araceae* ist vom Verhältnis der in der Pflanze vorkommenden gelösten Oxalate zu den als Raphiden verfestigten abhängig. Oxalsäure an sich ist in heißem Wasser einigermaßen gut löslich. Das heißt, dass wir einen Bestandteil der giftigen Stof-

fe durch Kochen stark verdünnen können. Außerdem besteht die Gefahr der Raphiden darin, dass sie oft in Zellen vorliegen, die unter Druck stehen. Ausgelöst können diese Zellen die Nadeln wie kleine Pfeile in die Schleimhaut von Rachen und Magen stoßen. Durch den Kochvorgang wird dieser Überdruck aufgelöst, sodass nach längerem Erhitzen keine Vergiftungserscheinungen mehr zu erwarten sind. Der Sud darf dabei getrunken werden, da sich hierin keine gefährlichen Bestandteile in größerer Dosis ansammeln. Die Wasserlinsen sollten in größeren Mengen also nur prozessiert zu sich genommen werden. Am besten kochen Sie die Pflanzen zu einem Brei. Auch wenn diese Pflanze unverarbeitet Probleme bereiten kann, lohnt sich das Sammeln und Prozessieren, da sie oft in unglaublichen Mengen und vor allem weltweit in stehenden Gewässern vorkommt.

Verwechslungsgefahren mit Giftpflanzen

Es sind keine Verwechslungen mit Giftpflanzen bekannt. Allerdings gibt es mehrere ungiftige, auf der Wasseroberfläche wachsende Pflanzen, die teilweise invasiv sind und der Wasserlinse den Lebensraum streitig machen. Hierzu gehören Wasserfarn und Schwimmfarn, deren Blätter aber nicht glatt sondern fein unterteilt sind.

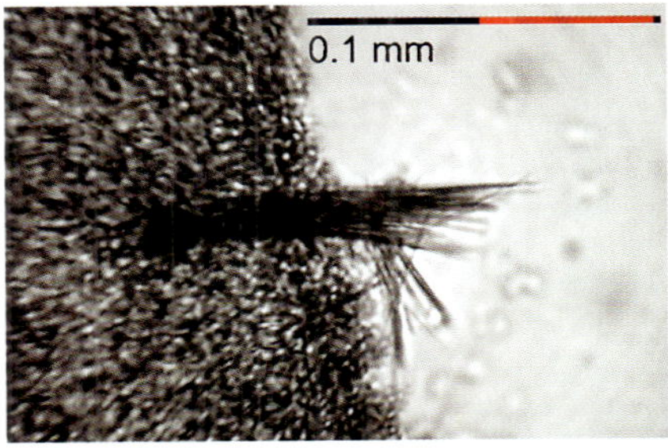

Nur unter dem Mikroskop stark vergrößert lassen sich die gefährlichen Bestandteile der Wasserlinsen erkennen. Sie besitzen in speziellen Zellen Abertausende von doppelseitig angespitzter Raphiden.

12. Wegeriche

Familie

Pflanzenname
Plantago spec.

Trivialnamen
Wegerich, Flohsamen, Flohsamen-Wegerich, Schlangenzunge, Lungenblatt, Wegebreit, Ackerkraut

Systematik
Familie: *Plantaginaceae* (Wegerichgewächse)
Gattung: *Plantago* (Wegeriche)

Standorte
Ruderalstellen, Wege, Steppen, Felsen

Bestimmungsmerkmale
Wegeriche sind deutlich an ihrer meist rund 25 bis 30 Zentimeter großen Blattrosette zu erkennen. Die Blätter sind eiförmig oder linealisch. Eine Besonderheit dieser Pflanze ist, dass sie scheinbar parallele Blattnerven ausbildet, was bei Zweikeimblättrigen nur selten vorkommt. Typisch sind die hoch über die Rosette wachsenden, kolbenartigen Blütenköpfchen, an denen oft herausstehende Staubgefäße zu finden sind. Sie erkennen an den Wegerichen keine deutlich ausgeprägte Krone. Nach dem Verblühen finden sich hier zahlreiche, nahrhafte Kapselfrüchte. Manchmal ist die gesamte Pflanze stark behaart. Während die meisten Wegeriche einzelne unverzweigte Blütenstängel mit einzelnem Köpfchen bilden, gibt es Arten wie den Flohsamen-Wegerich *Plantago afra* (nicht dieselbe Art wie der Indische Flohsamen), der verzweigt wächst. In diesem Fall ist das Laub gegenständig und immer zwei Seitenverzweigungen bilden sich auf derselben Höhe (gabelige Seitentriebe).

Blätter
Sammelzeit: März bis Mai

Blüten
Sammelzeit: April bis Juni

Samen
Sammelzeit: Juni bis Juli

Spross
Sammelzeit: April bis Juni

Wurzel
Sammelzeit: ganzjährig

Energiereiche Teile
Samen

Wichtige Inhaltsstoffe
Öle, Schleimstoffe, Bitterstoffe

Phytotherapeutischer Wert
→adstringierend (zusammenziehend) bei juckenden Insektenstichen, auswurffördernd. Nicht auf offene Wunden geben! Die feinen Häutchen an den Früchten quellen bei Kontakt zu Wasser zu einem klebrigen Schleim auf, der die unzerkauten Verbreitungsorgane bei der Darmpassage schützt. Bei der Nutzung als Nahrung werden die Köpfchen zwischen den Händen gerieben und die leichten Häutchen weggeblasen. Sammelt man sie jedoch und nimmt ca. 2 Esslöffel von ihnen mit reichlich Wasser ein, wirken sie als leichtes Abführmittel.

Wissenswertes

Wegerichblätter schmecken gekocht recht bitter und können durch die Abgabe von Gerbstoffen einen gesamten →Spinat vergällen. Roh sind sie schmackhafter. Die jungen Blüten schmecken nussig und nach Champignons. Es gibt in der Familie der Wegerichgewächse außerdem einige sehr giftige Pflanzen, wie die Gattung der Fingerhüte *Digitalis spec.* Diese Pflanzen haben aber ein völlig anderes Aussehen, weshalb eine Verwechslung praktisch ausgeschlossen ist.

Verwechslungsgefahren mit Giftpflanzen

Es sind keine Verwechslungen mit Giftpflanzen bekannt.

Unterschiedliche Wegericharten lassen sich weltweit einfach und sicher erkennen. Hier ein Exemplar aus der Wüste Negev: der Flohsamen *Plantago ovata*.

Dirty Dozen – Übersicht

Nr.	Gattung	Systematik / Familie	Nahrhafte Teile
1.	**Brennnesseln** *(Urtica)* *S. 130*	*Urticaceae* (Brennnesselgewächse)	Samen
2.	**Fuchsschwänze** ***(Amaranthus)*****, Gänsefüße** ***(Chenopodium)*****, Melden** ***(Atriplex)*** *S. 132*	*Amaranthaceae* (Fuchsschwanzgewächse)	Samen, Wurzeln
3.	**Großgräser** ***(polyphyletische Gruppe)*** *S. 134*	*Phragmites australis ssp., Miscanthus, Arundo, Phalaris, Bambus (div.) u.v.a.*	Rhizome, Blattbasis
4.	**Kletten** ***(Arctium)*** *S. 136*	*Asteraceae* (Korbblütler)	Samen, Wurzeln
5.	**Löwenzahn** ***(Taraxacum/Leontodon)*** *S. 138*	*Asteraceae* (Korbblütler)	Blüten, Wurzeln (auslaugen)
6.	**Nachtkerzen** ***(Oenothera)*** *S. 140*	*Onagraceae* (Nachtkerzengewächse)	Samen, Wurzeln
7.	**Rohrkolben** ***(Typha)*** *S. 142*	*Typhaceae* (Rohrkolbengewächse)	Rhizome, Blattbasis
8.	**Rosen** ***(Rosa)*** *S. 144*	*Rosaceae* (Rosengewächse)	Samen (erhitzen), Früchte
9.	**Seerosen** ***(Nymphaea)*** *S. 146*	*Nymphaeaceae* (Seerosengewächse)	Samen (rösten), Rhizome (auslaugen + rösten)
10.	**Springkräuter** ***(Impatiens)*** *S. 148*	*Balsaminaceae* (Balsaminengewächse)	Samen (garen), Wurzeln (garen)
11.	**Wasserlinsen** ***(Lemna)*** *S. 150*	*Araceae* (Aronstabgewächse)	Komplette Pflanze mit Wurzeln (garen)
12.	**Wegeriche** ***(Plantago)*** *S. 152*	*Plantaginaceae* (Wegerichgewächse)	Wurzeln, Früchte

	Wichtige Inhaltsstoffe	Wertigkeit
	Fette Öle, Kohlenhydrate, Nesselgift (Acetylcholin, Ameisensäure)	Familie
	Kohlenhydrate, essentielle Aminosäuren, Mineralstoffe, Gerbstoffe, Oxalsäure, Saponine	Familie
	Stärke in den Wurzeln und in der Blattbasis. Schleimstoffe an den unteren Blattenden	Familie
	Ätherische Öle, Inulin, Gerbstoffe (Blätter), Schleimstoffe, Bitterstoffe, fette Öle (Samen)	Familie
	Bitterstoffe, Inulin, Schleimstoffe, Zucker	Familie
	Fette Öle, Schleimstoffe, Bitterstoffe	Familie
	Stärke in den Wurzeln und in der Blattbasis. Schleimstoffe an den unteren Blattenden	Familie
	Pektin, Vitamine; Samen: fettes Öl und cyanogene Glycoside (!); Laub: Bitter- und Gerbstoffe	Familie
	Stärke, Proteine, Schleimstoffe, Saponine, Gerbstoffe	Familie
	Stärke (Samen), Öle, Gerbstoffe	Familie
	Zucker, Stärke, Proteine, Schleimstoffe, Kalziumoxalatraphiden (!)	Familie
	Öle (Samen), Schleimstoffe, Bitterstoffe	Familie

Schluss mit Systematik

Mit dem Bearbeiten der Dirty Dozen sind wir am Ende des Bereichs angekommen, der ein tieferes Verständnis über die Pflanzenwelt und ihrer systematischen Gliederung erfordert. Wer sich bis hier durch die Beschreibungen und Anleitungen gearbeitet hat (mag hier schon mal einen Szenenapplaus vernehmen), sollte einen guten Überblick darüber gewonnen haben, ob und wie man sich weltweit von unbekannten Arten (im Sinne der Systematik) ernähren kann und wie hoch das Risiko jeweils sein wird. Wer Spaß daran gewonnen hat, wird sich sicherlich weitere Pflanzengruppen anschauen und die hier vorgestellten Familien, Gattungen und polyphyletischen Gruppen erweitern, anpassen oder vielleicht sogar reduzieren.

Von zahlreichen Lesern habe ich entsprechende Vorschläge und individuelle Listen zugeschickt bekommen. Alle sind gleichwertig. Denn auch meine Auswahl ist eine willkürliche, die auf meinen persönlichen Erfahrungen beruht. Sie sind aber sicherlich eine gute Basis, von der aus jeder seine wichtigsten essbaren Pflanzengruppen nach seinen eigenen Vorstellungen weiter entwickeln kann. Nun beenden wir die Reise durch die spannende, teilweise verwirrende – aber immer anspruchsvolle Welt der Pflanzensystematik und widmen uns denjenigen einzelnen Arten, denen man vor der eigenen Haustüre begegnen wird.

GELTUNGSGEBIET:

Beim Anwenden von Bestimmungsregeln ist ausschlaggebend, welcher geographische Bereich abgedeckt wird. Während die Beschreibungen der Familien und Dirty Dozen global gelten, gilt das für die folgenden Pflanzen nicht.

7 – Essbare, nahrhafte Pflanzen

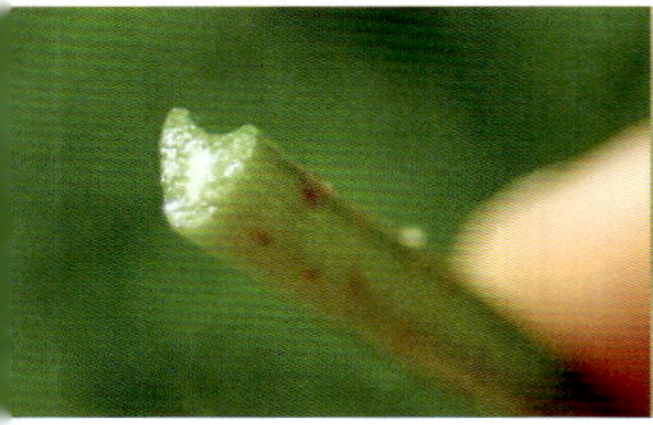

In diesem Abschnitt beschäftigen wir uns mit den klassischen, in Mitteleuropa essbaren Pflanzen. Wenn wir uns einmal genauer ansehen, welche Wildkräuter in diesem Verbreitungsraum verzehrt werden können, zählen wir einige Tausend unterschiedliche Arten. Diese zu lernen, ist selbst für einen ambitionierten Botaniker nicht einfach.

Um ein »echtes« Bestimmungsbuch kommt man in diesem Falle nicht herum. Die gängigen Aufzählungen, wie sie in Kräuterbüchern sehr beliebt sind, reichen bei genauer Überprüfung nicht immer aus, um eine größere Anzahl von Pflanzen sicher voneinander unterscheiden zu können. Das wird durch die Ähnlichkeit von manchen essbaren Pflanzen zu giftigen Vertretern verursacht. Darum müssen Pflanzen nach Möglichkeit immer über mehrere, sichere →Merkmale bestimmt werden. Bei einer ganzen Reihe sind diese Merkmale nur marginal unterschiedlich ausgebildet. Sie können nicht durch eine einfache Abbildung erkannt werden. Zumal einige Eigenschaften als »fest« postuliert sind, obwohl sie bei Pflanzen je nach Standort oder Hybridisierung (→Hybrid) stark variieren.

Ein gutes Beispiel hierfür ist die Unterscheidung zwischen dem ungefährlichen Stachel- oder Kompasslattich *Lactuca serriola* und dem Giftlattich *Lactuca virosa*. Als Merkmal wird hier oft angegeben, dass sich die Blätter des Kompasslattichs in die Vertikale und so in einer halben Schraubung senkrecht zum Boden ausbilden. Dies machen jedoch nicht alle Pflanzen dieser Art und durch bestimmte Umstände können auch einige Blätter des Giftlattichs verdreht sein. Auch die Farbe des Stiels oder der Blätter variiert so sehr, dass es auch für mich nicht einfach ist, anhand des ersten Augenscheins beide Pflanzen zu unterscheiden.

Eine absolut sichere Bestimmung ist nur über die (nur mit einer guten Lupe sichtbare) Bestachelung der weniger als einen halben Millimeter breiten Samen oder über das Verhältnis des Abstands zur Länge der Stacheln auf der →Mittelrippe des Laubs möglich. Den Kompasslattich in einer kompakten Liste als essbare Pflanze aufzuführen, wäre meines Erachtens nicht sinnvoll, weil solche Merkmale schwer zu erinnern und nur durch Übung auch sicher unterscheidbar sind. Also fallen solche Arten für uns erst einmal weg. Sie werden jedoch durch das Bearbeiten und Identifizieren der im Buch aufgeführten Pflanzen ein Gefühl für die Bestimmungsarbeit bekommen. Ihnen sollte es möglich sein, in Eigeninitiative mit einem reinen Bestimmungsbuch die Erkennung völlig unbekannter Pflanzen zu erlernen.

Ein weiterer Faktor, an dem wir uns hier orientieren möchten, ist die Frage, ob der Nährwert der Pflanze überhaupt ausreichend ist. Die gerne in Wildsalaten geschnittene Vogelmiere *Stellaria media* hat für uns bis auf Mineralien keine brauchbaren Bestandteile. Sie ist zwar ganzjährig zu finden, außerordentlich schmackhaft und zart in ihrer Konsistenz, aber praktisch ohne Nährwert. Mehr noch – und das schreiben die wenigsten Kräuterbücher – enthält sie eine Menge von Saponinen, die den massenweisen Verzehr ausschließen. Als Beigabe in einen Wildsalat ist sie also geeignet, die geringe Energiedichte steht hier jedoch im Missverhältnis zu den vorhandenen Inhaltsstoffen. Die Saponine können zu Bauchschmerzen, Verdauungsstörungen und leichter Blutarmut (Anämie) führen. Die Vogelmiere kann zwar explizit als »essbar« beschrieben werden, um aber genügend Energie hieraus zu erhalten, müssten Sie so viel davon verzehren, dass wahrscheinlich die Wirkung der Saponine spürbar wird.

Wie an anderer Stelle ausgeführt, versteht sich dieses Buch bewusst nicht als Wildkräuter- oder Wildsalatbuch, sondern behandelt die »harte Ernährung«. Diese Betrachtung schließt also auch beispielsweise Gänseblümchen *Bellis perennis*, Stiefmütterchen *Viola spec.* und sehr viele andere der klassischen Wildkräuter als Grundnahrungsmittel aus. Wenn Sie tatsächlich grüne Pflanzenteile als Salat verzehren möchten, können Sie diese auch an den meisten hier aufgeführten Pflanzen sammeln. Sollte es etwas dabei zu beachten geben, wird in den Porträts darauf eingegangen.

Die Auswahl

Die Anzahl der nahrhaften und sicher erkennbaren Pflanzen sollte sich auch in einem Umfang halten, der auswendig gelernt werden kann. So fallen in dieser Beschreibung Pflanzen weg, die schon in Kapitel 5 »Die wichtigsten Familien« oder in Kapitel 6 »Dirty Dozen« allgemein als essbar beschrieben wurden. Außerdem solche, die nur am Salzwasser wachsen (zum Beispiel das Fuchsschwanzgewächs Queller *Salicornia europaea*), hauptsächlich in Mittelgebirgen, auf seltenen Halbtrockenrasen oder der Heide vorkommen, beziehungsweise generell in Mitteleuropa selten sind. Pflanzengruppen, die nicht nur nahrhaft sind, sondern auch eine stärkere medizinische Wirkung besitzen, werden getrennt im Kapitel 8 »Nutzbare Pflanzen« behandelt.

Abschließend habe ich, um die Liste noch kompakter zu halten, gut bekannte und sicher bestimmbare Wildfrüchte und Wildkräuter ausgelassen. Ich traue Ihnen zu, dass Sie Haselnüsse, Brombeeren oder Kirschen auch ohne dieses Buch sicher erkennen. Diese dennoch in die folgende Liste aufzunehmen, würde einem zwanghaften »Aufblasen« gleichkommen. Ich möchte hier weder *1000 essbare Pflanzen* auflisten, noch Ihnen erklären, dass man Äpfel essen kann. Für beide Bereiche gibt es Dutzende, durchaus gute Bücher auf dem Markt, die jedoch einen völlig anderen Bereich der pflanzlichen Ernährung abdecken und auch eher Sinn haben, wenn sie auch beim Sammeln mitgeführt werden.

Zu beachten ist, dass wir im Gegensatz zum vorherigen Kapitel 6 »Dirty Dozen«, in dem essbare *Gattungen* betrachtet werden, hier hauptsächlich einzelne *Arten* behandeln (siehe Kapitel 4 »Familienbünde«). Wenn sich die Beschreibung auf die gesamte Gattung bezieht, ist auch dies gekennzeichnet. An manchen Stellen wurden, ähnlich wie bei den Dirty Dozen, die strengen Einteilungen einzelner Gattungen und Arten aufgelöst. Diese Gruppen wurden dem Deutschen Trivialnamen untergeordnet, der – gänzlich unsauber, aber der Lebensrealität entsprechend – meist eine polyphyletische Gruppe beschreibt. Das ist beispielsweise bei den »Disteln« oder den »Mehlbeeren« so. Erstere sind *Asteraceae* mit »Stacheln«, letztere eine Gruppe der von der Frucht sehr ähnlichen Gattungen *Sorbus* und *Crataegus*. Eine Vereinfachung, die taxonomisch falsch aber trivialnomenklatorisch korrekt ist. Bei der sicheren Bestimmung der Essbarkeit macht das keinen Unterschied

Bärlauch

Familie

Pflanzenname
Allium ursinum

Trivialnamen
Bärlauch, Waldknoblauch, wilder Knoblauch

Systematik
Familie: *Alliaceae* (Zwiebelgewächse)/neu: Familie *Amaryllidaceae* (Amaryllisgewächse), Gattung: *Allium* (Zwiebel)

Standorte
feuchte Auenwälder, halbschattige Waldränder, seltener an Bachläufen

Bestimmungsmerkmale
Bärlauch lässt sich im Wald meist schon an dem knoblauchartigen Duft erkennen, den er verströmt. Sie können oft kleine, satt grüne Felder finden. Eine einzelne Bärlauchpflanze wird etwa 30 Zentimeter hoch und bildet in der Regel zwei Laubblätter aus, die einer weißen, etwas länglich ausgezogenen Zwiebel entspringen. Oft scheint eine Pflanze mehr Blätter zu besitzen, tatsächlich handelt es sich jedoch um einen sogenannten Horst, eine Stelle, an der viele Samen durch das Umknicken des Stängels einer Pflanze zum Liegen gekommen sind. Das Laub ist eiförmig-zugespitzt (eine Ausnahme bei den Lauchgewächsen) und deutlich bestielt. Der Blattstiel ist im Querschnitt dreieckig. Die Blüten stehen in kugeligen Köpfchen zusammengefasst, die vor dem Aufblühen durch ein dünnes Häutchen umschlossen sind. Die sternförmigen Einzelblüten haben sechs weiße Kronblätter.

Blätter
Sammelzeit: März bis Mai

Blüten
Sammelzeit: April bis Juni

Samen
Sammelzeit: Juni bis Juli

Spross
Sammelzeit: April bis Juni

Zwiebel
Sammelzeit: ganzjährig

Energiereiche Teile
Zwiebeln und Samenkapseln

Wichtige Inhaltsstoffe
Lauchöle, ätherische Öle, Saponine

Phytotherapeutischer Wert
Die enthaltenen schwefligen Lauchöle sollen unterstützend bei Erkältungen wirken. Hierzu werden die rohen Zwiebeln zerkaut und eine Zeit lang im Mund behalten. Es konnte bei diesen Stoffen eine bakterienabtötende Wirkung nachgewiesen werden. Lauchgenuss hilft jedoch nicht gegen Stechmücken.

Wissenswertes
Bärlauch kann entgegen anderslautender Informationen selbstverständlich auch nach dem Aufblühen gesammelt und verzehrt werden. Es sollte lediglich darauf geachtet werden, dass die Blätter keine gelben Stellen aufweisen. Die Zwiebel kann als Knoblauchersatz gesammelt werden. Sie schmeckt deutlich intensiver und frischer als der »echte Knoblauch«.

Verwechslungsgefahren mit Giftpflanzen
Bärlauch ist eine der klassischen Pflanzen, bei denen jedes Jahr einige Male die Bestimmung durch Wildkräutersammler »daneben geht«. Das hat meines Erachtens weniger damit zu tun, dass Bärlauch schwer zu bestimmen ist, sondern vielmehr, dass Bärlauch als beliebte Pestogrundlage von

wirklich jedem gesammelt wird – unabhängig von seinen botanischen Kenntnissen. Häufig sind Verwechslungen vor der Blütezeit mit Maiglöckchen *Convallaria majalis*, die mit Bärlauch in →Gesellschaft sein können, sowie mit der Herbstzeitlose *Colchicum autumnale*. Weil wirklich von jedem Laien Bärlauch gesammelt wird, sind jedoch Verwechslungen mit zahlreichen anderen Pflanzen möglich.

Unlängst wurde mir während eines Seminars von einem Pärchen berichtet, das regelmäßig »Bärlauch« in einem Hamburger Stadtpark sammelte. Die Stelle und Pflanze wurden den beiden von einer älteren Frau gezeigt. Nach gemeinsamer Erörterung der Pflanze zeigte sich, dass die beiden über Jahre hinweg Frühjahrs-Krokus (die durch Zucht glücklicherweise giftstoffarm sind) sammelten und zu Pesto verarbeiteten. Hätte es sich um Herbstzeitlose gehandelt, hätte diese Verwechslung tödlich enden können. Es ist aber auch ein Hinweis, dass auch Wissen älterer Menschen nicht immer absolut ist und oft vom Hörensagen beeinflusst

Maiglöckchen wachsen durchaus in Feldern. Man achte auf das Häutchen um die beiden eingeschraubten Blätter.

wird. »Tipps« von Nichtbotanikern (aber natürlich auch von Fachleuten) sollten immer kritisch überdacht und von einer weiteren Quelle bestätigt werden.

Es gibt einige einfache Merkmale, an denen sich Bärlauchsammler orientieren können. Der Lauchgeruch gehört jedoch nicht dazu, da der Sammler meist nicht nur ein Blatt sammelt, sondern büschelweise, was dazu führt, dass die Finger stark nach Lauch riechen. Dies kann zu einer fehlerhaften Identifizierung führen.

Unterschiede in der Wuchsform

- Bärlauch wächst meist gedrängt in großen Scheinrosetten (Horste) aus einer ganzen Anzahl kleiner Zwiebeln.
- Maiglöckchen besitzen zumeist zwei Blätter, die aus einem rötlichen, wurmförmigen →Rhizom entwachsen. Die Pflanze wächst eher »verstreut«.

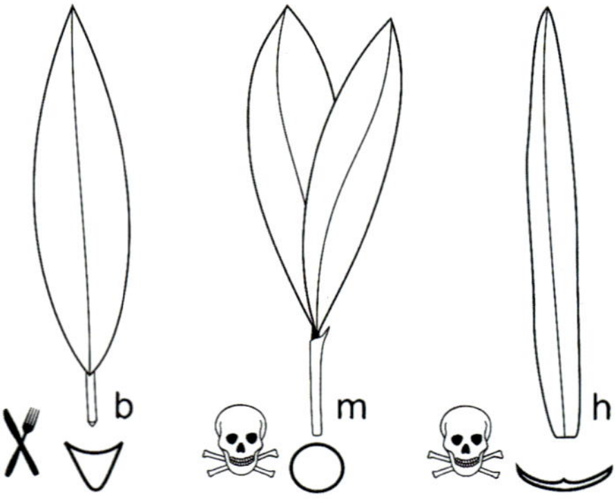

Der Vergleich der Blätter von Bärlauch (b), Maiglöckchen (m) und Herbstzeitlose (h).

- Blätter der Herbstzeitlose sind linealisch und wachsen eng zusammenliegend aus einer breiten, zwiebelartigen Knolle.

Blätter

- Bärlauch (b): Das Blatt ist weich und im Vergleich zu den beiden anderen Pflanzen empfindlich (junge Maiglöckchenblätter können jedoch sehr ähnlich aussehen). Das Blatt hat einen Blattstiel, welcher im Querschnitt dreieckig geformt ist. (Dies ist neben der Blüte das wichtigste Erkennungsmerkmal).
- Maiglöckchenblätter (m) sind in der Regel ledrig und deutlich derber als Bärlauch. Oft sind sie bläulich-weiß bereift. Der Blattstiel ist im Querschnitt rund, höchstens flach und an der Basis violett-rötlich gefärbt. Zumeist wachsen die beiden Blätter von oben gut zu erkennen spiralig ineinander verwunden. Sie sind am Grund von einem roten Häutchen umfasst.
- Die Blattspreite der Herbstzeitlosen (h) ist eigentlich nicht mit Bärlauch zu verwechseln. Während die Blätter derb und fleischig sind, besitzen sie im Frühjahr, also der Bärlauchsammelzeit, keinen ausgeprägten Stiel, sondern führen mit voller Blattbreite bis in den Grund.

Disteln (polyphyletisch)

Familie

Pflanzenname

Unterschiedliche dornenbewehrte *Asteraceae* (Korbblütler) wie *Cirsium spec.* (Kratzdisteln) oder *Sonchus spec.* (Gänsedisteln)

Trivialnamen

Distel, Stechkraut, Stachelkraut, Stechsalat

Systematik

Familie: *Asteraceae* (Korbblütler), Gattung: *Cirsium/Sonchus* (Kratzdistel/Gänsedistel) u. a. Gattungen der Familie *Asteraceae*

Standorte

Wiesen, Waldränder, sonnige und halbschattige Standorte

Bestimmungsmerkmale

Als »Disteln« werden eine ganze Reihe unterschiedlicher Pflanzen aus verschiedenen Gattungen bezeichnet. Es sind Arten, die eine deutliche Korbblüte besitzen und stets stechend-spitze Blütenhüllblätter ausbilden. Die Zungenblüten sind entweder gelb oder violett. →Röhrenblüten sind meist nicht vorhanden. Der Rand aller Blätter ist stark bestachelt. Die Stiche sind unangenehm, der Schmerz ist jedoch nicht andauernd. Viele Disteln bilden einen weißen Milchsaft, der aus verletzten Pflanzenteilen tropft.

Blätter

Sammelzeit: April bis Juni

Blüten

Sammelzeit: Mai bis Juli

Samen

Sammelzeit: September bis Oktober

Spross

Sammelzeit: April bis Juni

Junge Gemüse-Gänsedisteln stechen kaum und sind zart und sehr schmackhaft.

Wurzel
Sammelzeit: August bis März

Energiereiche Teile
Wurzeln, Samen

Wichtige Inhaltsstoffe
Gerbstoffe, Bitterstoffe, Inulin, fette Öle

Phytotherapeutischer Wert
Die in allen Pflanzenteilen meist reichlich vorhandenen Bitterstoffe wirken positiv auf die Verdauung und sind in größeren Mengen leicht abführend.

Verwechslungsgefahren mit Giftpflanzen
Im Prinzip kann der unvorsichtige Sammler eine unbekannte Distelart mit dem Giftlattich *Lactuca virosa* verwechseln. Dieser ist an der Mittelrippe der Blätter von unten bestachelt. Um sicher zu gehen, sollten Sie keine unbekannten Pflanzen zum Verzehr sammeln, deren Blätter in der Mitte von unten bestachelt sind. Die meisten Disteln sind im Gegensatz zum Giftlattich an den Blattkanten deutlich mit spitzen, manchmal weichborstigen Stacheln besetzt.

Fingerkräuter

Familie

Pflanzenname
Potentilla spec.

Trivialnamen
Fingerkraut, Gänsefingerkraut, Ruhrkraut, Krampfkraut, Silberkraut, Blutwurz, Scheinerdbeere

Systematik
Familie: *Rosaceae* (Rosengewächse),
Gattung: *Potentilla* (Fingerkraut)

Standorte
Schattige Wiesen, Wälder, Feuchtgebiete

Bestimmungsmerkmale
Fingerkräuter sind *Rosaceae*, die in der Regel flach am Boden wachsen. Ein sicheres Bestimmungsmerkmal sind die Blüten. Über einem fünfzackigen, grünen Stern der Kelchblätter (Unterscheidungsmerkmal zu *Ranunculaceae*) stehen fünf meist leicht herzförmig eingekerbte Kronblätter auf »Lücke«. (Achtung: Eine ähnliche Blüte kommt auch bei der Nelkenwurz *Geum urbanum*, auch ein Rosengewächs, vor). Es sind viele Staubgefäße vorhanden. Das Laub ist je nach Art entweder aus fünf leicht gesägten →Blättchen fingerförmig zusammengesetzt oder aus vielen gesägten Blättchen unpaarig gefiedert. Die Blättchen sind von unten häufig silbrig behaart. Die fad schmeckende Frucht mancher Arten erinnert an eine kugelige Erdbeere.

Blätter
Sammelzeit: April bis Juni

Blüten
Sammelzeit: Juni bis August

Früchte
(Scheinerdbeere) Juni bis September

Wurzel
Sammelzeit: ganzjährig

Energiereiche Teile
Wurzeln

Wichtige Inhaltsstoffe
Bitterstoffe, Gerbstoffe, Schleimstoffe, Stärke

Phytotherapeutischer Wert
Auszüge wirken →adstringierend und können bei Insektenstichen aufgetragen werden. Außerdem wirken die Pflanzen-

teile leicht krampflösend und werden bei Unterleibsbeschwerden angewendet. Das Verzehren von Blättern hilft gegen leichten Durchfall.

Verwechslungsgefahren mit Giftpflanzen

Mit wenig Sorgfalt können junge Gänsefingerkrautfiedern mit den Blättern vom giftigen Rainfarn (*Tanacetum vulgare*) verwechselt werden. Während der Blüte lässt sich jedes Fingerkraut (Rosaceaenblüte) einfach von Rainfarn (Asteraceaenblüte) unterscheiden. Vor der Blüte kann man den Rainfarn an seinem schweren, unangenehmen Geruch und harzig-klebriger Blattoberfläche erkennen. Die Blätter von Gänsefingerkraut sind von unten meist silbrig-weiß behaart. Außerdem ist die Wuchsform von Rainfarn viel höher ausgeprägt (oft über einen Meter), während Gänsefingerkraut als bodenständige Rosette wächst.

Die Blüten lassen sich gegebenenfalls mit denen der Echten Nelkenwurz *Geum urbanum* verwechseln. Diese finden Sie in den Porträts der »nutzbaren Pflanzen«. Die Verwechslung ist zwar nicht bedenklich, kann aber durch die Betrachtung des großen Nebenblatts von *Geum* ausgeschlossen werden.

Die ungiftige, aber fade Scheinerdbeere ist die Sammelfrucht mancher Fingerkräuter. Unter der Frucht befinden sich auffällige (Außen-)Kelchblätter.

Giersch

Familie ⚠

Pflanzenname
Aegopodium podagraria

Trivialnamen
Giersch, Geißfuß, Geißblatt, Dreiblatt

Systematik
Familie: *Apiaceae* (Doldenblütler), Gattung: *Aegopodium* (Giersch)

Standorte
Waldränder, bevorzugt Mischwälder, seltener auf Wiesen

Bestimmungsmerkmale
Der Giersch besitzt als Doldenblütler eine typische Dolde als Blütenstand. Die Dolde ist nach oben →konvex gewölbt. Sie bildet keine Hüllblätter aus. Eine sichere Möglichkeit, den Giersch von anderen *Apiaceae* zu unterscheiden, ist, auf die »Dreifachregel« zu achten: Die Fiedern der Pflanze besitzen einen dreikantigen Stiel. Von ihnen gehen in der Regel drei Gruppen von Fiederblättchen ab, die ihrerseits dreifach eingeschnitten sind *(Abbildung)*. Dabei haben die seitlichen Blättchen die Eigenart, dass diese dreifache Abteilung zuweilen nicht vollständig erfolgt, sodas ein kleines Zipfelchen nicht bis zur Mittelrippe eingeschnitten ist.

Blätter
Sammelzeit: März bis Oktober

Blüten
Sammelzeit: Mai bis August

Samen
Sammelzeit: Juli bis Oktober

Wurzel
Sammelzeit: Juli bis November

Energiereiche Teile
Wurzeln, Samen

Wichtige Inhaltsstoffe
Inulin, ätherische Öle

Phytotherapeutischer Wert
Die ätherischen Bestandteile der Samen von Doldenblütlern wirken leicht bakterienabtötend. Die Wirksamkeit bei Giersch ist wissenschaftlich belegt.

Wissenswertes
In der Volksheilkunde galt der Giersch als Mittel gegen Gelenksbeschwerden.

Verwechslungsgefahren mit Giftpflanzen
Der Giersch gehört zu den Doldenblütlern. Zu dieser Familie gehören einige sehr giftige Pflanzen. Wenn Sie eine unbekannte Pflanze finden, bei der das Laub nicht eindeutig nach der beschriebenen »Dreifachregel« eingeteilt werden kann, sollten Sie diese stehen lassen.

Goldrute

Familie

Pflanzenname
Solidago canadensis u.a. der Gattung

Trivialnamen
Kanadische Goldrute, Goldrute

Systematik
Familie: *Asteraceae* (Korbblütler), Gattung: *Solidago* (Goldrute)

Standorte
Ruderalstellen, sonnige Wiesen

Bestimmungsmerkmale

Die Goldrutenart, die Sie am häufigsten finden werden, ist die eingeschleppte und →invasive Kanadische Goldrute. Die leuchtend goldenen, reich verzweigten Blütenstände sehen Sie schon aus großer Entfernung. Sie bestehen aus sehr kleinen Korbblüten. Diese Wedel stehen an der Spitze eines aufrechten Stängels, der wechselständig mit lanzettlichen Blättern besetzt ist. Der Blattrand ist an der Basis nicht, zur Spitze hin dagegen fein gesägt. Nach dem Verblühen finden Sie kleine Früchte mit Flugschirmchen in den Blütenständen. Die Goldrute kann innerhalb kurzer Zeit große Flächen überwuchern.

Blätter

Sammelzeit: April bis Juni

Blüten

Sammelzeit: Juni bis September

Spross

Sammelzeit: November bis März

Wurzel

Sammelzeit: ganzjährig

Energiereiche Teile

→Rhizome, junge Sprosse

Wichtige Inhaltsstoffe

Bitterstoffe, Inulin, ätherische Öle

Phytotherapeutischer Wert

Die Goldrute wirkt stark harntreibend und sollte nicht bei Wassermangel verzehrt werden. Bei ausreichender Wasserversorgung soll dieser Effekt Nierenleiden lindern.

Wissenswertes

Im Winter lassen sich abgestorbene Goldrutenfelder leicht an den grauen Halmen mit leeren Blütenständen erkennen. An dieser Stelle kann gegraben werden und die inulinreichen Wurzeln und violett gefärbten Sprosse können gesammelt werden.

Verwechslungsgefahren mit Giftpflanzen

Es sind keine möglichen Verwechslungen mit Giftpflanzen bekannt.

Hirtentäschelkraut

Familie

Pflanzenname

Capsella bursa-pastoris

Trivialnamen

Hirtentäschelkraut, Hirtentäschel

Systematik

Familie: *Brassicaceae* (Kreuzblütlergewächse), Gattung: *Capsella* (Hirtentäschel)

Standorte

Feld- und Wegränder, Lichtungen in Mischwäldern, niedrige Wiesen

Bestimmungsmerkmale

Das Hirtentäschelkraut ist eine kleine und unscheinbare Pflanze mit weißen kreuzsymmetrischen Blüten. Es besitzt eine bodenständige Rosette, die ein wenig an Löwenzahn erinnert. Aus dem Zentrum entspringt ein verzweigter Stängel, an dessen Oberende die Blüten stehen. Die unteren Blüten reifen früher, sodass an einer Pflanze in der Regel →Schötchen und Blüten zu finden sind. Die Schötchen sind umgekehrt herzförmig geformt und enthalten eine große Anzahl kleiner Samen.

Blätter

Sammelzeit: März bis Juli

Blüten

Sammelzeit: März bis Juli

Die Samen des Hirtentäschelkrauts sind winzig, aber ölreich und schmackhaft.

Samen
Sammelzeit: Mai bis November

Wurzel
Sammelzeit: April bis Juli

Energiereiche Teile
Samen

Wichtige Inhaltsstoffe
Senfölglycoside, fette Öle

Phytotherapeutischer Wert
Wie alle Pflanzen mit Senfölglycosiden wirkt auch das Hirtentäschelkraut antibakteriell. Da das Hirtentäschel eher sanft im Geschmack ist, dürfte die Wirksamkeit hier jedoch nicht sehr stark sein.

Wissenswertes
Der lateinische Artzusatz »*bursa-pastoris*« beschreibt die Form der Schötchen, wobei *bursa* soviel wie Börse oder Beutel und *pastor* Hirte bedeutet.

Verwechslungsgefahren mit Giftpflanzen
Es sind keine möglichen Verwechslungen mit Giftpflanzen bekannt.

Holunder, Schwarzer, Roter

Familie

Pflanzenname
Sambucus nigra, *Sambucus racemosa*

Trivialnamen
Holunder, Holler, Holder, Flieder (nicht gleichbedeutend mit dem »echten Flieder« Syringa spec.)

Systematik
Familie: *Adoxaceae* (Moschuskrautgewächse), Gattung: *Sambucus* (Holunder)

Standorte
Waldränder, nährstoffreiche Mischwälder

Bestimmungsmerkmale
Der Holunder ist meist ein stark verzweigter Strauch oder kleiner Baum. Er wird bis etwa 10 Meter hoch und kann zur Sammelzeit gut anhand der Blüten- oder Fruchtstände erkannt werden. Dies sind Scheindolden, die, wie weiter oben beschrieben, nichts mit »echten« Dolden zu tun haben. Die stark süßlich duftenden, weiß-rötlichen Einzelblüten haben Kelch sowie Krone, die jeweils aus fünf Blütenblättern zusammengesetzt sind. Aus den kleinen Blüten stehen fünf Staubgefäße. Das Laub ist unpaarig gefiedert und besitzt fünf oder sieben →Blättchen. Knickt man junge Holundertriebe ab, erkennt man im Inneren ein an Styropor erinnerndes Mark. Dessen Farbe ist ein wichtiges Unterscheidungsmerkmal zwischen dem Schwarzen Holunder *Sambucus nigra* und dem Roten Holunder *Sambucus racemosa* vor der Fruchtzeit. Beim Schwarzen Holunder ist dieses Mark weiß, während es beim Roten Holunder gelblich erscheint. Auch die Fruchtfarbe unterscheidet sich. Die Beeren sind beim Schwarzen Holunder dunkelviolett bis schwarz, beim Roten Holunder leuchtend rot. Diese Unterscheidung ist für uns wichtig, da die Samen des Roten Holunders neben einer höheren Menge Sambunigrin auch ein hitzestabiles Alkaloid namens Chelerythrin enthalten. Dieses kann nicht durch Prozessieren genießbar gemacht werden, weshalb die Samen des Roten Holunders als giftig gelten. Sie dürfen nicht verwendet werden, während das Fruchtfleisch gekocht genießbar ist. Die Samen des Schwarzen Holunders können dagegen nach →Prozessierung verzehrt werden.

Blüten
Sammelzeit: April bis Juni

Samen (nur Sambucus nigra) R
Sammelzeit: Juli bis September

Früchte (Samen abgetrennt) G
Sammelzeit: Juni bis September

Energiereiche Teile
Früchte bzw. nur bei *Sambucus nigra*: Samen

Wichtige Inhaltsstoffe
Zucker, Bitterstoffe, cyanogene Glycoside(!), im Roten Holunder: das Alkaloid Chelerythrin, im Zwergholunder Ebulosid.

Phytotherapeutischer Wert
Die rohen Beeren wirken abführend. Außerdem wirken die Inhaltsstoffe auswurffördernd und schweißtreibend. Hierzu werden einige Teelöffel der Blüten als Tee aufgebrüht. Es konnte außerdem nachgewiesen werden, dass Holunderblütensaft eine beschleunigende Heilung bei Virusgrippeinfektionen (Influenza) ermöglicht.

Wissenswertes
Wenn Sie die frischen Blüten für einige Stunden in kühles Wasser tauchen, können Sie eine erfrischende Limonade herstellen.

Verwechslungsgefahren mit Giftpflanzen
Unabhängig davon, dass alle Holunderarten

durch den Gehalt von cyanogenen Glycosiden, in erster Linie Sambunigrin, und anderen Alkaloiden giftig sind und prozessiert werden müssen, besteht die Gefahr, sich an einigen giftigen Pflanzen aus der Familie der *Adoxaceae* (Moschuskrautgewächse) zu vergreifen.

Als gefährlich wird die Verwechslung des Schwarzen Holunders mit dem Zwergholunder (*Sambucus ebulus*), auch Attich genannt, beschrieben. Dieser hat im Vergleich zum Schwarzen Holunder einen gedrungenen Wuchs von etwa einem bis maximal zwei Metern Höhe. Der Blütenstand ist nicht über die gesamte Pflanze verteilt, wie das beim Schwarzen und Roten Holunder der Fall ist, sondern beschränkt sich auf einige zentrale Scheindolden an der Pflanzenspitze. Außerdem ist die dünne Borke dieser Pflanze oft violett gefärbt und riecht unangenehm.

Es muss ferner daran gedacht werden, dass die Blütenstände und roten Beeren des Roten Holunders denen der Schneeballarten, zum Beispiel dem Wolligen Schneeball

Der Zwergholunder ist deutlich kleiner im Wuchs und besitzt eine rötlich gefärbte Borke. Die Beeren erinnern dennoch stark an den Schwarzen Holunder.

Viburnum lantana, ähneln. Hier sei darauf geachtet, dass Pflanzen der Gattung *Sambucus* immer gefiederte Blätter mit gesägten Rändern besitzen. *Viburnum* dagegen ist in der Regel ungefiedert. Über die Gefährlichkeit einer Verwechslung mit *Viburnum* besteht keine Einigkeit, die Pflanze gilt dennoch als giftig und sollte gemieden werden.

Knoblauchsrauke

Pflanzenname
Alliaria petiolata

Trivialnamen
Knoblauchsrauke, Lauchkraut, Lauchhederich

Systematik
Familie: *Brassicaceae* (Kreuzblütlergewächse), Gattung: *Alliaria* (Knoblauchsrauke)

Standorte
Waldränder, bevorzugt auch Mischwälder, seltener an halbschattigen Bachläufen

Bestimmungsmerkmale
Wie die anderen hier beschriebenen Kreuzblütler besitzt auch die Knoblauchsrauke eine aus vier Kronblättern aufgebaute Blüte sowie Blüten und Schoten zur gleichen Zeit an einer Pflanze. Neben dem typischen Kohlgeschmack der Familie kommt bei dieser Pflanze außerdem eine deutliche Knoblauchnote zur Geltung. Weitere Merkmale sind wechselständiges Laub, das auf der unteren Hälfte halbrund und an der Spitze leicht gelappt zugespitzt ist. Im Frühjahr sind die ersten Blätter jedoch eher herzförmig und durchgehend gelappt. Im Herbst, wenn die Pflanze verblüht und die grünen

Teile abgestorben sind, finden Sie an Waldrändern die grauen Stängel. An der Spitze sind zahlreiche aufrechte und vierkantige Schoten mit länglichen, scharf schmeckenden Samen, die sich einfach absammeln lassen.

Blätter
Sammelzeit: März bis Juli

Blüten
Sammelzeit: April bis Juni

Samen
Sammelzeit: Juli bis Oktober

Wurzel
Sammelzeit: März bis August

Energiereiche Teile
Samen

Wichtige Inhaltsstoffe
Senfölglycoside, fette Öle

Phytotherapeutischer Wert
Die Pflanze ist reich an Senfölglycosiden, die für ihre antibakterielle Wirkung bekannt sind. Am höchsten ist die Konzentration in den Samen und Wurzeln der Pflanze. Außerdem wirkt sie auswurffördernd und leicht harntreibend.

Wissenswertes
Um die volle Wirksamkeit der Pflanze zu erzielen, sollte sie roh zu sich genommen werden. Die essbare Knoblauchsrauke besitzt wie die giftigen Schöteriche (s. S. 86) vierkantige Schötchen, jedoch nie gelbe oder violette Kronblätter. In den USA gilt die dort invasive Knoblauchsrauke wegen minimaler Mengen cyanogener Glycoside als leicht giftig.

Verwechslungsgefahren mit Giftpflanzen
Es sind keine möglichen Verwechslungen mit Giftpflanzen bekannt.

Knöterich, Japanischer

Familie

Pflanzenname
Fallopia japonica, Polygonum cuspidatum

Trivialnamen
Japanischer Staudenknöterich, Japan-Knöterich, Japanischer Rhabarber

Systematik
Familie: *Polygonaceae* (Knöteriche), Gattung: *Fallopia* (Flügelknöterich)

Standorte
Gewässer, Wälder, Wiesen, Hecken

Bestimmungsmerkmale
Plätze, an denen der Japanische Knöterich wächst, sind in der Regel innerhalb von wenigen Jahren vollständig davon zugewuchert. Die hohlen, am Grund grünlich bereiften und rot befleckten Stängel wachsen bis zu 4 Meter hoch und sind dicht belaubt. Die eiförmig zugespitzten Blätter sind wechselständig, wobei die Knötericharten hier noch eine Besonderheit aufweisen. Die Stängelsegmente zwischen den Blättern verlaufen in einer Zickzackebene. So ist der Stängel insbesondere der oberen Pflanzenbereiche nicht gerade, sondern »schlängelt sich« in der Waagerechten. Die Blütenstände sind kleine, helle Zöpfchen aus unscheinbaren Blüten, an denen im Spätsommer die dreifach geflügelten, stärkereichen Samen gesammelt werden können.

Blätter
Sammelzeit: März bis Juni

Samen
Sammelzeit: September bis November

Spross
Sammelzeit: März bis April

Wurzel
Sammelzeit: Juli bis November

Energiereiche Teile
Wurzeln, Samen

Wichtige Inhaltsstoffe
Stärke, Eiweiß, Gerbstoffe, Oxalsäure

Phytotherapeutischer Wert
Die Gerbstoffe können als Auszug der Rhizome bei Magenbeschwerden eingesetzt werden.

Wissenswertes
Neben dem Japanischen Knöterich können Sie andere Gattungen der Knöterichgewächse sammeln. Einige von ihnen haben herzförmige Laubblätter, wie etwa der Buchweizen *Fagopyrum esculentum*. Auch der Rhabarber *Rheum spec.* sowie die Ampferarten *Rumex spec.* gehören hierzu. Bei unbekannten Knöterichgewächsen sollten Sie auf starken Oxalsäuregeschmack achten. In den stärkereichen Samen spielt dieser Giftstoff jedoch meist keine Rolle. Viele Knöterichgewächse bilden riesige, essbare Rhizome aus, die jedoch teilweise meterweit unter der Erdoberfläche verlaufen. Interessant ist ferner, dass die Pflanze nicht nur sehr nah mit dem Pseudogetreide Buchweizen verwandt ist, sondern die Samen können in derselben Weise zubereitet werden. Am besten weicht man sie eine Zeit ein und kocht sie, bis sie weich sind.

Verwechslungsgefahren mit Giftpflanzen
Gegebenenfalls können Sie unbekannte Windengewächse *Convolvulaceae* mit einem Knöterich verwechseln. Jene wachsen teilweise auch in einer Zickzacklinie, jedoch als Ranken, und bilden große, zu einem Trichter verwachsene Kronblätter.

Königskerzen

Familie ⚠

Pflanzenname
Verbascum densiflorum

Trivialnamen
(Großblütige) Königskerze, Wollkraut, Wollblatt

Systematik
Familie: *Scrophulariaceae* (Braunwurzgewächse), Gattung: *Verbascum* (Königskerze)

Standorte
Ruderalstellen, Weg- und Straßenränder, trockene Wiesen

Bestimmungsmerkmale
Die Königskerze ist schon aus der Ferne als stattliche Pflanze zu erkennen. Ihr zentraler Stängel entspringt einer bodenständigen Rosette aus zahlreichen, meist wollig behaarten Blättern. Am unverzweigten Stängel stehen die eiförmig-zugespitzten Blätter wechselständig. Das Laub ist mit dem Blattrand →basal oft an der Sprossachse verwachsen. Die Blüten sitzen gedrängt an der Spitze, sodass die Königskerze manchmal wie eine brennende Fackel erscheint. Die Einzelblüten haben fünf in der Regel gold-gelbe Kronblätter, die radiärsymmetrisch, höchstens leicht zygomorph sind.

Blätter
Sammelzeit: April bis Juni

Blüten
Sammelzeit: Juli bis September

Samen
Sammelzeit: August bis Oktober

Wurzel P W
Sammelzeit: September bis März

Energiereiche Teile
Wurzeln, Samen

Wichtige Inhaltsstoffe
Zucker, Schleimstoffe, Saponine, Alkaloide

Phytotherapeutischer Wert
Insbesondere die Wurzeln und Blätter können klein geschnitten mit kochendem Wasser als Tee aufgebrüht werden und helfen bei Erkältungen und Husten.

Wissenswertes
Die Pflanzen bilden teilweise riesige Pfahlwurzeln aus, die eine größere Menge von Saponinen enthalten. Sie sollten bei der Verarbeitung als Nahrung aufgeschlossen und ausgelaugt werden.

Verwechslungsgefahren mit Giftpflanzen
Es besteht die Gefahr, sich versehentlich von der Schwarzen Königskerze *Verbascum nigrum* zu ernähren. Diese enthält wohl eine geringe Menge von Alkaloiden, denen eine anaphrodisierende (lustreduzierende) Wirkung zugeschrieben wird – ein Ergebnis, das im Nahrungsnotfall wohl eher nachrangig ist. Man erkennt die Schwarze Königskerze an roten Flecken auf den gelben Kronblättern.

Labkräuter

Familie

Pflanzenname
Galium spec.

Trivialnamen
Labkraut, Klettkraut, Klettwaldmeister, Waldmeister

Systematik
Familie: *Rubiaceae* (Rötegewächse),
Gattung: *Galium* (Labkraut)

Standorte
je nach Art schattige Wälder, Flussläufe sowie trockene Wiesen

Bestimmungsmerkmale
Die Labkräuter sind in unseren Regionen eine der wenigen Pflanzen, die rankend wachsen und wirtelige Blätter besitzen. Das Laub ist leicht linealisch und an der Basis verengt. Der kriechende Stängel ist meist vielfach kantig. Die winzigen Blüten besitzen eine weiße Krone aus meist vier verwachsenen Blättern. Die Kelchblätter liegen →reduziert vor. Die kleinen, runden Früchte sind oft behaart. Sie bleiben beim Vorbeistreifen mit ihren →Kletthaaren im Fell von Tieren und an den Hosenbeinen von Waldspaziergängern hängen.

Blätter
Sammelzeit: April bis August

Blüten
Sammelzeit: Mai bis September

Samen
Sammelzeit: Juli bis Oktober

Energiereiche Teile
Früchte

Wichtige Inhaltsstoffe
Gerbstoffe, ätherische Öle, fette Öle, z. T. Cumaringlykoside

Wissenswertes
Die Rötegewächse sind eine Familie mit hauptsächlich tropischer Verbreitung. Zu dieser Familie gehört auch der Kaffeestrauch Coffea spec.

Verwechslungsgefahren mit Giftpflanzen

Eine Verwendung des Labkrauts Waldmeister (*Galium odoratum*, ohne →Kletthaare), ist wohl in geringem Maße möglich. Dieser enthält ein Cumaringlycosid, das zu Cumarin zerfällt und in größeren Mengen zu sich genommen Kopfschmerzen und andere Vergiftungserscheinungen erzeugen kann. Deshalb sollte darauf geachtet werden, dass die gesammelte Pflanze keinen waldmeistertypischen Geruch verströmt. Andere Labkrautarten sind ungefährlich.

Mädesüß

Familie

Pflanzenname

Filipendula ulmaria

Trivialnamen

Mädesüß, Geißripp, Stopparsch, Spierstrauch

Systematik

Familie: *Rosaceae* (Rosengewächse), Gattung: *Filipendula* (Mädesüß)

Standorte

Gewässer, sonnige Feuchtgebiete, Entwässerungsgräben

Bestimmungsmerkmale

Bevor Sie das Mädesüß anhand von sichtbaren →Merkmalen identifiziert haben, haben Sie es meist schon längst am Geruch erkannt. Die Blüten riechen intensiv süßlich mit einem leichten Mandelaroma. Für viele Menschen ist der Geruch unerträglich stark.

Die weitreichenden Rhizome des Mädesüß enthalten Salicylate. Bevor sie in größeren Mengen verzehrt werden, sollten sie prozessiert worden sein.

Die etwa anderthalb Meter hohe Staude hat einen reich verzweigten, meist rötlich gesprenkelten Stängel und kompliziert gefiedertes Laub. Zwischen größeren Blättchen und einem ahornblattartigen Endblättchen finden Sie noch eine Reihe kleinerer. Der Blattrand ist stark gesägt. Diese Fiederform kommt in Europa nur beim Mädesüß vor. Das Mädesüß besitzt eine winzige typische Rosaceenblüte aus fünf gelblich-weißen Kronblättern und zahlreichen Staubgefäßen. Die Einzelblüten stehen in großen →Trauben zusammen. Nach dem Verblühen sind kleine, spiralig zusammengesetzte Früchte zu finden. Das Rhizom verströmt einen sehr starken Geruch, der an billiges Mundwasser erinnert.

Blätter

Sammelzeit: März bis Juni

Blüten

Sammelzeit: Mai bis Oktober

Samen
Sammelzeit: August bis November

Wurzel
Sammelzeit: ganzjährig

Energiereiche Teile
Wurzeln, Samen

Wirksame Teile
Wurzeln, Blüten

Wichtige Inhaltsstoffe
Salicylate (Salicylsäure), Gerbstoffe, ätherische Öle

Phytotherapeutischer Wert
Die Blüten sowie Wurzeln enthalten große Mengen von Salicylaten. Diese wirken gegen Fieber und leichte Schmerzen. Außerdem enthalten die unterirdischen Bestandteile antibakteriell wirksame Stoffe, die bei der Verwendung als »Zahnbürste« Einsatz finden. Hierzu wird das gesäuberte, fasrige Rhizom zerkaut und als Pinsel zum Abreiben der Zahnzwischenräume verwendet. Ferner wirken Auszüge der Wurzel stark verstopfend und können gegen Durchfall eingesetzt werden.

Wissenswertes
Wenn Sie größere Mengen von Mädesüßwurzeln zu sich nehmen möchten, sollten Sie diese in lauwarmem Wasser auslaugen, um die Salicylsäure zu entfernen. Verwenden Sie hierzu einen großen Überschuss an Wasser, da Salicylate nur mäßig wasserlöslich sind.

Verwechslungsgefahren mit Giftpflanzen
Es sind keine möglichen Verwechslungen mit Giftpflanzen bekannt.

Malve, Wilde

Familie

Pflanzenname
Malva spec., Alcea spec., Althaea spec. u.a.

Trivialnamen
Malve, Pappel, Eibisch, Stockrose

Systematik
Familie: *Malvaceae* (Malvengewächse), Unterfamilie: *Malvoideae*

Standorte
Schuttplätze, Ruderalstellen, Flussufer

Bestimmungsmerkmale
Eine präzise Bestimmung auf die Art erübrigt sich bei den Mitgliedern der *Malvoideae*, da hier eine grobe Bestimmung ähnlich wie bei den Disteln in Mitteleuropa völlig ausreichend ist. Die Bestimmung erfolgt am einfachsten über die großen und auffälligen Blüten. Die Blüte besitzt einen verwachsenen fünfblättrigen Kelch sowie fünf am Grund oft stark verjüngte und teils deutlich geäderte Kronblätter. Am auffälligsten und so in Europa nur in dieser Gruppe vorhandene ist die teils weit über die Krone herausstehende Säule aus Staubblättern und Griffeln. Aus der Blüte entsteht eine fünfkammrige Frucht, die bei der tropischen Okra (ebenfalls *Malvoideae*) länglich, bei einheimischen Arten kürzer, aber dennoch okraähnlich ist. Das Laub ist weinlaubartig gelappt, manchmal herzförmig und wechselständig.

Blätter
Sammelzeit: Mai bis September

Blüten
Sammelzeit: Juni bis August

Früchte
Sammelzeit: Ab August

Wurzel
Sammelzeit: ganzjährig

Energiereiche Teile
Früchte, Samen, Wurzel

Wichtige Inhaltsstoffe
Stärke, fette Öle, Schleimstoffe

Mit etwas Phantasie erkennt man die Ähnlichkeit zu Okra.

Phytotherapeutischer Wert
Der schleimige Brei aus Malvenfrüchten oder Wurzeln (der geschmacksfreie, sogenannte Käsepapp) wurde bei Erkrankungen des Verdauungstraktes sowie bei Husten gegeben.

Wissenswertes
Ebenso wie Okra können die Früchte aller einheimischen Malven zu einem schleimigen, aber schmackhaften Gericht verarbeitet werden. Der Schleim wirkt aufgrund seiner Wasserbindefähigkeit leicht abführend.

Verwechslungsgefahren mit Giftpflanzen
Es gibt keine giftigen Verwechslungsarten. Wer nur sehr flüchtig hinschaut, kann den Storchenschnabel mit nur sehr entfernt an Malven erinnernden Blüten sammeln. Er ist aber ungiftig und besitzt keine Säule im Blütenzentrum, sondern einzeln überstehende Narben und Staubblätter.

Meerrettich

Pflanzenname
Armoracia rusticana

Trivialnamen
Meerrettich, Kren, Beißwurz, Scharfwurzel

Systematik
Familie: *Brassicaceae* (Kreuzblütler), Gattung: *Armoracia* (Meerrettich)

Standorte
Wiesen, Feuchtgebiete

Bestimmungsmerkmale
Meerrettich sieht man schon aus einiger Entfernung mühelos. Die über einen Meter durchmessende bodenständige Rosette besteht aus niederliegenden und aufrechten sattgrünen, lanzettlichen Blättern mit mehr als einem halben Meter Länge und deutlichem Blattstiel. Die Blätter sind am Rand gekerbt. Der Blattrand ist gewellt, das gesamte Blatt zur Spitze hin auffällig eingedreht, die Blattadern sind auffällig hell. In der Mitte der Rosette stehen mehrere Blütenstängel mit zahlreichen weißen Kreuzblüten in traubigen Blütenständen. Ganz oben sind die Blüten noch ungeöffnet, weiter unten stehen die für die Familie typischen Schötchen. Unterirdisch bildet die Pflanze eine helle und holzige Wurzel. Das Laub riecht deutlich nach Rettich, die Wurzel so stark, dass sie Tränen in die Augen treibt.

Blätter
Sammelzeit: April bis Juni

Blüten
Sammelzeit: Mai bis August

Samen
Sammelzeit: August bis November

Wurzel G P
Sammelzeit: ganzjährig

Energiereiche Teile
Samen, Wurzel, Blüten

Wichtige Inhaltsstoffe
Fette Öle, Kohlenhydrate, sehr große Mengen Senfölglycoside

Phytotherapeutischer Wert
Die scharfen Inhaltsstoffe der Wurzel wirken antibakteriell bei lokalen Infektionen des Halses. Auf der Haut lindert das Brennen des Wurzelsafts Muskelschmerzen und Juckreiz.

Wissenswertes
Meerrettich stammt – obgleich mittlerweile fast weltweit verbreitet – ursprünglich vermutlich aus Südosteuropa und Westasien. Er wurde aber früh als Heilpflanze nach Mitteleuropa eingeführt und später auch als Gewürz kommerziell angebaut. Während die Blätter je nach Alter roh oder blanchiert verzehrt werden können, sind die energiereichen Samen und Wurzeln unverarbeitet nur in kleinen Mengen genießbar. Sie enthalten dermaßen hohe Konzentrationen der Senföle, dass sie stark schleimhautreizend wirken und nur gegart bzw. geröstet als Nahrung genutzt werden können. Die eigentliche Schärfe entsteht erst beim mechanischen Zerkleinern durch das Freisetzen von Enzymen. Zur Entgiftung erhitzt man die Wurzeln, Samen und älteren Blätter. Dabei wird das Enzym zerstört und die scharfe Wirkung der Stoffe kann nicht freigesetzt werden.

Verwechslungsgefahren mit Giftpflanzen
Es sind keine möglichen Verwechslungen mit Giftpflanzen bekannt.

Mehlbeere (Polyphyletisch)

Pflanzenname
Sorbus spec., Crataegus spec., Pyracantha spec., Cotoneaster spec. u.a.

Trivialnamen
Vogelbeere, Eberesche, Speierling, Elsbeere, (Weißdorn)

Systematik
Familie: *Rosaceae,*
Gattung: *Sorbus* (u. *Crataegus*)

Standorte
Waldränder, Wiesen, Hecken

Bestimmungsmerkmale
Die Beeren als verbindendes Merkmal der Mehlbeeren und die einzigen auch sinnvoll nutzbaren Bestandteile sind auch das wichtigste Bestimmungsmerkmal, da die Gattungen sehr vielgestaltig sind. Da hier praktisch nur die Verwechslung mit dem sehr ähnlichen und nah verwandten Weißdorn *Crataegus spec.* sowie als verwilderte Zierart der Feuerdorne *Pyracantha spec.* (siehe weiter unten) besteht, die ebenso genutzt werden können, seien sie hier mit eingeschlossen. Die kleinen Blüten sind typisch für diejenigen der *Rosaceae* und stehen zahlreich in →Trauben oder Scheindolden. Bei manchen Arten sind die hunderten Früchte über die kompletten Äste verteilt. Die rund 1 cm kleinen, rötlichen, bläulichen oder orangenen Früchte erinnern deutlich an kleine Äpfelchen – Reste des Kelchs sind praktisch immer erkennbar. Die Früchte sind trocken mehlig und enthalten mehrere große Kerne. Familienbedingt ist mit cyanogenen Glycosiden in den Samen zu rechnen. Die Trivialnamen »-Dorn« weisen ganz korrekt darauf hin, dass die Pflanzen oft außerordentlich effektiv stechen können.

Die Früchte des Feuerdorns erinnern stark an die der Eberesche *(oben links)*. Entgiftet man generell alle ähnlichen Früchte, ist man auf der sicheren Seite.

Früchte G

Sammelzeit: September bis November

Samen A R

Sammelzeit: September – Februar

Energiereiche Teile

Fruchtfleisch, Samen

Wichtige Inhaltsstoffe

Zucker, Stärke, fette Öle, cyanogene Glycoside

Wissenswertes

Zu der größtenteils über die Früchte bestimmten Mehlbeeren zählen einige wie die Eberesche oder der Feuerdorn, die bei rohem Verzehr größerer Mengen zu leicht verstimmtem Magen führen können. Damit sie besser bekömmlich sind, sollten sie erhitzt und die Samen abgeschieden werden. Wer größtenteils die Samen verarbeitet, sollte sie vor Verzehr aufschließen und rösten.

Auch die Früchte von Weißdorn und Zwergmispel ähneln sich frappierend. Wer nicht genau hinsieht, kann viele Pflanzen dieser Gruppe miteinander vewechseln.

Verwechslungsgefahren mit Giftpflanzen

In der Literatur findet man immer wieder widersprüchliche Angaben über die Giftigkeit des verwilderten Feuerdorns *Pyracantha spec.*, die man an ihrer leicht orangenen Beerenfarbe relativ einfach erkennen kann. Zuverlässige Quellen (Roth, Frohne & Pfänder) bestätigen zwar das Vorhandensein geringer Mengen cyanogener Glycoside in den Samen – wie in praktisch allen Samen der Rosaceae – die allerdings in ihrer Menge keinerlei Relevanz auch bei Aufnahme zahlreicher Früchte haben. Hierunter fallen neben den Feuerdornen auch die ähnlichen Früchte der Zwergmispeln *Cotoneaster spec.*, Felsenbirnen *Amelanchier spec.* und zahlreicher anderer Ziergehölze. Wer sicher gehen möchte, trennt bei der Zubereitung das Fruchtfleisch von den Samen ab und röstet die Samen, wenn sie als Nahrung genutzt werden sollen.

HINWEISE:

Die bunten Beeren der beschriebenen Arten schmecken gut und werden darum häufig von Kindern gegessen, was zu Anrufen bei der Giftnotrufzentrale führt. Eine ernsthafte Vergiftung mit den Beeren ist allerdings kaum möglich.

Mohn

Pflanzenname

Papaver rhoeas und andere der Gattung

Trivialnamen

Mohn, Klatschmohn, Klatschblume, Klatschrose, Poppi

Systematik

Familie: *Papaveraceae* (Mohngewächse), Gattung: *Papaver* (Mohn)

Standorte

Sonnige Wiesen, brachliegende Felder

Bestimmungsmerkmale

Ein einfaches und sicheres Merkmal, Mohn zu erkennen, sind die Blüten beziehungsweise Kapseln. In den mit meist vier dünnen Kronblättern und zahlreichen Staubgefäßen ausgestatteten Blüten sitzt im Zentrum eine urnenförmige Kapsel, die nach dem Abfal-

len der Kronblätter dort verbleibt. Diese enthält zahlreiche ölhaltige Samen, die bei allen Mohnarten verzehrt werden können. Mohn besitzt tief eingeschnittene, wechselständige Laubblätter und reichlich weißen Milchsaft.

Samen

Sammelzeit: Juli bis Oktober

Energiereiche Teile

Samen

Wichtige Inhaltsstoffe

Fette Öle, verschiedene Alkaloide in den grünen Pflanzenteilen!

Phytotherapeutischer Wert

Durch die hohe Giftigkeit der meisten Mohnarten schließt sich eine Selbstmedikation aus.

Wissenswertes

Alle Mohnarten (auch der einheimische Klatschmohn) gelten durch zahlreiche Alkaloide als giftig. Einige Arten wie der Schlafmohn *Papaver somniferum* oder der Arzneimohn *Papaver bracteatum* bilden hochgiftige Alkaloide. Jedoch sind die kleinen, nierenförmigen Samen immer giftstofffrei, weshalb sie auch von unbekannten Arten gesammelt werden können.

Verwechslungsgefahren mit Giftpflanzen

Mohnarten sind allesamt Giftpflanzen, deren grüne Bestandteile und Milchsaft nicht verzehrt werden dürfen. Dies gilt auch für den manchmal als »essbar« bezeichneten Klatschmohn. Zu unterscheiden sind allerdings die Gattungen Mohn *Papaver* und Hornmohn *Glaucium* voneinander. Der in Mitteleuropa seltene Hornmohn bildet keine urnenförmige Kapsel, sondern flach gedrückte, längliche Kapseln. Bei Hornmohn enthalten auch die Samen Alkaloide wie das Glaucin und gelten als giftig.

Möhre, Wilde

Familie ⚠

Pflanzenname
Daucus carota

Trivialnamen
Wilde Möhre, Möhre, Mohrrübe, Wilde Karotte

Systematik
Familie: *Apiaceae* (Doldenblütler), Gattung: *Daucus* (Möhren)

Standorte
sonnige Wiesen, Ruderalstellen

Bestimmungsmerkmale
Wie der Giersch gehört die Wilde Möhre zu den Doldenblütlern. Also ist das erste erkennbare Merkmal die »echte« Dolde. Im Gegensatz zu den meisten Pflanzen dieser Familie haben die Möhren jedoch einige Besonderheiten, die sie praktisch unverwechselbar machen. Die Oberseite der Dolde ist zunächst einmal konkav eingezogen, sodass aus den Einzelblüten eine kleine Schale geformt wird. Die meist fünf Kronblätter der Blüten sind vom Rand her eingeschnitten. Besonders wichtig sind die Blüten in der Mitte. Diese sind nämlich glänzend schwarz eingefärbt, während die äußeren weiß sind. Diese »Mohrenblüte« (siehe Trivialname: Mohrrübe) gibt es bei dieser Familie so nur bei den Möhren. Zur Fruchtreife biegen sich die Doldenstrahlen nach oben, sodass eine zusammengekrümmte Struktur mit vielen kleinen →Klettfrüchten entsteht. Die Dolden sowie die Untereinheiten, die »Döldchen«, sind nach unten jeweils durch Hüllblätter begrenzt. Das Laub ist stark gefiedert. Die Möhre bildet eine weiße, verholzte Pfahlwurzel aus, die nicht mit jener der Garten-

möhre *Daucus carota subsp. sativus* verglichen werden kann. Dennoch schmecken alle Pflanzenteile intensiv nach Karotte.

Blätter
Sammelzeit: März bis Oktober

Blüten
Sammelzeit: Mai bis Oktober

Samen
Sammelzeit: August bis November

Wurzel
Sammelzeit: ganzjährig

Energiereiche Teile
Wurzeln, Samen

Wichtige Inhaltsstoffe
Inulin, ätherische Öle, fettes Öl

Wissenswertes
Um an das Inulin der teilweise stark verholzten Wurzeln zu gelangen, werden diese klein geschnitten und ausgekocht. Der Sud wird getrunken. Auf diese Weise können Sie

Die weißen Rüben der Wilden Möhre sind meist ziemlich holzig.

auch anderen Pflanzen die Inhaltsstoffe entziehen.

Verwechslungsgefahren mit Giftpflanzen
Die Wilde Möhre gehört zu den Doldenblütlern. Zu dieser Familie gehören einige sehr giftige Pflanzen. Wenn Sie auf die →konkav eingezogene Doldenoberseite und die schwarze Möhrenblüte achten, sollte es jedoch nicht zu Verwechslungen kommen.

Rauke, Wilde

Familie

Pflanzenname
Diplotaxis tenuifolia und ähnliche

Trivialnamen
Rauke, Stinkrauke, wilder Rucola, Doppelsame

Systematik
Familie: *Brassicaceae,*
Gattung: *Diplotaxis*

Standorte
Wegränder, Wiesen, Ruderalstellen

Bestimmungsmerkmale
Die Wilde Rauke wächst sehr häufig an Wegrändern und trockenen Ruderalstellen und ist schon von weitem an ihren strahlend gelben Kreuzblüten erkennbar, die zahlreich mit etwa 4 Zentimeter langen aufrechten Schoten an einem belaubten Stängel sitzen. Das Laub ist leicht bereift und rucolaartig tief eingeschnitten. Die Pflanze ist milchsaftlos und nicht mit langen Haaren besetzt. Die gesamte Pflanze duftet intensiv nach Rucola bzw. Senfölen.

Blätter
Sammelzeit: März bis Oktober

Blüten
Sammelzeit: Mai bis September

Samen
Sammelzeit: Juni bis Dezember

Energiereiche Teile
Samen, Blüten

Wichtige Inhaltsstoffe
Senfölglycoside, fette Öle

Wissenswertes
Wer jemals Rucola als Salat gegessen hat, wird seinen Geschmack nie vergessen. Dass der Doppelsame auch als wilder Rucola bezeichnet wird, ist nicht nur deshalb gut nachvollziehbar, weil sein Aroma dem des Rucola aus der Packung gleicht. Vielmehr werden zwei Gattungen als Rucola verkauft, die Senfrauken *Eruca* und die Doppelsamen *Diplotaxis*. Allerdings wird kommerziell auf die Zuchtform der Senfrauke zurückgegriffen – man findet sie als ursprünglich mediterrane Pflanze in Mitteleuropa aber kaum verwildert.

Verwechslungsgefahren mit Giftpflanzen
Eine ähnliche Kombination aus Früchten, Laub und Blütensymmetrie kommt beim Mohngewächs Schöllkraut *Chelidonium* vor. Allerdings hat es gelben Milchsaft. Sowohl das Laub als auch der Stängel sind deutlich behaart.

Der eigentliche wilde *Rucola Eruca* hat eine weiße Blüte.

Scharbockskraut

Familie

Pflanzenname

Ficaria verna (alt: Ranunculus ficaria)

Trivialnamen

Scharbockskraut, Feigwurz, Skorbutkraut

Systematik

Familie: *Ranunculaceae* (Hahnenfußgewächse!), Gattung: *Ficaria* (eigene Gatung) früher: *Ranunculus* (Hahnenfuß)

Standorte

Feuchtgebiete, schattige Waldränder, Lichtungen

Bestimmungsmerkmale

Das flach am Boden wachsende Scharbockskraut unterscheidet sich von den den oft deutlich giftigeren Hahnenfußarten darin, dass es anders geformte Blüten und Laub besitzt. Früh im Jahr können Sie die herzförmigen, manchmal leicht eingebuchteten Blätter mit speckig grün glänzender Blattoberseite erkennen. Ähnliche Arten der Gattung *Ranunculus* besitzen dagegen tief eingeschnittenes Laub. Wie bei allen Pflanzen der Familie ist der Kelch unscheinbar und in der gleichen Farbe wie die Kronblätter (hier →Nektarblätter). Jedoch besitzt das Scharbockskraut deutlich mehr Kronblätter. Es sind zwischen acht und zehn, die länglich sind und speckig glänzen. Ein weiteres sehr sicheres Bestimmungsmerkmal sind kleine weiße Speicherknöllchen in den Blattachseln sowie an den Wurzeln. Wer auf diese Merkmale achtet, kann das Scharbockskraut nicht verwechseln.

Blätter T

Sammelzeit: Januar bis Juni

Blüten
Sammelzeit: Februar bis Juni

Speicherknöllchen
Sammelzeit: ganzjährig

Energiereiche Teile
Speicherknöllchen

Wichtige Inhaltsstoffe
Stärke, Protoanemonin(!)

Wissenswertes
Das Scharbockskraut entstammt den Ranunculaceen (Hahnenfußgewächsen), mithin einer der gefährlichsten Pflanzenfamilien in Mitteleuropa. Die Gattung *Ranunculus* ist außerdem mit allerhand giftigen Pflanzen besetzt, von denen das Scharbockskraut die einzige Art ist, die verzehrt werden darf. Selbst das Scharbockskraut enthält eine gewisse Menge der gefährlichen Protoanemonine, weshalb es normalerweise nicht nach der Blüte gesammelt werden sollte. Jedoch ist die Menge der Inhaltsstoffe eher von Standort- und Bodenbeschaffenheit abhängig als von der Blütezeit, weshalb mir diese Angabe zu pauschal ist. Vielmehr sollten Sie eine Geschmacksprobe machen. Schmeckt die Pflanze stechend-bitter, müssen alle Pflanzenteile durch Trocknen entgiftet werden. Das Scharbockskraut ist eine der ersten grünen Pflanzen, die im Frühjahr in großen Mengen erscheinen (möglich durch die zahlreichen Speicherorgane). Früher wurde diese Pflanze als erste vitaminreiche Kost gegen →Skorbut gesammelt (Scharbock ist eine alte Bezeichnung für Skorbut).

Verwechslungsgefahren mit Giftpflanzen
Es besteht die Verwechslungsgefahr mit allen Arten der durchweg giftigen Gattung wie dem Kriechenden Hahnenfuß *Ranunculus repens* oder dem Scharfen Hahnenfuß *Ranunculus acris*. Es ist deshalb auf folgende drei Merkmale zu achten: Die Laubblätter sind beim Scharbockskraut deutlich herzförmig, während sie bei anderen Hahnenfußarten eingeschnitten oder gefingert sind. Außerdem sind die vielen buttergelben Kronblätter bei *Ficaria verna* bzw. *Ranunculus ficaria* eiförmig-spitz, bei anderen Hahnenfüßen sind es in der Regel fünf eiförmig-runde.

Das wichtigste Merkmal ist jedoch das Vorhandensein der Brutknöllchen in den Blattachseln oder an den Wurzeln. Diese Eigenschaft bei gleichzeitig kriechendem Wuchs hat nur *Ficaria verna*. Damit lässt sich das Scharbockskraut sehr einfach von anderen Pflanzen unterscheiden, etwa von der sehr ähnlich aussehenden Sumpfdotterblume *Caltha palustris* oder der Haselwurz *Asarum europaeum*. Beide sind giftig und bilden keine Brutknöllchen. Wenn Sie auf diese achten, ist eine Verwechslung sehr unwahrscheinlich.

Taubnesseln

Familie

Pflanzenname
Lamium album, *Lamium luteum*, *Lamium purpureum*

Trivialnamen
Weiße Taubnessel, Goldnessel, Purpurnessel u. a. der Gattung

Systematik
Familie: *Lamiaceae* (Lippenblütler), Gattung: *Lamium* (Taubnessel)

Standorte
Waldränder, schattige Wiesen, Feuchtgebiete

Bestimmungsmerkmale

Taubnesseln besitzen einen aufrechten Wuchs und werden etwa 50 bis 70 Zentimeter hoch. Der Stiel ist vierkantig und hohl. Das leicht gebuchtete oder gesägte Laub erinnert an Brennnesselblätter und ist gegenständig. In den Blattachseln stehen wirtelig zahlreiche fünfzackige Kelche, in denen eine rote, violette, weiße oder gelbe stark zygomorphe Lippenblüte sitzt. Diese ist zu einer Röhre verwachsen. Taubnesseln besitzen wie alle Lippenblütler vier Staubgefäße. In den Kelchen findet sich ein vierfach geteilter Fruchtknoten, der bei Reife in Einzelteile zerfällt und im Herbst in großen Mengen gesammelt werden kann. Taubnesseln besitzen keinen ätherischen Geruch und haben einen eigentümlichen Geschmack.

Blätter

Sammelzeit: Februar bis September

Blüten

Sammelzeit: März bis August

Samen

Sammelzeit: August bis Oktober

Wurzel

Sammelzeit: August bis Januar

Energiereiche Teile

Fruchtknoten bzw. Samen

Wichtige Inhaltsstoffe

ätherische Öle, fette Öle, Schleimstoffe, Gerbstoffe

Phytotherapeutischer Wert

Während des Kauens der Pflanzen werden entzündungshemmende Stoffe an die Mundschleimhaut abgegeben. Auf diese Weise können lokale Infektionen schneller ausheilen.

Wissenswertes

Bei Kindern ist das Auszupfen der Blütenröhre und das Aussaugen des süßen Nektars beliebt. Es sollte hierbei darauf geachtet werden, dass es sich tatsächlich um eine *Lamiaceae* handelt, da dieser Vorgang bei anderen Pflanzen gegebenenfalls zu Vergiftungen führen kann.

Verwechslungsgefahren mit Giftpflanzen

Prinzipiell besteht die Verwechslung mit →verwilderten Pflanzen der Gattung *Coleus* beziehungsweise *Solenostemon*, den Buntnesseln. Die hauptsächlich aus Asien stammenden, violett marmorierten Pflanzen sollten Ihnen in freier Wildbahn jedoch nur selten begegnen. Außerdem ist deren Giftigkeit für den Menschen umstritten. Häufiger laufen Sie Gefahr, versehentlich anstatt nach Taubnesseln zu ähnlich aussehenden Halbschmarotzern wie Zottiger Klappertopf *Rhinanthus alectorolophus* oder Wachtelweizen *Melampyrum arvense* zu greifen. Diese Pflanzen sehen den Taubnesseln relativ ähnlich und sind giftig. Ein sicheres Erkennungsmerkmal der *Lamiaceae* ist der vierkantige, hohle Stängel, das gegenständige Laub sowie der vierfach geteilte Fruchtknoten. Zupft man also eine Blüte heraus und schaut in den Kelch, sieht man eine in vier Stücke geteilte Struktur. Dagegen ist der Fruchtknoten bei Sommerwurzgewächsen *Orobanchaceae* in der Regel deutlich sichtbar als längliche zweiteilige Kapselfrucht zu erkennen.

Topinambur

Familie

Pflanzenname

Helianthus tuberosus

Trivialnamen

Topinambur, Erdbirne, Erdartischocke, Erdapfel, Rosskartoffel

Systematik

Familie: *Asteraceae* (Korbblütler), Gattung: *Helianthus* (Sonnenblume)

Standorte

→Verwildert auf Wiesen an Flussläufen und in Feuchtgebieten

Bestimmungsmerkmale

Topinambur können Sie an der Blüte eindeutig erkennen. Die Art gehört zur Gattung der Sonnenblumen und besitzt auch eine stark an diese Pflanzen erinnernde Korbblüte. Die zahlreichen großen gelben Zungenblüten stehen in einem etwa 5 bis 10 Zentimeter großen Kreis. Das Zentrum der Korbblüte ist meist gelb oder orange gefärbt. Die wechselständigen, teilweise gegenständigen Blätter sind stark rau behaart und eiförmig-zugespitzt. Auch der verholzte und bereichsweise violett gesprenkelte Stängel ist borstig. Unterirdisch bildet der Topinambur eine energiereiche, violette bis beige Rhizomknolle.

Blüten

Sammelzeit: August bis Oktober

Rhizomknollen A

Sammelzeit: August bis März

Energiereiche Teile

Rhizomknollen

Wichtige Inhaltsstoffe

Inulin, Zucker, Proteine

Phytotherapeutischer Wert

Das Inulin der Knollen kann von unserem Körper nicht abgebaut werden. Diese Aufgabe übernimmt die Darmflora, die durch diesen idealen Nährboden gestärkt wird. Leider »dankt« sie das mit starker Gasproduktion, also Blähungen und leichten Bauchschmerzen. Auf diese Weise wirken die →Rhizome im Übermaß auch abführend.

Die Knollen von Topinambur enthalten größere Mengen Inulin. Ihr Geschmack ist gewöhnungsbedürftig.

Wissenswertes

Es gibt einige Pflanzen der Gattung *Helianthus*, die keine ausgeprägten Knollen ausbilden. Bei ihnen wird jedoch Inulin in die Wurzeln eingelagert. Sie müssen bei diesen Pflanzen zwar deutlich mehr Wurzeln ernten, diese können aber ebenso verwendet werden wie der Topinambur. Ein spannendes Faktum ist außerdem, dass Topinambur mit seiner Winterverträglichkeit bis weit unter -20° Celsius vor allem in den nördlichen und winterkalten Gebieten des amerikanischen Kontinents von indigenen Kulturen als Nahrung eingesetzt wurde.

Im mittleren subtropischen Amerika hatte die dem Topinambur nicht unähnliche Gattung der Dahlien *Dahlia spec.* diese Rolle inne. Noch weiter südlich und in den frostarmen Höhen der Äquatorialanden wurde dagegen die ebenfalls sehr ähnliche Gattung *Yacón Smallanthus spec.* angebaut. Ebenso wie Topinambur bilden sie essbare und nahrhafte Knollen.

Verwechslungsgefahren mit Giftpflanzen

Es sind keine möglichen Verwechslungen mit Giftpflanzen bekannt.

Wegwarte

Familie

Pflanzenname
Cichorium intybus

Trivialnamen
Wegwarte, Zichorie, Sonnenbraut, Sonnenwedel, Wegeleuchte

Systematik
Familie: *Asteraceae* (Korbblütler), Gattung: *Cichorium* (Wegwarte)

Standorte
Weg- und Straßenränder, sonnige Wiesen

Bestimmungsmerkmale
An Weg- und Straßenrändern sehen Sie oft im Frühsommer seltsame, stark verzweigte Pflanzen mit kleinen Blättern am Stängel und einer bodenständigen Rosette. Während die Blätter der Rosette manchmal löwenzahnartig gesägt sind, ist die Form der Stängelblätter länglich, fast lanzettlich. Bei genauem Hinsehen erkennen Sie, dass die Pflanze noch nicht geöffnete Blüten besitzt. Die Wegwarte öffnet nur zu bestimmten Zeiten die hellblauen Blüten. An diesen erkennt man zygomorphe Zungenblüten, deren Außenränder fein gesägt sind. Finden Sie eine dieser Pflanzen im aufgeblühten Zustand, ist die Erkennung freilich nicht schwierig.

Blätter
Sammelzeit: April bis August

Blüten
Sammelzeit: Juni bis September

Wurzel A W
Sammelzeit: ganzjährig

Energiereiche Teile
Wurzeln

Wichtige Inhaltsstoffe
Inulin, Bitterstoffe

Phytotherapeutischer Wert
Die Bitterstoffe verstärken die Abgabe von Verdauungssäften und können so Magenproblemen nach üppigen Mahlzeiten vorbeugen.

Wissenswertes
Die Wegwarte bildet eine große, inulinreiche Wurzel. Da alle Pflanzenteile jedoch stark bitter schmecken, empfiehlt sich das Auslaugen mit kaltem Wasser. Klein geschnitten und geröstet kann mit dieser Wurzel ein bekömmlicher Ersatzkaffee (Muckefuck) gebrüht werden. Chicorée ist übrigens nichts anderes als bei Dunkelheit in Nährlösung gezogene Wegwartenblätter.

Verwechslungsgefahren mit Giftpflanzen
Es sind keine möglichen Verwechslungen mit Giftpflanzen bekannt.

Weinberglauch

Familie

Pflanzenname
Allium vineale

Trivialnamen
Weinberglauch, Wilde Zwiebel, Weinbergzwiebel

Systematik
Familie: *Alliaceae* (Zwiebelgewächse) / neu: Familie *Amaryllidaceae* (Amaryllisgewächse), Gattung: *Allium* (Zwiebel)

Standorte
trockene, lehmige und warme Standorte

Bestimmungsmerkmale

Der Weinberglauch erinnert stark an den nah verwandten Schnittlauch. Die Blätter sind rund und hohl und entspringen einer Zwiebel. Im Gegensatz zum Schnittlauch sind die Blätter des wilden Lauchs sehr viel fester. Auch die Zwiebel ist eher holzig. Zur Blütezeit finden Sie die typischen Alliaceaenblüten als kugelige Köpfchen aus zahlreichen Einzelblüten mit sechs Kronblättern. Nach dem Verblühen finden Sie bei manchen Laucharten kleine →Brutzwiebeln anstelle der Samenkapseln.

Blätter

Sammelzeit: April bis September

Blüten

Sammelzeit: Juni bis August

Samen

Sammelzeit: August bis Oktober

Spross

Sammelzeit: April bis September

Wurzel

Sammelzeit: September bis April

Energiereiche Teile

Zwiebel, Samen, →Brutzwiebelchen

Wichtige Inhaltsstoffe

Lauchöle, ätherische Öle, Saponine

Phytotherapeutischer Wert

Die enthaltenen schwefligen Lauchöle sollen unterstützend bei Erkältungen wirken, wenn die rohen Zwiebeln zerkaut werden. Es konnte bei diesen Stoffen eine bakterienabtötende Wirkung nachgewiesen werden.

Verwechslungsgefahren mit Giftpflanzen

Es sind keine möglichen Verwechslungen mit Giftpflanzen bekannt.

Ziest

Familie

Pflanzenname

Stachys spec.

Trivialnamen

Ziest, Knollen-Ziest, Erdartischocke, Schweinerübe

Systematik

Familie: *Lamiaceae* (Lippenblütler), Gattung: *Stachys* (Ziest)

Standorte

Je nach Art von Feuchtgebieten bis zu trockenen Wiesen

Bestimmungsmerkmale

Die vielgestaltigen Zieste sind einfach als archetypische *Lamiaceae* zu erkennen – was ihre Bestimmung im Vergleich zu ähnlichen Gattungen allerdings nicht einfach macht. Wie Sie im Abschnitt zu den *Lamiaceae* gelernt haben, sind Verwechslungen innerhalb dieser Familie ungefährlich. Zieste erinnern in ihrer Form an Wiesensalbei oder kriechenden Günsel. Der Stängel ist aufrecht, vierkantig und hohl. Das Laub ist kreuzgegenständig. Die violetten oder blauen Lippenblüten mit häufig auffälliger Zeichnung der Unterlippe sitzen in Wirteln in den Blattachseln. Bei manchen Arten stehen die Blüten in scheinbaren Kolben an der Stängelspitze. Sie sind reich an Nektar. Im fünfzackigen Kelch sind bei Reife die für die Familie typischen, scheinbar viergeteilten Früchte zu erkennen.

Das Laub ist behaart, eiförmig bis eiförmig-zugespitzt und fein gebuchtet. Ausschlaggebendes Erkennungsmerkmal sind die Rhizome oder verdickten Wurzeln bzw. bei den für hier wichtigen Arten deutlich

ausgebildeten, an fette Maden erinnernde Knollen. Man erkennt sie beim Herausziehen einer Pflanze sehr schnell und hat damit eine Bestätigung der Gattung.

Blüten
Sammelzeit: April bis Oktober

Früchte
Sammelzeit: August bis November

Knollen
Sammelzeit: Oktober bis Februar

Energiereiche Teile
Wurzeln, Samen, Blüten (Nektar)

Wichtige Inhaltsstoffe
Kohlenhydrate, fette Öle, Zucker

Wissenswertes
Der Knollenziest, wie er teilweise auf Märkten angeboten wird, stammt aus Zentralasien und wurde nach Mitteleuropa zum Anbau eingeführt. Allerdings ist sein Anteil am Knollengemüse gering. Vorteil ist, dass der Ziest nicht frostempfindlich ist und deshalb lange Zeit im Boden bleiben kann. Nicht nur der Knollenziest, sondern auch einheimische Ziestarten bilden nahrhafte Knollen und Wurzeln.

Verwechslungsgefahren mit Giftpflanzen
Es sind keine möglichen Verwechslungen mit Giftpflanzen bekannt.

Essbare, Nahrhafte Pflanzen – Übersicht 1 von 2

Pflanzenart	Systematik / Familie	Nahrhafte Teile
Bärlauch *Allium ursinum* *S. 158*	*Allioideae* *(Lauchgewächse)*	Zwiebeln, Samenkapseln
Disteln *Cirsium spec. (Kratzdisteln) oder Sonchus spec. (Gänsedisteln)* *S. 160*	*Asteraceae* (Korbblütler)	Wurzeln, Samen
Fingerkräuter *Potentilla spec.* *S. 162*	*Rosaceae* (Rosengewächse)	Wurzeln, Samen
Giersch *Aegopodium podagraria* *S. 164*	*Apiaceae* (Doldenblütler)	Wurzeln, Samen
Goldrute *Solidago canadensis* *S. 165*	*Asteraceae* (Korbblütler)	Rhizome, junge Sprosse
Hirtentäschelkraut *Capsella bursa-pastoris* *S. 166*	*Brassicaceae* (Kreuzblütler)	Samen
Holunder *Sambucus nigra,* *Sambucus racemosa* *S. 168*	*Adoxaceae* (Moschuskrautgewächse)	Früchte (garen) bzw. nur bei Sambucus nigra: Samen (erhitzen)
Knoblauchsrauke *Alliaria petiolata* *S. 170*	*Brassicaceae* (Kreuzblütler)	Samen, Blätter
Knöterich, Japanischer *Fallopia japonica* *S. 171*	*Polygonaceae* (Knöteriche)	Wurzeln, Samen
Königskerze *Verbascum spec.* *S. 173*	*Scrophulariaceae* (Braunwurzgewächse)	Samen
Labkräuter *Galium spec.* *S. 174*	*Rubiaceae* (Rötegewächse)	Samen
Mädesüß *Filipendula ulmaria* *S. 175*	*Rosaceae* (Rosengewächse)	Rhizome, Blüten

	Wichtige Inhaltsstoffe	Familien-Wertigkeit
	Lauchöle, ätherische Öle, Saponine	
	Gerbstoffe, Bitterstoffe, Inulin, fette Öle	
	Bitterstoffe, Gerbstoffe, Schleimstoffe, Stärke	
	Inulin, ätherische Öle	
	Bitterstoffe, Inulin, ätherische Öle	
	Senfölglycoside, fette Öle	
	Zucker, Bitterstoffe, cyanogene Glycoside (!) in Rotem Holunder: das Alkaloid Chelerythrin, im Zwergholunder Ebulosid	
	Senfölglycoside, fette Öle	
	Stärke, Eiweiß, Gerbstoffe, Oxalsäure	
	Öle, Schleimstoffe	
	Kohlenhydrate, sekundäre Pflanzenstoffe	
	Salicylate, Gerbstoffe	

Essbare, Nahrhafte Pflanzen – Übersicht 2 von 2

Pflanzenart	Systematik / Familie	Nahrhafte Teile	
Malven *Malva spec., Alcea spec., Althaea spec.* *S. 177*	*Malvaceae* (Malvengewächse)	Blätter, Blüten, Früchte	
Meerrettich *Armoracia rusticana* *S. 179*	*Brassicaceae* (Kreuzblütler)	Wurzel, Samen, Blüten	
Mehlbeere (Polyphyletisch) *Sorbus spec. u.a.* *S. 180*	*Rosaceae* (Rosengewächse)	Fruchtfleisch, Samen	
Mohn *Papaver rhoeas u.a.* *S. 182*	*Papaveraceae* (Mohngewächse)	Samen	
Möhre, Wilde *Daucus carota* *S. 184*	*Apiaceae* (Doldenblütler)	Wurzel, Samen	
Rauke, Wilde *Diplotaxis tenuifolia u.a.* *S. 185*	*Brassicaceae* (Kreuzblütler)	Blätter, Samen	
Scharbockskraut *Ficaria verna* *S. 187*	*Ranunculaceae* (Hahnenfußgewächse)	Speicherknöllchen	
Taubnesseln *Lamium spec.* *S. 188*	*Lamiaceae* (Lippenblütler)	Blüten (Nektar), Blätter	
Topinambur *Helianthus tuberosus* *S. 190*	*Asteraceae* (Korbblütler)	Rhizomknollen	
Wegwarte *Cichorium intybus* *S. 192*	*Asteraceae* (Korbblütler)	Wurzeln	
Weinberglauch *Allium vineale* *S. 193*	*Amaryllidaceae / Allioideae* (Lauchgewächse)	Zwiebel, Brutzwiebeln, Samen	
Ziest *Stachys spec.* *S. 194*	*Lamiaceae* (Lippenblütler)	Knollen, Wurzeln, Samen	

	Wichtige Inhaltsstoffe	Familien-Wertigkeit
	Schleimstoffe, Kohlenhydrate	
	Senfölglycoside, fette Öle	
	Zucker, Stärke, fette Öle, cyanogene Glycoside	
	fette Öle	
	Kohlenhydrate, ätherische Öle	
	Senfölglycoside, fette Öle	
	Stärke, Protoanemonin	
	Zucker, sekundäre Pflanzenstoffe	
	Inulin, Zucker, Proteine	
	Inulin, Bitterstoffe	
	Lauchöle, ätherische Öle	
	Kohlenhydrate, fette Öle, Zucker	

8 – Nutzbare Pflanzen

Wie wir im Laufe des Buchs nun mehrfach erfahren haben, dienen Pflanzen oft nicht ausschließlich der Ernährung, sondern können für weitere Zwecke eingesetzt werden. Besonders interessant sind hier die wichtigsten und häufigsten →einheimischen Heilpflanzen oder, wie wir sie nennen, »essbare Pflanzen mit gesundheitlich förderlicher Wirkung«. Sie sollten nicht mit den stark wirksamen »Gift- und Heilpflanzen« gleichgestellt werden. In den bisherigen Pflanzenporträts konnten Sie schon über so manche Heilwirkung nahrhafter Pflanzen lesen. Praktisch alle Pflanzen haben irgendeine Wirkung auf unseren Körper. Die in diesem Kapitel aufgeführten besitzen dagegen größtenteils keinen besonders hohen Nährwert. Dafür ist ihre Wirkung im Vergleich zu den weiter oben beschriebenen Pflanzen stärker.

Natürlich müssen Sie bei der Anwendung auch an den Grundsatz nach Paracelsus denken: *»Dosis sola venenum facit.«* Manche der Pflanzen können auch überdosiert werden. Da die Wirksamkeit jedoch eingeschränkt ist, müssen Sie bei den beschriebenen Arten maximal mit Bauchschmerzen oder Kopfschmerzen rechnen. Pflanzen, die darüber hinaus Probleme bereiten können, wurden mit entsprechendem Hinweis markiert. Eine Vergiftung damit ist in der Regel nur bei massiver Überdosierung (dem Zehnfachen oder mehr der angegebenen Dosis) zu erwarten.

Berücksichtigen Sie hierbei besonders die Anmerkungen zur »Pflanzenheilkunde und Ernährung« in Kapitel 2.

Zu beachten ist außerdem, dass durchaus auch ungenießbare oder giftige Pflanzen einen Nutzen haben können. Diese sind nicht für den Verzehr beziehungsweise für die »innerliche Anwendung« gedacht, sondern haben ihren Nutzen in anderen Bereichen. Gemeint sind hier die beiden Gewächse Beinwell *Symphytum spec.* und Rainfarn *Tanacetum vulgare*. Wie schon erwähnt, sollte der Beinwell aufgrund seines Pyrrolizidinalkaloid-Gehalts nicht verzehrt werden, kann jedoch in der äußerlichen Anwendung Einsatz finden. Der Rainfarn sowie andere ähnliche Pflanzen der Gattung Wucherblumen *Tanacetum*, die einen starken Chrysanthemenduft verströmen, haben wir in der Familienbeschreibung der Korbblütler schon als »giftig« identifiziert. Ein Teil jener giftigen Inhaltsstoffe verscheucht jedoch Insekten, weshalb sie in mückenreichen Gegenden als →Repellent eingesetzt werden können.

Baldrian

Familie

Pflanzenname
Valeriana officinalis

Trivialnamen
Baldrian, Stinkwurz, Hexenkraut, Katzenkraut

Systematik
Familie: *Caprifoliaceae* (Geißblattgewächse), Gattung: *Valeriana* (Baldrian)

Standorte
Flussläufe, Feuchtgebiete

Bestimmungsmerkmale
Baldrian ist eine aufrechte, krautige Pflanze mit meist rund anderthalb Metern Höhe. Die kleinen weißen, manchmal leicht rosafarbenen Blüten besitzen eine Krone aus fünf verwachsenen Blättern. Die Blüten sitzen in Scheindolden an der Spitze der Pflanze. Auffällig ist, dass nur drei Staubgefäße vorhanden sind. Der Stängel ist rötlich und leicht behaart. Die gegenständigen Blätter sind unpaarig gefiedert, wobei das Endblättchen tief eingeschnitten ist. Der Blattrand ist unregelmäßig gesägt. Die Wurzel ist weiß-rötlich. Die gesamte Pflanze verströmt einen starken, etwas unangenehmen Geruch.

Blätter
Sammelzeit: April bis Juni

Blüten
Sammelzeit: April bis Juni

Spross
Sammelzeit: März bis Mai

Wurzel
Sammelzeit: ganzjährig

Wirksame Teile
Wurzel

Wichtige Inhaltsstoffe
Ätherische Öle, Valerensäure, Alkaloide

Phytotherapeutischer Wert
Der Wurzelauszug wirkt als mildes Beruhigungsmittel bei Nervosität, Einschlafstörungen, leichten Erregungszuständen. Hierzu werden einige Teelöffel zerkleinerter Wurzeln eingesetzt.

Wissenswertes
Die jungen Blätter können roh als Salatbeigabe verzehrt werden. Sie schmecken nicht nur deutlich nach Feldsalat *Valerianella spec.*, vielmehr gehört auch jener zu den Baldriangewächsen. Sie finden ihn an warmen und sonnigen Hängen. Er besitzt ähnliche Blüten wie der Baldrian, jedoch glattrandiges, gegenständiges Laub. Er wächst außerdem gedrungen und wird in der Regel nicht höher als 30 Zentimeter.

Verwechslungsgefahren mit Giftpflanzen
Wer darauf achtet, dass Baldrian keine echte Dolde besitzt und den typischen leicht stechenden Geruch der Wurzel vernimmt, kann ihn nicht verwechseln. Laien mögen den Blütenstand mit *Apiaceen* verwechseln, das halte ich jedoch bei ein wenig Sorgfalt für recht unwahrscheinlich.

Beinwell

Familie ⚠

Pflanzenname
Symphytum officinale u. a. der Gattung

Trivialnamen
Beinwell, Wallwurz, Beinwurz, Schwarzwurz, Heilkraut

Systematik
Familie: *Boraginaceae* (Raublattgewächse),
Gattung: *Symphytum* (Beinwell)

Standorte
Waldränder, Gewässerränder, aber auch magere Böden

Bestimmungsmerkmale
Beinwell bildet rau behaarte Blätter (siehe →Trivialname der Familie), die wechselständig an einem borstigen Stängel angeordnet sind. Sie laufen vorne spitz zu und gehen →basal in zwei langen Leisten in den Stängel über. Die Blüten sind violett, gelb oder weiß gefärbt. Sie erkennen einen fünfzackigen Kelch sowie eine zu einer Röhre verwachsene Krone aus fünf Blättern. Außerdem sind die fünf Staubgefäße um den aus der Blüte hängenden Griffel gedrängt. Diese Blüten ähneln damit sehr jenen der Familie der Nachtschattengewächse *Solanaceae*. Der echte Beinwell wird etwa einen Meter hoch.

Blätter
Sammelzeit: März bis November

Wirksame Teile
Blätter

Wichtige Inhaltsstoffe
Allantoin, Gerbstoffe

Phytotherapeutischer Wert
Die zwischen den Händen gerollten Blätter können auf geschlossene Wunden, wunde Haut oder Entzündungen gelegt werden. Wenn Insektenstiche mit dem Pflanzensaft betupft werden, reduziert dies Schwellung und Juckreiz.

Wissenswertes
Der Wirkstoff Allantoin hilft bei der Wundheilung und wird in allerlei Wundsalben und Kosmetika eingesetzt. Im Gegensatz

zum pharmazeutisch aufbereiteten Reinstoff finden sich auf Pflanzenblättern eine Reihe von gefährlichen bakteriellen Erregern, die auch nach dem Abkochen als Sporen vorhanden sind. Außerdem enthält Beinwell standortabhängige Mengen von Pyrrolizidinalkaloiden. Diese sind stark leberschädigend und lösen Krebs aus. Auch wenn Sie in der Vergangenheit schadlos größere Mengen von Beinwell verzehrt haben sollten, sagt dies nichts über die akute Giftigkeit aus, da die Schäden dieser Giftstoffe erst Wochen oder Monate nach dem Verzehr wahrgenommen und oft nicht mehr dem Ursprung zugeordnet werden können. Geringe Mengen, unregelmäßig als Wildsalat genossen, sollen unproblematisch sein, dennoch würde ich die Pflanze nicht als festen Nahrungsbestandteil einplanen. Ich persönlich wende die Blätter des Beinwells deshalb nur äußerlich an.

Verwechslungsgefahren mit Giftpflanzen

Beinwell können Sie an einigen einfachen →Merkmalen sicher erkennen. Sie sollten sich jedoch auch daran halten und nicht alles sammeln, was ähnliche Blätter hat. Die Pflanze kann nämlich gegebenenfalls mit Arten der Gattung Fingerhüte *Digitalis spec.* verwechselt werden. Diese sind so giftig, dass auch eine äußere Behandlung als bedenklich angesehen werden muss.

Die Laubblätter sehen bei beiden Pflanzen ähnlich aus. Wenn Sie bei Beinwell die deutlich fünfzackige Krone erkennen oder auf die beiden weit auf den Stängel auslaufenden Leisten der Blätter achten, kann eine Verwechslung ausgeschlossen werden.

Dost

Familie

Pflanzenname
Origanum vulgare

Trivialnamen
Dost, Oregano, Origanum, Wilder Majoran

Systematik
Familie: *Lamiaceae* (Lippenblütler),
Gattung: *Origanum* (Dost)

Standorte
sonnige, trockene Wiesen, Mischwälder

Bestimmungsmerkmale
Als *Lamiaceae* besitzt der Dost die meisten der für diese Familie typischen Merkmale. Sie erkennen an der nur etwa zwanzig Zentimeter hoch wachsenden, meist eher kriechenden Pflanze violette Blütenköpfchen, die aus zahlreichen Lippenblüten mit vier Staubgefäßen zusammengesetzt sind. Die Oberlippe ist hierbei deutlich kleiner als etwa bei Taubnesseln. Das gegenständige Laub ist glattrandig und leicht behaart. Wenn Sie die Pflanze zerreiben, duftet sie deutlich nach Majoran beziehungsweise Oregano.

Blätter
Sammelzeit: April bis November

Blüten
Sammelzeit: April bis November

Spross
Sammelzeit: April bis Juli

Wirksame Teile
Blätter

Wichtige Inhaltsstoffe

Ätherische Öle, insbesondere Thymol und Carvacrol, Gerbstoffe, Bitterstoffe

Phytotherapeutischer Wert

Die ätherischen Bestandteile sind hochwirksame Mittel, die Bakterien abtöten (dennoch nicht als Antiseptikum geeignet). Als Tee aufgebrüht oder einfach verzehrt hilft er bei diversen bakteriellen Infektionen, Halsschmerzen oder Erkältungen.

Wissenswertes

Sie können alle Pflanzenteile auch als Gewürz oder Salatbeigabe verzehren. Er ist jedoch deutlich weniger aromatisch als seine mediterranen Verwandten. Alle kleinen, aromatisch duftenden *Lamiaceen*, zum Beispiel den Thymian *Thymus spec.*, kann man in gleicher Weise einsetzen.

Verwechslungsgefahren mit Giftpflanzen

Es sind keine möglichen Verwechslungen mit Giftpflanzen bekannt.

Hopfen, Wilder

Familie ⚠

Pflanzenname

Humulus lupulus

Trivialnamen

Hopfen, Hop, Wilder Hopfen

Systematik

Familie: *Cannabaceae* (Hanfgewächse), Gattung: *Humulus* (Hopfen)

Standorte

Feuchte Waldränder, Hecken

Bestimmungsmerkmale

Während vermutlich die meisten Leser Hopfen in »gelöster Form« kennen, wissen viele nicht, dass er eine sehr häufige Pflanze in unseren Breiten ist. Er überwuchert oft ganze Waldränder. Von Frühjahr bis Herbst erkennen Sie die Pflanze an den eingeschnittenen, borstig behaarten Blättern, die an Weinblätter erinnern. Außerdem bildet er an den oberen Bereichen brennnesselartiges Laub aus. Der Blattrand ist gesägt. Der Stängel ist wenige Millimeter dünn und rankend. Die weiblichen Blüten sind grün und zapfenartig zusammengesetzt. An der Basis der Blütenschuppen finden Sie ein gelbes, klebriges Sekret, das deutlich nach frischen Cannabisblüten riecht. Im Herbst sterben die oberirdischen Teile ab. Folgt man den graubraunen Stängeln bis zum Grund, kann man hier die große Wurzel ausgraben.

Blätter

Sammelzeit: Juli bis September

Blüten

Sammelzeit: August bis November

Spross

Sammelzeit: Februar bis April

Wurzel

Sammelzeit: ganzjährig

Wirksame Teile

Blüten, Wurzeln

Wichtige Inhaltsstoffe

reichlich Bitterstoffe, Lupulin

Phytotherapeutischer Wert

Aufgüsse von Wurzel und weiblichen Blüten wirken leicht →sedierend und helfen bei Angstzuständen und Schlafstörungen. Im Übermaß genossen sollen sie leicht halluzinogen wirken. Die Bitterstoffe wirken positiv bei Magenbeschwerden und sind stark speicheltreibend.

Wissenswertes

Die Pflanze ist →zweihäusig. Wirksame Bestandteile in relevanten Mengen finden Sie nur in den weiblichen Pflanzen. Die männlichen Hopfenpflanzen bilden kleine, unscheinbare Blütenköpfchen. Hopfen wurde früher zu den Brennnesselgewächsen Urticaceae gezählt. Tatsächlich gehören sie zu den *Cannabaceae*, den Hanfgewächsen. Die rosa Sprossen können im Frühjahr als Gemüse zubereitet werden.

Verwechslungsgefahren mit Giftpflanzen

Wenn die grünen Blattteile abgestorben sind und im Herbst oder Winter die Wurzel gesammelt wird, können Sie die Pflanze gegebenenfalls mit der Waldrebe *Clematis vitalba* aus den Hahnenfußgewächsen *Ranunculaceae* verwechseln. Wenn Sie bei dieser jedoch den Querschnitt des ausgedörrten Stängels betrachten, erkennen Sie große, siebartige Durchgänge.

Kamille, Echte, Strahlenlose

Familie

Pflanzenname

Matricaria recutita, *Chamomilla recutita*/ *Matricaria discoidea*

Systematik

Familie: *Asteraceae* (Korbblütler), Gattung: *Matricaria* (Kamille)

Trivialnamen

Echte Kamille, Strahlenlose Kamille

Standorte

Wegränder, Ruderalstellen, nährstoffreiche Lehmböden

Bestimmungsmerkmale

Die Echte Kamille lässt sich am einfachsten an ihren auffälligen Blüten in Verbindung mit dem Laub erkennen. Die Korbblüten haben eine Ähnlichkeit mit denen von Gänseblümchen, sind jedoch sehr viel größer und besitzen einen stark gewölbten gelben Kopf. Der Blütenboden ist außerdem innen hohl, was ein Unterscheidungsmerkmal zur geruchslosen und wirkungsarmen Hundskamille *Anthemis spec.* ist. Das Laub besteht aus feinen verzweigten Strahlen. Alle Pflanzenteile riechen angenehm aromatisch. Der Strahlenlosen Kamille fehlen im Vergleich zur Echten Kamille die weißen Zungenblüten, sie besitzt nur ein rundes Blütenköpfchen aus gelb-orangenen Röhrenblüten. Außerdem ist ihre Größe im direkten Vergleich sehr viel kleiner. Während die Echte Kamille bis zu einem halben Meter groß wird, wächst die Strahlenlose Kamille meist direkt am Boden.

Blätter

Sammelzeit: April bis August

Blüten

Sammelzeit: April bis August

Wirksame Teile

hauptsächlich Blüten

Wichtige Inhaltsstoffe

Ätherische Öle, Gerbstoffe

Phytotherapeutischer Wert

Die Blüten und Blätter geben in heißem (nicht kochendem) Wasser die ätherischen Öle frei, die entzündungshemmend wirken. Insbesondere bei Beschwerden im Rachen und bei Atemwegserkrankungen kann ein Kamillentee helfen. Außerdem lindern höher konzentrierte Auszüge Entzündungen der Haut. Der Pflanzensaft kann auf Insektenstiche aufgebracht werden. In einem Topf aufgekocht und inhaliert löst der Dampf von Kamille festsitzenden Schleim.

Wissenswertes

Alle Pflanzenteile können als Salat oder →Spinat verzehrt werden.

Die Strahlenlose Kamille ist sehr viel kleiner als die Echte Kamille und bildet kleine, fast runde Blütenkörbchen ohne Zungenblüten.

Verwechslungsgefahren mit Giftpflanzen

Verwechslungen sind eigentlich ausgeschlossen, ich habe dennoch einmal miterleben müssen, wie ein Pflanzensammler die Blüten des Rainfarns *Tanacetum vulgare* als Strahlenlose Kamille *Matricaria discoidea* gesammelt hat. Die Strahlenlose Kamille hat sehr fein gefiederte Blätter, während der Rainfarn etwas breitere, gesägte →Blättchen besitzt, die an ein Farnblatt erinnern. Außerdem ist die Strahlenlose Kamille eine fast bodenständige Pflanze, während der Rainfarn deutlich über einen Meter hoch wachsen kann. Der Rainfarn riecht unangenehm harzig.

Linden

Familie

Pflanzenname

Tilia cordata/Tilia platyphylla

Trivialnamen

Winterlinde/Sommerlinde

Systematik

Familie: *Malvaceae* (Malvengewächse), Gattung: *Tilia* (Linde)

Standorte

feuchte Auenwälder, warme Laubwälder, oft in höheren Lagen

Bestimmungsmerkmale

Linden sind Bäume mit einer Höhe von bis zu 30 Metern. Gut zu erkennen ist das tiefgrüne, herzförmige Laub. Die hellen Blüten stehen in kleinen Büscheln zusammen und sind mit einem Flugblättchen versehen. Nach dem Verblühen finden Sie an dieser Stelle kirschkernartige Früchte, die mit dem Flugblättchen rotierend durch die Luft zu Boden segeln. Die Linde bildet weiches Holz. Zieht man die Rinde ab, erkennt man im Bast dunkle, in Richtung der Sprossachse verzerrte Flecken.

Blätter

Sammelzeit: März bis Mai

Blüten

Sammelzeit: Mai bis Juli

Samen

Sammelzeit: Juni bis September

Wirksame Teile

Blüten

Wichtige Inhaltsstoffe

Schleimstoffe

Phytotherapeutischer Wert

Die Blüten werden als Tee bei Erkältungen und Fieber verwendet. Er wirkt schweißtreibend und lindert den Hustenreiz.

Wissenswertes

Aus dem Bast der Linde können stabile Streifen geschnitten werden, etwa um einen Beerensammler oder Leine zu fertigen. Das weiche und kurzfasrige Holz eignet sich gut für Anfänger zum Schnitzen.

Verwechslungsgefahren mit Giftpflanzen

Es sind keine möglichen Verwechslungen mit Giftpflanzen bekannt.

Minze

Familie

Pflanzenname

Mentha aquatica/Mentha spicata/Mentha longifolia u. a. der Gattung

Trivialnamen

Wasserminze/Krause Minze, Waldminze/Rossminze

Systematik

Familie: *Lamiaceae* (Lippenblütler), Gattung: *Mentha* (Minze)

Standorte

nährstoffreiche, feuchte Wiesen, Bachläufe

Bestimmungsmerkmale

Minzen besitzen gegenständiges, gesägtes Laub und sind meist stark behaart. Die Lippenblüten der meist etwa einen halben Meter hohen Pflanzen stehen in den Blattachseln und an der Spitze der Pflanze in kolbenartigen Ständen dicht gedrängt. Minzen besitzen einen starken Duft nach Hustenbonbons beziehungsweise Kaugummi.

Blätter
Sammelzeit: Mai bis September

Blüten
Sammelzeit: Juli bis November

Wirksame Teile
Blätter

Wichtige Inhaltsstoffe
Ätherische Öle mit Menthol und Carvon, Bitterstoffe

Phytotherapeutischer Wert
Als Tee wirken die ätherischen Öle beruhigend und schmerzlindernd bei Rachenbeschwerden. Außerdem erzeugt Menthol ein Gefühl von Kälte auf der Haut, was bei Insektenstichen hilft. Der Wirkstoff ist lokal anästhesierend, weshalb bei Zahnfleischentzündungen oder Zahnschmerzen einige in die Wange gelegte Minzblätter helfen.

Verwechslungsgefahren mit Giftpflanzen
Es besteht eine Verwechslungsgefahr mit der aus Zentralasien stammenden Rauschminze *Lagochilus inebrians*. Die stark bittere Pflanze wird jedoch außerhalb ihres natürlichen Verbreitungsraums in den Trockengebieten Usbekistans sehr selten und nur zivilisationsnah →verwildert sein.

Nelkenwurz, Echte

Pflanzenname
Geum urbanum u. a. der Gattung

Trivialnamen
Echte Nelkenwurz, Nelkwurzel

Systematik
Familie: *Rosaceae* (Rosengewächse), Gattung: *Geum* (Nelkenwurzen)

Standorte
Wiesen, Waldränder, lichte Wälder

Bestimmungsmerkmale
Die Nelkenwurz ist eine *Rosaceae*, deren Blüte stark an die Fingerkräuter erinnert. Die fünf kleinen Kronblätter stehen auch hier in Lücke zu dem fünfzackigen Kelch, sind aber im Verhältnis eher rund. Ein besonderes Merkmal sind die beiden auffälligen Nebenblätter in den Achseln jedes Laubblatts. Diese sind so groß, dass das gesägte und dreilappige Laub fast gefiedert erscheint. Die zahlreichen kommaförmigen Früchte stehen in runden Kügelchen zusammen. Jede Frucht ist mit einem zurückgebogenen Kletthaar ausgestattet.

Wurzel
Sammelzeit: ganzjährig

Wirksame Teile
Wurzeln

Wichtige Inhaltsstoffe
Gerbstoffe, Eugenol

Phytotherapeutischer Wert
Bei Verletzungen und Entzündungen des Zahnfleischs oder bei Zahnschmerzen kön-

nen die zerriebenen Wurzeln als lokales →Anästhetikum eingesetzt werden. Legt man es direkt neben die Schädigung, »verpelzt« es die Mundschleimhaut. Eugenol wirkt außerdem antibakteriell, weshalb es beim Ausheilen lokaler Infektionen im Mundraum hilft. Ferner tötet der Reinstoff Eugenol Pilze ab und verscheucht viele Insekten und Zecken. Die Wirksamkeit der Wurzel als Insektenschutzmittel konnte im Selbstversuch jedoch nicht bestätigt werden.

Wissenswertes

Der Geruch der zerriebenen Wurzel erinnert stark an Gewürznelken *Syzygium aromaticum*. Diese tropische Pflanze hat jedoch weder eine nahe Verwandtschaft zu den Nelkenwurzen, noch hat sie etwas mit den →einheimischen Nelkengewächsen *Caryophyllaceae* zu tun.

Verwechslungsgefahren mit Giftpflanzen

Sie können die Echte Nelkenwurz gegebenenfalls mit den giftigen Pflanzen der Gattung *Ranunculus* (zu denen die »Wiesen«-Hahnenfußpflanzen gehören) verwechseln. Die Nelkenwurz besitzt nämlich ähnliche Blätter und einen fast gleich aussehenden Fruchtstand. Wenn Sie jedoch auf den an den Fruchtständen noch gut sichtbaren grünen Kelch und die auffälligen Nebenblätter achten, ist die Verwechslung unwahrscheinlich.

Rainfarn

Gattung

Pflanzenname

Tanacetum vulgare

Trivialnamen

Rainfarn, Kompassblume

Systematik

Familie: *Asteraceae* (Korbblütler), Gattung: *Tanacetum* (Wucherblumen, Achtung: giftige Gattung)

Standorte

Ruderalstellen, sonnige Wiesen, Bachläufe

Bestimmungsmerkmale

Ein leicht erkennbares Merkmal des Rainfarns sind seine in Scheindolden stehenden flachen Blütenköpfchen. Diese sind goldgelb gefärbt und besitzen keine Zungenblüten. Die rund 10 Millimeter breiten Korbblüten sind flache Knöpfe. Das gefiederte Laub ist wechselständig angeordnet und am Rand gesägt. Die Pflanze riecht unangenehm harzig nach Chrysanthemen.

Blätter

Sammelzeit: März bis November

Blüten

Sammelzeit: März bis November

Spross

Sammelzeit: März bis November

Wirksame Teile

gesamte Pflanze

Wichtige Inhaltsstoffe

Thujon, Monoterpene, ggf. Pyrethrin

Phytotherapeutischer Wert

Die Pflanze kann in insektenreichen Gegenden am Übernachtungslager verteilt, besser noch am Rand eines Feuers gelagert werden. Die ausströmenden Bestandteile vertreiben Insekten sehr zuverlässig.

Wissenswertes

Der Rainfarn ist – auch wenn er in eine Familie mit zumeist essbaren Pflanzen gehört – eine giftige Pflanze. Er darf nicht verzehrt werden. Seine Wirkung ist alleine auf das Vertreiben von Insekten zu beschränken. Enthaltenes Thujon kann bei Kontakt mit der Haut Ausschläge verursachen. Das gleiche gilt für alle Arten der Gattung *Tanacetum*.

Schafgarbe, Gemeine

Familie

Pflanzenname
Achillea millefolium

Trivialnamen
(Gemeine) Schafgarbe, Schafkraut

Systematik
Familie: *Asteraceae* (Korbblütler), Gattung: *Achillea* (Schafgarbe)

Standorte
trockene Wiesen, Wegränder

Bestimmungsmerkmale
Schafgarben sind krautige Pflanzen und wachsen nicht höher als 75 cm. Die weißen Blütenstände sind Körbchen, die nur wenige →Zungenblüten und rund 20 bis 50 winzige →Röhrenblüten zusammenfassen. Die Blüten stehen in einer Scheindolde. Sie erkennen an den Korbblüten und der fehlenden »echten« Dolde, dass es sich nicht um einen Doldenblütler handelt. Die Blätter sind wechselständig und gefiedert. Die Pflanze riecht aromatisch, mit einer deutlichen Kamillennote.

Blätter
Sammelzeit: März bis August

Blüten
Sammelzeit: April bis September

Samen
Sammelzeit: Juni bis Oktober

Wirksame Teile
Blätter, Blüten

Wichtige Inhaltsstoffe
Bitterstoffe, Gerbstoffe, ätherische Öle

Phytotherapeutischer Wert
Die grünen Pflanzenteile der Schafgarbe werden angewandt wie die Blüten der Kamille. Außerdem kann der bittere Auszug bei Magenbeschwerden verwendet werden.

Wissenswertes
Die medizinische Wirkung soll laut Volksmund daran erkannt worden sein, dass kranke Schafe bevorzugt Schafgarben gefressen haben.

Verwechslungsgefahren mit Giftpflanzen
Die Gemeine Schafgarbe kann mitunter mit der Sumpfschafgarbe *Achillea ptarmica* verwechselt werden. Diese soll in großen Mengen zu leichten Bauch- und Kopfschmerzen führen. Die Sumpfschafgarbe ist jedoch selten. Außerdem sollte auch die Gemeine Schafgarbe aufgrund ihrer Wirkstoffe nicht in sehr großen Mengen verzehrt werden. Die Unterscheidung kann über die Blütenkörbchen erfolgen, die bei der Sumpfschafgarbe über einen Zentimeter im Durchmesser sind, während die Gemeine Schafgarbe Körbchen von weniger als einem halben Zentimeter Durchmesser bildet.

Der Blütenstand der Schafgarbe ist eine typische Scheindolde, wie sie bei vielen Pflanzen gefunden werden kann. Im Vergleich zur »echten Dolde« der *Apiaceae* (siehe Abb. S. 80) können Sie den Unterschied deutlich erkennen.

Walnuss

Familie

Pflanzenname

Juglans regia, Juglans nigra u. a. der Gattung

Trivialnamen

Walnuss, Baumnuss, Schwarznuss, Amerikanische Schwarznuss

Systematik

Familie: *Juglandaceae* (Walnussgewächse), Gattung: Juglans (Walnüsse)

Standorte

warme Regionen, hauptsächlich Süddeutschland, sonnige Waldränder, Felder

Bestimmungsmerkmale

Walnussbäume werden meist mehr als 15 Meter hoch und sind dicht mit unpaarig gefiederten Laubblättern besetzt. Die Borke junger Triebe ist glatt und grün-grau, während sie auf dem Stamm mit der Zeit aufbricht und weiß-grau wird. Die Walnuss ist →einhäusig, getrenntgeschlechtlich. Die männlichen Blüten sind lange zapfenartige Schwänzchen, die an Birkenblüten erinnern. Die weiblichen Blütenstände sind knotig verdickt, aber unscheinbar grün. Zerreibt man Walnussblätter, verströmen sie einen säuerlichen, etwas unangenehmen Geruch.

Blätter

Sammelzeit: März bis Oktober

Samen

Sammelzeit: Oktober bis November

Wirksame Teile

Blätter, Fruchtschalen

Wichtige Inhaltsstoffe

Gerbstoffe, Juglon

Phytotherapeutischer Wert

Blätter und Fruchtschalen können als Auszug bei äußerlichen Hautleiden und Entzündungen verwendet werden. Die Inhaltsstoffe wirken adstringierend und reduzieren die Schweißproduktion, weshalb ein Fußbad in einem Auszug wohltuend auf vom Marsch geschundene Füße wirkt. Juglon ist außerdem antibakteriell und →fungizid. Besonders interessant ist jedoch die Wirkung des Juglon im auf die Haut aufgetragenen Pflanzensaft. Er hält nicht nur eine Zeit lang stechende Insekten fern, sondern färbt sich unter Lufteinwirkung dunkel. Hierdurch wird die Haut mit einer dunkelbraunen Farbschicht bedeckt, die das ungehinderte Eindringen der UV-Strahlung reduziert. Der Saft von Walnüssen kann also im Notfall als schwaches Sonnenschutzmittel eingesetzt werden. Die Färbung verbleibt jedoch sehr lange auf der Haut.

Wissenswertes

Zur Gattung der Walnüsse gehören eine ganze Reihe unterschiedlicher Pflanzen. Von ihnen sind allesamt die Samen essbar. Die in der holzigen Schale eingeschlossenen Keimblätter sind sehr ölreich und damit nahrhaft. Walnüsse sind wärmeliebende Pflanzen, die durch die Römer erst in Mitteleuropa eingeführt wurden. In Norddeutschland sind sie selten.

Verwechslungsgefahren mit Giftpflanzen

Es sind keine möglichen Verwechslungen mit Giftpflanzen bekannt.

Weiden

Familie

Pflanzenname

Salix alba

Trivialnamen

Silberweide, Weide

Systematik

Familie: *Salicaceae* (Weidengewächse), Gattung: *Salix* (Weiden)

Standorte

Feuchtgebiete, Auenwälder, Gewässerufer, Flussläufe

Bestimmungsmerkmale

Weiden bestimmen grundlegend das Bild von Auenwäldern sowie Fluss- und Seerändern. Die bis zu 30 Meter hohen Pflanzen hängen oft über die Wasseroberfläche oder stehen sogar in überschwemmtem Gebiet. Das Laub ist wechselständig und lanzettlich, der Blattrand ist sehr fein gesägt. Die Blätter sind von unten weiß behaart, was einen leicht silbrigen Schimmer verursacht. Die Blüten sind grünliche Schwänzchen.

Borke

Sammelzeit: ganzjährig

Wirksame Teile

Die Borke junger Weidentriebe

Wichtige Inhaltsstoffe

Salicin

Phytotherapeutischer Wert

Salicin hat eine ähnliche Wirkung wie Acetylsalicylsäure (ASS). Salicin wird jedoch erst in der Leber zu Salicylsäure umgewandelt, weshalb es nicht so schnell wirkt wie ASS, dafür jedoch kaum Magenbeschwerden verursacht. Eine gängige Dosierung ist ein Auszug von etwa 70 bis 200 Gramm frischer, klein geschnittener Weidenrinde.

Dies entspricht in der Wirkung etwa einer ASS-Tablette. Einsatz findet dieses pflanzliche Mittel bei Schmerzen und Fieber. Salicin wirkt im Gegensatz zu ASS nicht blutverdünnend.

Wissenswertes

Neben der Silberweide enthalten noch folgende Weidenarten relevante Mengen von Salicin: Bruchweide *Salix fragilis*, Purpurweide *Salix purpurea*, Reifweide *Salix daphnoides*, Lorbeerweide *Salix pentandra*. Andere Arten gelten in verwendbaren Mengen als nicht wirksam.

Verwechslungsgefahren mit Giftpflanzen

Es sind keine möglichen Verwechslungen mit Giftpflanzen bekannt.

Nutzbare Pflanzen – Übersicht

Pflanze	Wirksame Teile	Wichtige Inhaltsstoffe	
Baldrian *Valeriana officinalis* *S. 201*	Wurzeln	Ätherische Öle, Valerensäure, Alkaloide	
Beinwell *Symphytum officinale* *S. 202*	Blätter	Allantoin, Gerbstoffe	
Dost *Origanum vulgare* *S. 204*	Blätter	Ätherische Öle, insbesondere Thymol und Carvacrol, Gerbstoffe, Bitterstoffe	
Hopfen, Wilder *Humulus lupulus* *S. 205*	Blüten, Wurzeln	Reichlich Bitterstoffe, Lupulin	
Kamille, Echte *Matricaria recutita* **Kamille, Strahlenlose** *Matricaria discoidea* *S. 206*	Blüten	Ätherische Öle, Gerbstoffe	
Linden *Tilia spec.* *S. 208*	Blüten	Schleimstoffe	
Minze *Mentha spec.* *S. 209*	Blätter	Ätherische Öle mit Menthol und Carvon, Bitterstoffe	
Nelkenwurz *Geum urbanum* *S. 211*	Wurzeln	Gerbstoffe, Eugenol	
Rainfarn *Tanacetum vulgare* *S. 212*	Gesamte Pflanze	Thujon, Monoterpene, ggf. Pyrethrin	
Schafgarbe *Achillea millefolium* *S. 213*	Blätter, Blüten	Bitterstoffe, Gerbstoffe, ätherische Öle	
Walnuss *Juglans regia* *S. 215*	Blätter, Frucht-schalen	Gerbstoffe, Juglon	
Weiden *Salix alba* *S. 216*	Borke junger Weidentriebe	Salicin	

	Anwendung	Familien-Wertigkeit
	Beruhigungsmittel bei Nervosität, Einschlafstörungen, leichten Erregungszuständen.	Familie
	Äußerlich! Entzündungen, geschlossene Wunden, Insektenstiche.	Familie
	Bakterielle Infektionen, Halsschmerzen, Erkältungen.	Familie
	Beruhigungsmittel bei Nervosität, Einschlafstörungen, leichten Erregungszuständen. Bitterstoffe bei Erkrankungen des Magen-Darm-Traktes.	Familie
	Halsschmerzen, Erkältungen, Entzündungen, Insektenstiche.	Familie
	Als Tee bei Erkältungen und Fieber, schweißtreibend, hustenlindernd.	Familie
	Beruhigend und schmerzlindernd bei Rachenbeschwerden, Insektenstichen.	Familie
	Lokales Anästhetikum bei Entzündungen des Zahnfleischs oder bei Zahnschmerzen.	Familie
	Keine direkte Anwendung! Pflanzenteile am Feuer vertreiben Insekten.	Gattung
	Halsschmerzen, Erkältungen, Entzündungen, Insektenstiche.	Familie
	Äußerliche Hautleiden und Entzündungen, Reduktion der Schweißproduktion, UV-Schutz, Insektenschutz.	Familie
	Bei Schmerzen und Fieber.	Familie

9 – Prozessieren

In den vergangenen Abschnitten haben Sie eine ganze Reihe von essbaren Pflanzen kennengelernt, die einfach zu beschaffen sind und über viel Energie verfügen. Einige von ihnen zeichnen sich jedoch dadurch aus, dass sie bestimmte Stoffe enthalten, die vor dem Verzehr größerer Mengen entfernt oder unschädlich gemacht werden müssen.

Grundsätzlich habe ich vermieden, solche »unsicheren« Pflanzen für die Listen auszuwählen. Dennoch gibt es einige Gruppen, die so häufig, energiereich und weit verbreitet sind, dass es im Ernährungsnotfall leichtsinnig wäre, auf sie zu verzichten. Es wurde in den Pflanzenbeschreibungen jeweils die notwendige →Prozessierung erwähnt. Sie sollten also vor dem Sammeln der Pflanzen auch den dazugehörigen Text in der Pflanzenbeschreibung lesen beziehungsweise auf die entsprechenden →Piktogramme achten.

Die einzelnen Arten wurden auch unter dem Gesichtspunkt ausgewählt, dass, falls Sie den Schritt der Prozessierung vergessen haben, keine schwerwiegenden Vergiftungen zu erwarten sind.

Im Prinzip können wir die Prozessierungsschritte in zwei unterschiedliche Bereiche teilen. Ungewollte Giftstoffe können entweder aus dem Pflanzenmaterial entfernt werden, oder die Stoffe werden durch die richtige Behandlung zerstört.

Wir werden hier die wichtigsten, draußen mit einfachen Mitteln durchführbaren Techniken behandeln.

Aufschließen

Insbesondere wenn Sie Stoffe aus Pflanzenteilen entfernen möchten, die ausgewaschen oder vom flüssigen in den gasförmigen Zustand überführt werden können, muss das Pflanzenmaterial aufgeschlossen werden. Auch um ein gleichmäßiges Erhitzen oder Trocknen zum Deaktivieren einiger Stoffe zu gewährleisten, empfiehlt es sich, den Rohstoff zu zerkleinern, zumal die Schale von Knollen oder Samen eine sehr effektive Verdunstungsbarriere ist.

Wenn es sich um schneidbares Material handelt, also groß und weich genug ist, um mit einem Messer zerkleinert zu werden, teilt man es in möglichst gleichmäßige Stücke auf.

Traditionell werden Wurzeln und Früchte zum Aufschließen auf der Oberfläche eines gebrochenen oder rauen Steins klein gerieben.

Nüsse, Stängelabschnitte oder Wurzeln können auf einem Brettchen in möglichst dünne Scheiben geschnitten werden. Um einen Richtwert zu haben, können Sie sich merken, dass die Dicke maximal 1 bis 2 Millimeter betragen sollte. Zwar können aus breiteren Scheiben auch die Giftstoffe ausgelöst werden, die Behandlung benötigt jedoch ein Vielfaches an Zeit.

Kleine Samen, Nüsschen oder Knollen lassen sich meist nicht einfach zerschneiden. Hier können Sie mit Hilfe einer Mahlrinne die Samen aufquetschen oder zerreiben. Robuste Pflanzenteile wie verholzte Wurzeln werden an der rauen Bruchstelle eines Steins zu Mus verarbeitet.

Blattmaterial, aus dem zum Beispiel viel Oxalsäure entfernt werden muss, sollte aufgeschlossen werden. Das ist etwa bei manchen stark sauer schmeckenden Amaranthen notwendig. Wenn Sie das Blattmaterial zerschneiden würden, würde jedoch beim Wässern oder Auslaugen auch der Großteil der für uns nützlichen Inhaltsstoffe entfernt. Deshalb werden diese Blätter vorsichtig zwischen den Händen gerollt, bis sie weich und leicht feucht geworden sind. Durch das Aufbrechen der Blattwände wird eine gleichmäßige Reduktion, wenn auch nicht vollständige Entfernung der löslichen Inhaltsstoffe gewährleistet.

Die aufgeschlossenen Pflanzenteile werden der weiteren Prozessierung zugeführt.

Auspressen

In Mitteleuropa wird das Quetschen von Pflanzenteilen häufig zur Gewinnung von Pflanzensäften oder Fruchtsäften genutzt. Allerdings ist das Auspressen auch eine traditionelle und hilfreiche Methode, um bestimmte Giftstoffe in Pflanzenteilen zu reduzieren. In aller Regel wird der Vorgang nach dem Aufschließen durchgeführt und kann das darauf folgende Auslaugen oder Rösten stark beschleunigen. Der Vorgang führt vor allem bei denjenigen Giften zu einer starken Reduktion, die in den Zellen beziehungsweise der Vakuole einer Pflanze

Zwischen Pflanzenfasern, in einem Korbbeutel oder Netz mit einigen Steinen beschwert, wird der Saft langsam ausgepresst.

eingelagert sind und beim Aufschließen in der Flüssigkeit vorliegen und häufig physikalisch wirken oder durch Wasser-, Enzym- oder Luftkontakt aktiviert werden. Dazu gehören scharfe Senfölglycoside wie im Meerrettich, Oxalat-Raphiden in Aronstabgewächsen oder Yamswurzelgewächsen oder Cyanogene Glykoside. Das klein geriebene Pflanzenmaterial wird in feines Gewebe oder einen Korb gegeben und zwischen zwei flache Steine gepresst und über Nacht belassen. Durch den steten Druck läuft die freie Flüssigkeit fast vollständig aus.

Alkalische Behandlung

Insbesondere zum Entgiften von Pflanzenteilen mit hohen Anteilen cyanogener Glykoside (beim Aufschließen ist häufig der charakteristische Geruch nach Bittermandeln/Benzaldehyd wahrnehmbar) ist die alkalische Behandlung ein wichtiger Schritt zur Entgiftung. Die eigentliche Blausäure entsteht erst nach Zellverletzung durch enzymatische Umsetzung der Glykoside. Entgiftung kann durch Ausgasen der flüchtigen Blausäure erfolgen – sofern alle cyanogenen Glykoside umgewandelt worden sind.

Durch die Behandlung mit einer alkalischen Lauge wird die möglichst vollständige

Manche giftige Inhaltsstoffe werden durch die alkalische Behandlung mit Aschelauge ungefährlich, viele Bestandteile werden dadurch bekömmlicher.

Wenn gerbstoffreiche Pflanzenteile kleingeschnitten in ein Gewebe gegeben werden, treten bei Kontakt mit Wasser sofort die leicht löslichen Stoffe aus. Bis das Rohmaterial jedoch vollständig entgiftet ist, kann es einige Stunden dauern.

Freisetzung der Blausäure sowie das Auswaschen bei späterem Auslaugen gefördert. (Siehe Kurzporträts *Dioscoreaceae* S. 124). Ähnlich werden traditionell die Palmfarne behandelt, um die enthaltenen Blausäureverbindungen zu entfernen. Bei der traditionellen Verarbeitung von Adlerfarnen (die wir allerdings meiden) wird das Einlegen in Aschewasser genutzt, um das krebserregende Ptaquilosid zu reduzieren und andere Giftstoffe zu entschärfen. Letztendlich wird beim Aufkochen von Getreiden mit Asche eine sogenannte Nixtamalisation durchgeführt, durch die die Pflanzen bekömmlicher und nahrhafter werden. Kochen in Aschewasser kann bei verdächtigen Pflanzenteilen die Sicherheit zumindest verbessern. Zum Einlegen wird etwa ein Zehntel des Pflanzenfrischgewichts Asche mit so viel Wasser vermischt, dass die Pflanzenteile vollständig bedeckt sind. Die kalte alkalische Behandlung läuft über 24 bis 48 Stunden, die Nixtamalisation in kochendem Wasser etwa 20 bis 30 Minuten.

Auslaugen W

Gut wasserlösliche Stoffe wie Bitter- und Gerbstoffe können durch den Vorgang des Auslaugens oder Wässerns entfernt werden.

Wenn Sie sich diesen Prozess und seine Grundlagen einmal plastisch vorstellen möchten, denken Sie an eine Kaffeemaschine. Nehmen wir also an, dass Sie das Kaffeepulver von den Gerbstoffen und dem Alkaloid Koffein befreien möchten.

Nach dem ersten Durchlaufen sammelt sich in der Kanne eine tiefschwarze Brühe. Sie steht für den Hauptbestandteil der zu entfernenden Giftstoffe. Wenn Sie denselben Kaffeefilter noch einmal aufbrühen, wird die Lösung schon deutlich heller und schmeckt kaum noch nach Kaffee. Nach weiteren Durchläufen sollte das Wasser praktisch klar bleiben. Wir haben also auf diese Weise das gemahlene und damit aufgeschlossene Kaffeepulver »entgiftet«.

Stellen wir uns nun vor, dass wir anstatt des Kaffeepulvers ganze Kaffeebohnen gebrüht hätten. Hier würde das Auslaugen sehr viel länger dauern, bis die Kaffeebohnen kein Koffein mehr abgeben. Dasselbe gilt auch für kaltes Wasser.

Es besteht nun folgendes Dilemma: Möchten wir eine schnelle und effektive Entfernung des Giftstoffs, begünstigt das Zermahlen und die Verwendung von warmem Wasser diesen Vorgang. Gleichermaßen werden jedoch auch Inhaltsstoffe entfernt, die wir gegebenenfalls benötigen. So wird durch warmes Wasser beim Auslaugen von bitteren Löwenzahnwurzeln nicht nur der Bitterstoff entfernt, sondern auch der leicht in heißem Wasser lösliche Speicherstoff Inulin.

Es sei also generell eher empfohlen, den Waschvorgang mit kaltem Wasser und dafür über längere Zeit durchzuführen. Sie können zum Beispiel klein geschnittene Stückchen des Rohstoffs in einem Topf mit kaltem Wasser übergießen und einen Tag lang stehen lassen, gelegentlich durchrühren und mehrmals das Wasser wechseln.

Effektiver ist es jedoch, wenn Sie das Schnittgut in ein Gewebe, etwa in eine Socke oder in einen zugeknoteten Hemdsärmel geben und in einen Bach hängen.

Das Auslaugen ist dabei in der Regel ausreichend, wenn das Material über Nacht im Wasser verbleiben kann.

Austreiben, Rösten R

Eine Methode, Gifte aus Pflanzen zu entfernen, die nicht einfach wasserlöslich sind, ist das Austreiben. Dabei wird der Rohstoff bis zu einer Temperatur erhitzt, die den entsprechenden Inhaltsstoff verdampfen oder zersetzen lässt.

Das »Austreiben« überschneidet sich mit dem »Rösten«, da wir kaum die genaue Siedetemperatur des Giftstoffs kennen, geschweige denn die Temperatur auf diesen Wert halten können. Also wird das aufgeschlossene Material so lange erhitzt, bis alle Flüssigkeit verdampft ist und der Röstvorgang beginnt. Diesen Zeitpunkt erkennen Sie an einem aromatischen Geruch, der an angebrannte Plätzchen erinnert.

Den Vorgang können Sie auf verschiedene Weise durchführen. Besitzen Sie einen Topf oder eine Pfanne, wird diese in der Glut stark erhitzt und das abgetrocknete Schnittgut einfach ohne Öl oder Wasser hineingegeben. Nun wird unter ständigem Rühren das Material gewendet und umgeschichtet, um es gleichmäßig zu erhitzen. Das Gefäß

Flach geschnittene Eichelscheiben werden in einem Topfdeckel geröstet. Dabei darf gerade so viel eingefüllt werden, dass der Boden in einer dünnen Schicht mit dem Rohmaterial belegt ist.

In der Glut oder im direkten Feuer wird ein Stein so stark erhitzt, dass daran gehaltene Holzspäne zu glühen beginnen.

In einem halbrunden Rindenstück wird das Röstgut verteilt. Der heiße Stein wird nun langsam und gleichmäßig über das Material geschoben.

sollte sehr heiß sein, das Schnittgut darf aber nicht anbrennen. In diesem Fall reduzieren Sie die Hitze oder verstärken das Rühren.

Ist keine Pfanne verfügbar, können Sie sich eine einfache Röstwanne improvisieren. Hierzu wird ein Stück Rinde oder Holz in eine in den Boden eingescharrte Rinne gelegt. Hier hinein wird so viel Material gegeben, dass der Boden gerade bedeckt ist. Nun wird ein runder Stein im Feuer heiß gemacht und in die Rinne gelegt. Der Stein wird über die Oberfläche des Rohmaterials gerollt, wobei dieses alle fünf Minuten gewendet wird.

Alternativ dazu kann zerriebenes oder zu Mus zermahlenes Material auch auf einen flachen Stein aufgebracht und in die Glut gelegt werden. Hierbei wird die Masse zu einem Fladen verbacken. Ist dieser fest genug, um ihn vom Stein in einem Stück abzunehmen, wird er noch einige Male gewendet und von beiden Seiten gleichmäßig gebacken.

Insbesondere die ölreichen Kerne von *Rosaceae* oder die Samen von Holunder werden so von den hitzelabilen cyanogenen Glykosiden Amygdalin, Prunasin beziehungsweise Sambunigrin getrennt. Ähnlich wird auch in Südamerika die roh hochgiftige Maniokknolle vor dem Verzehr verarbeitet.

Soll über diesen Austreibvorgang hinaus das Material geröstet werden, wird die Hitze nach dem ersten Erscheinen des Röstduftes so lange gehalten, bis das Pflanzenmaterial trotz regelmäßigen Wendens zu qualmen und verkohlen beginnt. Auf diese Weise können Sie aus den Wurzeln von Löwenzahn oder Wegwarte einen bekömmlichen Kaffee-Ersatz herstellen oder den Geschmack scharfer Samen und Wurzeln von Brassicaceae verbessern.

Trocknen T

Einige Pflanzen müssen vor dem Verzehr einmal vollständig durchgetrocknet sein. Hintergrund ist, dass manche Giftstoffe

Flach geschnittene oder durch Zermusen aufgeschlossene Pflanzenstücke werden auf einem Stein in die Sonne gelegt. Je nach Sonneneinstrahlung und Luftfeuchtigkeit trocknen solche Stücke innerhalb von drei bis fünf Stunden durch.

durch das Austrocknen irreversibel in einen inaktiven Zustand überführt werden. Von den hier aufgeführten Pflanzen ist das prinzipiell nur beim Scharbockskraut notwendig. Dieses enthält zu manchen Zeiten eine größere Menge des gefährlichen Giftstoffs Protoanemonin, das in allen Hahnenfußgewächsen vorkommt. Dieser Giftstoff wird durch das Austrocknen der energiereichen Knöllchen vollständig in das ungefährliche Anemonin umgesetzt.

Hierzu werden die zu Scheibchen geschnittenen Knollen einfach flach in die Sonne gelegt. Durch die Verletzung der Außenhaut ist der Verdunstungsschutz vollständig zerstört, weshalb die Stücke innerhalb weniger Stunden trocken und damit auch in größeren Mengen genießbar sind.

Durch das Trocknen können außerdem viele unangenehm scharf schmeckenden Pflanzen genießbar gemacht werden. Sehr scharfe Teile von *Brassicaceae* oder *Allioideae* sind nach dem Durchtrocknen deutlich milder. Der medizinische Wert dieser Pflanzen wird hierdurch jedoch stark gesenkt.

Garen ⚙G

Sie konnten im Kapitel 1 »Grundlagen« erfahren, dass Proteine und Peptide aus Untereinheiten, den Aminosäuren, bestehen. Abhängig von deren Kombination falten sich diese langen Ketten in dreidimensionale Gebilde, mit formspezifischer Funktion. Einige dieser Proteine können in diesem Zustand als starke Giftstoffe wirken. Durch den Vorgang des Garens wird diese komplexe Form »aufgebogen«. Die ursprüngliche Funktion und damit auch Giftigkeit werden dadurch zerstört. Dieser Vorgang beginnt schon bei etwa 50 Grad Celsius. Sie kennen das Denaturieren aus der Küche. Es ist jene Reaktion, die beim Erhitzen das zuerst flüssige Eiklar milchig und später fest werden lässt. Ein besonders gut bekanntes Giftstoffgemenge ist das Phasin, das rohe Bohnen giftig macht. Nach dem Garen sind sie jedoch bekannterweise genießbar.

Insbesondere werden einige andere ungenießbare Stoffe durch Erhitzen in eine verträgliche Form umgewandelt, wie die Parasorbinsäure in Vogelbeeren. Außerdem sollten alle Teile der Springkräuter vor dem Verzehr gegart worden sein, da sie im rohen Zustand abführend wirken und Erbrechen auslösen können.

Neben dem Entgiften hat das Garen selbstverständlich den Sinn, dass viele Pflanzenteile bekömmlicher und zarter werden. Insbesondere verholzte Wurzeln werden durch langes Kochen weich und einigermaßen kaubar.

Einschränkungen

Sie haben nun einige Techniken kennengelernt, die es ermöglichen, manche leicht giftige Pflanzen in einen verzehrbaren Zustand zu überführen. Dennoch dürfen Sie nicht denken, dass dies mit allen Giftstoffen möglich ist. Einige Gifte überstehen ohne jeden Schaden das Rösten, Garen, Austreiben oder Trocknen. Als einfaches Beispiel können Sie sich eine sehr scharfe Chili vornehmen und versuchen, diese mit draußen

Um ein Verständnis für das Entgiften und seine Wirksamkeit zu bekommen, lohnen sich Versuche, Chili, Bittergurken und Meerrettich mit verschiedenen Methoden zu »entschärfen«.

verfügbaren Methoden so aufzubereiten, dass sie nicht mehr scharf schmeckt. Es wird Ihnen kaum gelingen, denn der wirksame Inhaltsstoff, das Alkaloid Capsaicin, löst sich praktisch nicht in Wasser und ist mit einem Siedepunkt von über 200 Grad Celsius außerordentlich hitzestabil. Dasselbe gilt beispielsweise für Aconitin, den Giftstoff des Eisenhuts.

Außerdem sind unsere Entgiftungsmethoden zumeist nicht zu 100 % effektiv. Einige Giftpflanzen sind dermaßen stark wirksam, dass selbst Spuren des zurückgebliebenen Inhaltsstoffs ausreichen, um eine schwere Vergiftung zu verursachen.

10 – Zubereitung

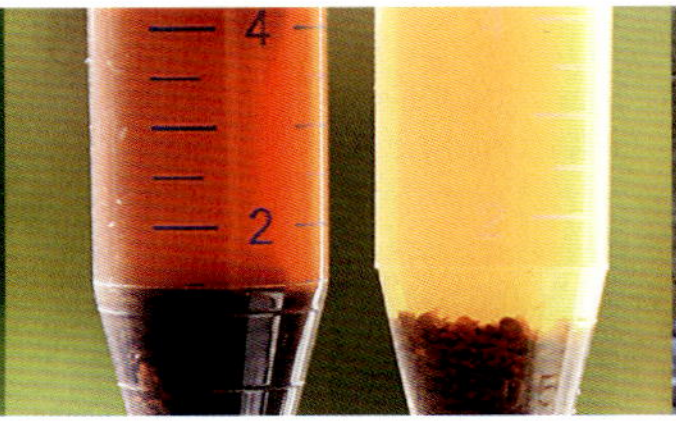

Nachdem Sie sich die gewünschte Menge pflanzlicher Nahrung gesammelt haben, stellt sich die Frage, ob Sie diese roh verzehren oder in irgendeiner Weise zubereiten möchten. Die allermeisten Pflanzen können Sie problemlos ungegart essen, einige müssen Sie auf die weiter oben beschriebene Weise prozessieren, um sie genießbar zu machen. Entgegen der häufig bestehenden Ansicht ist es tatsächlich oftmals besser, Pflanzen vor dem Verzehr zu erhitzen. Dies hat nicht den alleinigen Grund, die Gefahr von Parasiten zu verringern (wie Sie gelesen haben, sollten Pflanzen, die dauerhaften Kontakt mit Gewässern hatten, gekocht werden. Auf ihrer schleimigen Algenoberfläche können sich einige Verbreitungsstadien von Parasiten aufhalten), sondern sie werden dadurch oft bekömmlicher als im rohen Zustand.

Wir dürfen hierbei dennoch nicht vergessen, dass regelmäßig rohe Pflanzenteile verzehrt werden sollten, um den Vitaminhaushalt zu versorgen.

Waschen und Reinigen

Oft ist es sinnvoll, Wurzeln und Knollen unter fließendem Wasser zu waschen, um sie von Erde und Steinen zu befreien. Dies ist bei dieser Art der Nahrung unproblematisch, sofern das Wasser nicht zu heiß ist und angeschnittene Pflanzenteile nicht dauerhaft im Wasser liegen. Ansonsten können wichtige Nährstoffe herausgelöst werden. Wenn die Speicherorgane nicht beschädigt sind, reduzieren wir durch den Reinigungsvorgang kaum den Wert.

Grüne Pflanzenbereiche werden oft durch den am Boden auftreffenden Regen mit Lehm oder Erde verschmutzt. Sie können kurz unter Wasser getaucht und vorsichtig abgestreift oder abgeschüttelt werden. Besonders Pflanzen wie aromatische Lamiaceae oder Asteraceae können durch allzu ruppiges Behandeln ihre in den Ölhaaren gespeicherten ätherischen Wirkstoffe an das Waschwasser verlieren.

Durch den Waschvorgang können Sie oft außerdem ranzig gewordene oder verschimmelte Samen von den noch brauchbaren

Stark verschmutzte Wurzeln werden eingeweicht und abgebürstet.

abtrennen. Letztere sinken in der Regel ab, während die schlechten an der Oberfläche schwimmen und mit dem Wasser abgegossen werden können.

Da viele Nährstoffe und Mineralien in der Schale von Knollen eingelagert sind, sollte das Schälen vermieden werden. Manchmal sind jedoch Sedimente in Bereiche dieser Schicht eingewachsen. Ist das der Fall, können Sie mit dem Messerrücken oder mit einem scharfen Stein diese Stellen abschaben.

Außerdem unterscheiden wir zwischen Wurzeln, die weiche beziehungsweise verzehrbare Bereiche im Außenteil haben, und solche, die im Inneren essbar sind. Bei letzteren, etwa bei der Klettenwurzel, können die verholzten Bereiche nach dem Waschen abgezogen werden. Vorher sollten Sie das jedoch aus eben genanntem Grund des Nährstoffverlusts nicht machen.

Bei großen Samen wird die ledrige oder holzige Schale entfernt. Dies ist beispielsweise bei Eicheln oder Bucheckern notwendig. Kleine Samen können Sie kaum von der Außenhaut befreien. Hier ist es nötig, diese entweder aufzubeißen oder durch einen Mahlstein aufgebrochen zu verzehren, da die Verdauung sonst nicht an die Nährstoffe gelangen kann.

Kochen

Sollen grüne Pflanzenteile, Wurzeln oder Samen gekocht werden (dies hat nämlich den Vorteil, dass sie besser gekaut und leichter verdaut werden können), werden sie in einem Gefäß mit Deckel mit gerade so viel Wasser versetzt, dass alle Teile bedeckt sind. In der Regel haben wilde Samen und Knollen nicht so eine starke Wasserbindefähigkeit wie etwa geschälter Reis, weshalb diese Wassermenge meist ausreichend ist. Grüne Pflanzenteile geben dagegen viel Wasser ab, weshalb es bei ihnen eher sinnvoll ist, etwas weniger Wasser zuzugeben.

Um Pflanzen wie →Spinat zu verarbeiten, werden sie etwa fünf Minuten gekocht. Einige Wurzeln benötigen bedeutend mehr Zeit, um genießbar zu werden.

Sie können Pflanzenteile mit etwas Wasser in eine Kochgrube geben und mithilfe von heißen Steinen zum Sieden bringen.

Wer dicke Suppen einkochen möchte kommt um einen kleinen Topf kaum herum.

Um eine Wilde Möhre oder eine Klettenwurzel einigermaßen kaubar zu machen, muss sie durchaus zwischen einer halben und einer Stunde gekocht werden. Der Verlust durch das Verdampfen wird durch regelmäßiges Zugeben von Wasser ausgeglichen. Bei Samen können Sie mit rund 10 bis 20 Minuten rechnen.

Ideal ist es, wenn nach der Zubereitung nur noch ein Finger hoch Sud übrig bleibt. Dieser sollte nicht weggekippt, sondern getrunken werden, da er viele gelöste Mineralien und Nährstoffe wie Inulin enthält.

Blanchieren

Einige Pflanzen erhalten einen weit besseren Geschmack, wenn sie nur wenige Sekunden blanchiert werden. Hierbei besteht außerdem der Vorteil, dass kurzes Erhitzen hitzelabile →Vitamine schont. Auch wenn Sie Pflanzen einigermaßen frisch verzehren möchten, obwohl sie an hygienisch fragwürdigen Standorten gesammelt wurden, bietet sich das Blanchieren an.

Da es sich dabei meist um Blätter handeln wird, können diese einfach um eine kleine Astgabel gewickelt und kurz in das Wasser eingetaucht werden. Kleinere Pflanzenteile, bei denen das nicht möglich ist, werden in einem Gefäß mit siedendem Wasser übergossen und sofort mit der etwa dreifachen Menge kaltem Wasser abgekühlt. Durch diese Methode bleiben die allermeisten wertvollen Inhaltsstoffe erhalten.

Backen

Manche Pflanzenteile wie Speicherorgane oder große Samen können auch direkt in der heißen Asche zubereitet werden. Das bietet sich dann an, wenn kein geeignetes Gefäß zum Kochen zur Verfügung steht.

Nachdem das Feuer heruntergebrannt ist, wird die Glut etwas beiseite geschoben. In die heiße Asche wird die Nahrung gelegt und mit einer einige Zentimeter dicken Schicht bedeckt. Hierauf wird etwas Glut geschichtet. Sie dürfen die Hitze jedoch nicht unterschätzen. Unter der Glut heizt sich die Asche auf mehrere hundert Grad Celsius auf.

Nach etwa 10 Minuten können Sie Glut und Asche wegfegen und die gebackene Nahrung vorsichtig entnehmen.

Wenn Sie eine größere Menge kleiner Samen, Mus aus Früchten oder Blattmaterial auf diese Weise zubereiten möchten, wird sie in eine mehrlagige Schicht aus großen, genießbaren Blättern eingepackt. Dieses Päckchen wird genauso wie oben beschrieben in der Asche erhitzt. Sie sollten darauf achten, dass die Hüllblätter nach der Zubereitung trocken und brüchig werden. Deshalb sollte das kleine Paket vorsichtig zur Seite aus der Hitze geschoben und nicht angehoben werden.

Haben Sie Früchte zu einer festeren Paste verarbeitet, können Sie diese so auf einem flachen Stein zubereiten, wie es im Kapitel 9 »Prozessieren«, Abschnitt »Rösten« beschrieben ist.

Beim Blanchieren werden Lebensmittel nur kurz in heißes Wasser eingetaucht und wieder entnommen.

Kleine Pflanzenteile werden zum Backen in einigen Lagen großer Laubblätter eingepackt und in der heißen Asche verscharrt.

Direkt auf der Glut können Sie auch dünne Fladen ausbacken. Hier abgebildet ist ein so zubereitetes Brot aus prozessiertem Eichelschrot.

Aus gemahlenen Grassamen oder aus von Speicherorganen gewonnener Stärke wird mit wenig Wasser ein Teig geknetet. Diesen können Sie als dünnen Fladen ausgebreitet direkt auf fein zerteilte Glut legen. Überraschenderweise verbrennt er weder, noch bleiben Asche oder Kohle an ihm hängen. Nach etwa 30 Sekunden wird der Fladen aus der Glut genommen, zwischen den Fingern noch etwas flacher gepresst und von der anderen Seite für weitere 30 Sekunden gebacken. Dies wird so lange wiederholt, bis er keine weichen Stellen mehr aufweist.

Aufgüsse

Viele aromatische Pflanzenteile eignen sich hervorragend, um einen Tee gegen leichte Beschwerden wie Halsschmerzen zu bereiten. Hier sind frische Blätter am besten. Da ätherische Öle flüchtig sind und bei Wärme verdunsten, enthalten am frühen Morgen gesammelte Pflanzen meist die größte Menge davon. Über den Tag verringert sich die Konzentration, während in der Nacht gebildete Öle die Drüsenhaare bis zum Morgen wieder auffüllen.

Beim Sammeln der Pflanzen sollten Sie beachten, sie keiner mechanischen Belastung auszusetzen, um Verlust durch Zerbrechen dieser Bläschen zu vermeiden.

Der Aufguss wird mit heißem, aber nicht kochendem Wasser angesetzt und nicht sieden gelassen, da auch hier durch Verdampfen eine Menge der Wirkstoffe verloren gehen.

Diese Aufbereitung findet als Tee oder zur Herstellung von Umschlägen Anwendung.

Auszüge

Im Gegensatz zu Aufgüssen möchten wir durch Auszüge die meist wasserlöslichen und recht stabilen Inhaltsstoffe, hauptsächlich Tannine oder vergleichbare Stoffe, in möglichst großer Konzentration aus dem Rohmaterial gewinnen. Dazu wird die gewünschte Menge von Pflanzenmaterial wie Eichenrinde oder Walnussblätter klein geschnitten und mit Wasser bedeckt. Mit einem Deckel gegen Verdunstung wird das Wasser nun etwa 10 Minuten gekocht. Sie sollten im Gegensatz zu den fast klaren Aufgüssen eine starke Dunkelfärbung des Suds erkennen.

Diese starke Brühe kann je nach Wirkstoff in kleinen Mengen gegen Magenverstimmung getrunken werden, bei oberflächlichen Entzündungen als Umschlag oder etwa als Fußbad eingesetzt werden.

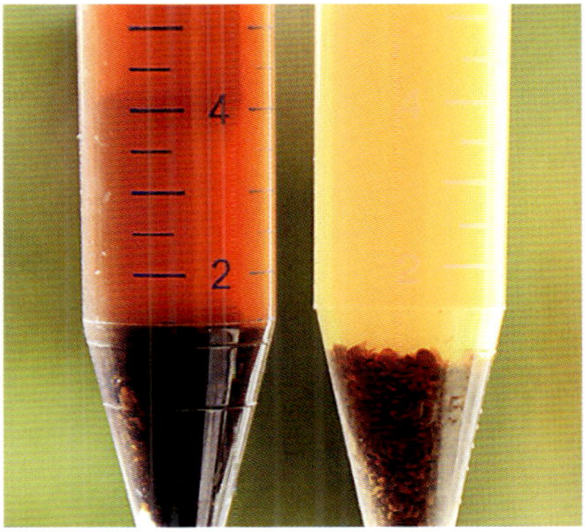

Den Unterschied zwischen Auszug und Aufguss erkennen Sie schon an der Färbung. Links ist ein Auszug mit einer hohen Konzentration von gelösten Inhaltsstoffen. Rechts abgebildet ein Aufguss, der etwa als Tee Verwendung findet.

Dörren

Um Pflanzen in unserer Situation zu konservieren, bietet sich im Prinzip nur das vollständige Trocknen, Dörren oder Äschern an. Das Einkochen oder Einlegen fällt in der Regel wegen fehlender Möglichkeiten und Mittel weg.

Wir unterscheiden das einfache Dörren vom »Zwiebacken«. Beim Dörren werden die Nahrungsmittel in möglichst dünne Scheiben geschnitten und auf einem sauberen Stein verteilt oder auf eine Schnur aufgefädelt. In der Sonne an einer luftigen Stelle oder in der Wärme des Feuers kann die Nahrung innerhalb von einigen Stunden dörren (dieser Vorgang unterscheidet sich nicht vom »Trocknen«, wie weiter oben beschrieben).

Um nach der zeitaufwendigen und anstrengenden Zubereitung eines Fladens aus Grassamen oder Wurzelstärke denselben haltbar zu machen, wird er nach dem Ausbacken ausgekühlt und mit einem Messer oder Hölzchen perforiert. Ist der flache Laib vollständig erkaltet, wird er ein weiteres Mal gebacken. Durch diesen Vorgang wird die Restfeuchte ausgetrieben. Der Fladen wurde nun »zwie«-mal gebacken und ist als recht harter Zwieback für lange Zeit haltbar.

Trocknen

Das Trocknen von Kräutern mit medizinisch wirksamen Bestandteilen wie ätherischen Ölen dauert deutlich länger. Sie würden bei der Trocknung in der Sonne oder am Feuer schnell die wirksamen Stoffe verlieren. Deshalb werden sie direkt nach dem Sammeln vorsichtig abgewaschen und in Scheiben oder Bündeln in den Schatten gehängt. Je nach Art der Pflanze bleiben sie ein bis zwei Tage im Schatten, bis sie ausreichend getrocknet sind. Dies wird beispielsweise bei Minze *Mentha spec.*, Dost *Origanum vulgare,* Mädesüßwurzeln *Filipendula ulmaria* oder Nelkenwurz *Geum urbanum* angewendet.

Äschern

Viele wild gesammelte Wurzeln, Rhizome und Knollen welken und verderben nach dem Ausgraben schnell. Besonders stärkehaltiges Ausgangsmaterial wird schnell durch Schimmelpilzbefall ungenießbar oder sogar gesundheitsschädlich. Feste Knollen und Wurzeln lassen sich schwer zerteilen und trocknen, sodass Trocknen oder Dörren nicht ausreicht, um das Wasser schnell genug zu entziehen. Zudem können klima-

Medizinisch wirksame Kräuter werden schonend im Schatten getrocknet.

In Scheiben geschnitten, mumifiziert Asche auch empfindliche Früchte und Wurzeln.

tische Bedingungen wie hohe Luftfeuchtigkeit oder Dauerregen den Vorgang so in die Länge ziehen, dass die Wurzeln verderben. In diesem Fall werden die Pflanzenteile in einer dicken Schicht aus erkalteter, feiner, weißer Holzasche vergraben bzw. verpackt. Die alkalische Wirkung von Asche hemmt das Wachstum von Bakterien und Pilzen und entzieht den Pflanzenteilen gleichzeitig Wasser. So gelagerte Pflanzenteile können mehrere Wochen mit Restfeuchtigkeit gelagert werden, ohne dass sie verderben.

Fruchtleder

Ebenfalls verderben süße Früchte schon innerhalb weniger Stunden. Wenn sie morgens vollreif geerntet worden sind, können sie schon am Abend mit einem dicken Pelz Schimmel bedeckt sein. Allerdings kann man Früchte nicht unbegrenzt verzehren, da sie aufgrund des hohen Fruchtzuckergehalts zu Blähungen, Bauchschmerzen und Durchfall führen können. Dabei sind Früchte nicht dauerhaft verfügbar – und Bäume mit reifen Früchten findet man nicht überall. In diesem Fall ist das Herstellen von Fruchtleder eine zuverlässige Konservierungsmethode. Dazu werden Früchte gesammelt und gereinigt. Wenn notwendig werden die Kerne entfernt. Mit Hilfe einer Mahlrinne werden die Früchte zu einem Mus zerdrückt. Die Masse wird auf einem flachen Stein oder einem Holzbrett ausgebreitet und in die Hitze des Feuers gelegt. Nach einiger Zeit verfestigt die Masse sich zu einem Leder, das abgezogen und von der anderen Seite durchgetrocknet werden kann. Bei Pflanzen mit großer Menge an Samen, die möglicherweise cyanogene Glykoside enthalten, werden die Fladen anschließend kräftig in der Glut geröstet. Das sollte beispielsweise bei Mehlbeeren, Holunderbeeren oder Hagebutten gemacht werden. Das getrocknete Fruchtleder ist aufgrund des hohen Zuckergehalts lange Zeit haltbar und kann bei trockener Lagerung mehrere Wochen haltbar bleiben. Es wird entweder eingeweicht und gekocht oder roh wie Jerky verzehrt.

Auf ein Brett aufgestrichen und in Richtung der Glut aufgestellt, backt und trocknet das Fruchtmus durch.

Das trockene Fruchtleder ist wegen des hohen Zucker- und Fruchtsäuregehalts praktisch unbegrenzt lagerbar.

11 –Behelfe

Während des Sammelns und Zubereitens von wildem Gemüse oder Früchten können einige Behelfe sehr nützlich sein. Ich stelle Ihnen hier ein paar Gerätschaften vor, die sich meines Erachtens einfach herstellen lassen und sehr funktionell sind.

Die Herstellung ist dabei in der Regel so einfach, dass Sie sie auch in der postulierten Ausgangssituation während eines Notfalls abends am Feuer bewerkstelligen können. Es sind entweder Gegenstände, die beim Fund größerer Mengen von Nahrungsmitteln die Verarbeitung oder das Sammeln erleichtern oder erlauben, an einige Lebensmittel zu gelangen, die sonst unerreichbar sind.

Es wurde bei der Auswahl darauf geachtet, dass es sich zum Bau um normalerweise verfügbare Materialien handelt.

Grabstock

Ein Klassiker unter den Behelfen ist der einfache Grabstock. Es handelt sich dabei um ein etwa ellenlanges Holzstück, das meist an beiden Enden unterschiedlich angespitzt ist. Es ist an einem Ende flach wie ein Schraubenzieher, auf der anderen Seite mit einer Vierkantspitze versehen.

Für das Sammeln von Pfahlwurzeln interessiert uns hier am meisten die flache Seite, während das Ausscharren von tief liegenden Knollen und →Rhizomen mit der sehr stabilen Vierkantspitze vonstattengeht.

Zum Ernten von Wegwarten-, Nachtkerzen- oder Löwenzahnwurzeln und dergleichen wird die flache Seite etwa 10 Zentimeter neben der Pflanze in das Erdreich gerammt. Schräg in Richtung der Pflanze wird der Grabstock nun so tief wie möglich eingestochen, sodass er rund 20 Zentimeter unter der Pflanze die Wurzel durchtrennt. In dieser Tiefe sind die Wurzeln der meisten kleinen Wildpflanzen so dünn, dass ein tieferes Graben nicht lohnt. Die Wurzel wird also wie mit einem Spargeleisen »gestochen«. Eine Ausnahme macht dabei beispielsweise die Wurzel der Kletten, die bis zu einem Meter tief ins Erdreich geht und dort eine dicke Rübe bildet. Hier wird

Mit einem flach angespitzten Stab können Wurzeln einfach gestochen und Knollen aus dem Boden gescharrt werden. Die Herstellung dieses wichtigen Werkzeugs dauert nur wenige Minuten.

mit der Vierkantspitze neben der Pflanze das Erdreich aufgelockert und von Hand beiseite geräumt. Manchmal muss so ein Loch von bis zu einem halben Meter Breite gegraben werden. Das lohnt sich jedoch, wie weiter oben beschrieben, in den allermeisten Fällen und ist mit dem Grabstock oft in weniger als zwanzig Minuten erledigt.

Mahlbrett

Eine erhebliche Erleichterung beim Verarbeiten von Nüssen, Samen oder Eicheln bietet ein großes Mahlbrett. Man kann hier beispielsweise gut die abgesplitterten Stücke eines abgebrochenen Baums nehmen. Haben Sie eine Säge oder finden Sie einen abgesägten Baum, können Sie auch eine völlig flache Form verwenden.

Die Oberfläche wird mithilfe eines Messers schachbrettartig eingeschnitten, sodass Sie in der Lage sind, einzelne Würfelchen vorsichtig mit dem Messer herauszuschälen. (Hebeln Sie bitte nie mit Ihrem Messer: Es könnte abbrechen, und nicht nur das Messer wird unbrauchbar, sondern Sie können sich dabei auch erheblich verletzen.) Die Schnitte verlaufen nicht gleich tief, sondern werden vom Rand zur Mitte tiefer. So entsteht eine schalenförmige Mulde, die mit einem rauen Stein glatt geschliffen werden kann. In diese Vertiefung können Sie Pflanzenteile geben und mithilfe eines runden Steins klein schlagen oder zu Mehl beziehungsweise Mus zerreiben.

Bei sehr harten Früchten, etwa Grassamen, können Sie auch einen flachen Stein als Unterlage verwenden. Hier ist das Mahlgut besonders fein, teilweise jedoch auch mit etwas Steinabrieb verunreinigt.

Mahlrinne

Eine Variation des Mahlbretts ist die Mahlrinne. Sie wird insbesondere dann eingesetzt, wenn sich kein geeignetes Holzstück für ein Mahlbrett auftreiben lässt. Hierfür wird aus möglichst stabilem Holz wie etwa Hasel ein rund 5 bis 10 Zentimeter dickes und 25 Zentimeter langes Stück herausgetrennt. Eine Seite wird mit dem Messer abgeflacht. In die Mitte wird eine breite Rinne geschnitzt, die an einem Ende eine kleine Kerbe zur Seite erhält. Möglichst genau in diese Rinne passend wird ein →Pistill geschnitzt. Wenn die Mahlrinne in den Boden gedrückt und mit etwas Pflanzenmaterial befüllt wird, lässt sich nun mit dem gesamten Körpergewicht das Pistill auf dem Material in einer drehenden Bewegung in Rich-

Wenn sich kein geeignetes Brett als Mahlunterlage finden lässt, können Sie flache oder leicht hohl ausgeschliffene Steine verwenden.

Eine solche Mahlrinne eignet sich, um größere Mengen Rohmaterial in einem Durchgang zu verkleinern.

tung Kerbe pressen. Dieser Vorgang wird wiederholt, bis fein geriebenes Mehl aus der Rinne »läuft«. Am entgegengesetzten Ende kann nun neues Rohmaterial eingesetzt werden. Auf diese Weise wird ein »Endlosvorgang« gestartet, der das Reibgut sukzessive zerkleinert.

Beerenpflücker

Beim Ernten einer größeren Anzahl von Früchten eines Strauchs ist es manchmal von großem Vorteil, wenn Sie eine kleine Gerätschaft besitzen, die den Vorgang vereinfachen und beschleunigen kann. Manche Beeren, zum Beispiel die des Holunders, sind relativ klein. Wenn Sie außerdem zum Konservieren eine größere Menge Beeren von Sträuchern mit Stacheln oder Dornen wie Hagebutten sammeln möchten, können Sie mit einem Beerenpflücker verhindern, dass Sie ständig in die Stacheln fassen müssen.

Ideal ist es überdies, wenn diese Gerätschaft so geformt ist, dass Beeren unterschiedlichen Durchmessers dabei von den Stielen abgetrennt werden.

Hier haben sich Beerenpflücker als gut geeignet erwiesen, die aus einem kleinen Gefäß bestehen und zahlreiche, gabelförmige Zinken besitzen. Mit ihnen kann unter die mit Früchten besetzten Blütenstände wie unter Scheindolden gefasst und durch »Abkämmen« geerntet werden.

Solche Beerensammler bestehen aus einem kleinen Gefäß, dessen Rand an einer Seite eingeschnitten ist. Da so etwas in der Natur nicht so einfach herzustellen ist, können Sie sich mit einer Socke als Sammelnetz begnügen, an deren oberen Ende die Zinken aus Holz eingesetzt werden. Finden Sie dagegen geeignete Borke, die sich zum Formen eines lederartigen Gefäßes eignet, können Sie auf eine zweite Form zurückgreifen, die ein wenig an einen Faltbecher erinnert, wie er beim »Ultraleichttrekking« eingesetzt wird.

Zinkenform

Der Beerenpflücker wird aus einer Reihe von Hölzchen hergestellt. Sie nehmen dazu einfach einige gerade Triebe mit etwa einem halben Zentimeter Durchmesser. Nun werden fünf dieser Stäbe auf die Länge Ihrer

Diese einfache Konstruktion aus runden Stäbchen können Sie in weniger als zehn Minuten zusammenstellen. Links zu erkennen sind die Sammelzinken. Direkt daneben eingesteckte Stäbchen halten den Sammelsack offen. In eine Socke gesteckt, hilft der Pflücker bei der Ernte größerer Mengen von Beeren und anderen kleinen Früchten.

Handfläche zurecht geschnitten. Weitere vier Stäbe werden 4 bis 5 Zentimeter kürzer. Legen Sie die Stäbe flach nebeneinander. Es wird abgemessen, wie breit diese Lage ist. Etwas breiter als alle nebeneinander gelegten Hölzchen werden nun vier weitere Stifte geschnitten.

Jetzt legen Sie die neun Stäbchen geordnet und unten gemeinsam endend nebeneinander: Erst ein langes, dann ein kurzes, und so weiter. Mit einer Schnur verbinden Sie den Stapel zuerst am unteren Ende, indem sie wie beim Weben mehrfach zwischen den Stöckchen hindurchgeführt wird. Dabei lassen Sie zu Beginn und am Ende jeweils rund 20 Zentimeter Leine überstehen. Dasselbe passiert am oberen Ende, etwas unterhalb der Höhe, an dem die kurzen Stäbchen enden. Da sich alles noch rollen kann, werden zwei der ganz kurzen Stäbchen von oben mit der Restleine auf Höhe der Wicklungen mit der überstehenden Leine festgezurrt. Nun liegt ein in sich stabiles Gebilde vor Ihnen, das ein wenig an ein kleines Floß erinnern mag. Die letzten beiden übrig gebliebenen Hölzer werden nun an einem Ende etwas abgeflacht und mit Kraft jeweils senkrecht zwischen zwei äußere Stäbchen gesteckt.

Nun können Sie das gesamte Gebilde in eine Socke schieben. Die senkrechten Stäbchen halten dabei die Socke während des Sammelns offen, während die oben herausstehenden Zinken als Sammelkralle verwendet werden.

Faltform

Die alternative Version besteht aus einem lederartigen Material, wie Sie es aus der Borke vieler Bäume erhalten können. Sie breiten zum Beispiel Weidenrinde flach vor sich aus und schneiden sie in die Form eines kurzstieligen Hammers. Der obere Rand wird mit einer Reihe von Kerben versehen, die später die Funktion der Zinken übernehmen werden.

Danach werden die beiden Seitenflügel der Fläche nach oben gebogen, sodass sie eine gemeinsame Röhre bilden. Der untere Lappen wird nun über diese Struktur gebogen, damit er den Boden bildet und zusammen mit der Röhre durch einige Wicklungen mit einer Leine gesichert werden kann.

Zuerst mag Ihnen das Material zu weich erschienen sein, nun merken Sie jedoch, dass durch die Röhrenform die Zinken leicht gebogen werden und viel stabiler als vorher sind. Sie können das mit einer Spielkarte vergleichen, die ohne Probleme in jede Richtung gebogen werden kann. Wenn Sie die Karte jedoch vorher der Länge nach eingeknickt haben, können Sie die Form zumin-

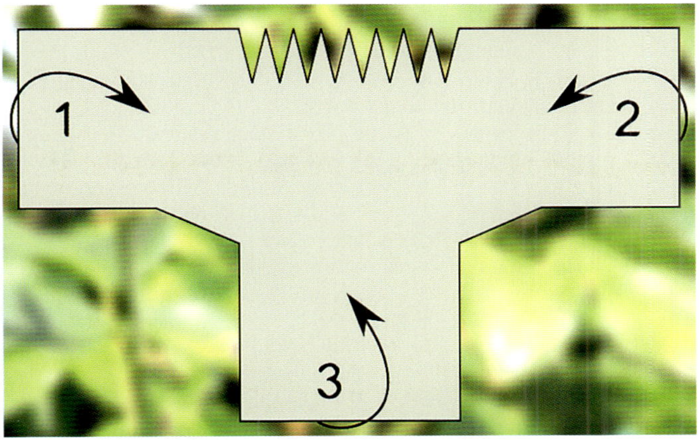

Um einen einfachen und leichten Beerenpflücker aus Rinde oder vergleichbaren Materialien zu falten, können Sie sich an diesem Schnittmuster orientieren.

dest auf der langen Seite nicht mehr stark verändern.

Vorteil der Faltform ist, dass sie vor Ort mit minimalem Aufwand aus natürlichen Materialien hergestellt werden kann. Sie benötigen nicht einmal eine Leine, wenn das Gerät fest in der Hand gehalten und so gegen das Aufwickeln gesichert wird.

Obstpflücker

In aller Regel sind die Früchte, die Sie sammeln möchten, entweder in großer Menge am Boden zu finden, oder aber sie können an Sträuchern und Hecken gepflückt werden. Saisonal abhängig kann es dennoch manchmal sinnvoll sein, Nüsse oder Zapfen direkt aus Bäumen zu sammeln.
Das sprichwörtliche »Apfelbaumschütteln« wird bei den vielen verholzten Gewächsen keinen Erfolg haben. Die andere Methode, die meist eingesetzt wird, ist der (nur für einen Beobachter amüsante) Versuch, die Früchte mit einem in den Baum geworfenen Holzstück zu treffen.

Dabei lässt sich sehr einfach ein spezialisiertes Gerät herstellen. Je nach Größe des Baums reichen dabei eine etwa drei Meter lange Stange und ein paar Hölzchen aus. An die Spitze der Stange werden zwei rund 20 Zentimeter lange und fingerdicke Stöckchen angebunden. Dazu werden diese einfach bündig zum Ende der Stange gelegt und locker mit einer Leine umwunden. Nun schiebt man einen etwas dünneren Stab als Knebel zwischen die Hölzchen und die Stange, wodurch beide Komponenten voneinander etwa in 45° abgespreizt werden. Jetzt wird der Knebel, die Stange und die beiden Hölzchen straff mit der Schnur mehrfach umwoben. Zu guter Letzt wird die Leine in einer »Acht« um die beiden dünneren Stifte gelegt. Dadurch spreizen sich die Enden und es entsteht eine keilförmige Aussparung dazwischen.
Mit dieser Gabel können Sie nun von unten nach Nüssen und dergleichen greifen und den Fruchtstiel entweder im Keil zwischen den beiden Hölzchen oder an der Stange

Durch das Anbinden von kurzen Stäbchen an eine Holzstange entstehen nach dem Einschieben eines Knebels zwei keilförmige Aussparungen. Der Winkel zwischen Stange und Hölzern ist etwas größer und stabiler. Das Gerät wird zum Herabziehen von Ästen oder fest sitzenden Fruchtständen verwendet. Zwischen die beiden Zinken können einzelne Fruchtstiele, zum Beispiel von Walnüssen, geklemmt werden.

einfädeln. Haben Sie das geschafft, wird die lange Stange nicht nach unten gedrückt, sondern Sie ziehen daran. Das ist besonders wichtig, weil ab einer bestimmten Länge der Hebel so groß ist, dass die meist schwachen Fruchtstiele stabil genug sind, dass die Stange durchgebogen wird, ohne dass die Früchte abgepflückt werden.

Biegt sich der Ast durch, an dem die Frucht hängt, gehen Sie einfach einige Schritte zurück und verstärken so den Zug auf der Stange.

Sollten Früchte außerhalb des Fangradius Ihrer Stange liegen, können Sie diese mit weiteren Stangen beliebig verlängern. Achten Sie dabei jedoch darauf, dass sich die Stangen etwa ein Drittel überlagern, da sonst die Flexibilität der zusammengesetzten Stange zu groß wird, um anständig zu zielen.
Da die Kraft beim Pflücken ausschließlich in axiale Richtung aufgebracht wird, kann eine solche Pflückapparatur auch an recht zerbrechlichen Stäben wie etwa dickem Schilf

oder Holundertrieben angebracht werden. Hier sollten Sie jedoch darauf achten, dass Sie den Zug der Leine beim Anbinden auf das Material anpassen, um die Halme nicht zu zerdrücken.

Körbe

Beim Sammeln von Wurzeln, Knollen und Früchten, sowie zum Auspressen und Auslaugen sind einfache Körbe sehr hilfreich. Man kann sie je nach Geschick und Material in wenigen Minuten selbst herstellen. Körbe bestehen aus einer ungeraden Anzahl von Kettstäben. Das sind nebeneinander liegende und den Korbrohling formende Äste, die nicht ganz so formbar sein müssen, sowie die Schussstäbe, die elastisch sind und in die Kettstäbe geflochten werden. Je dünner die Schussstäbe sind, desto gleichmäßiger und enger wird der Korb. Allerdings ist der Zeitbedarf höher, als wenn die Schussstäbe dicker sind. Schneller geht es mit breiten Streifen, beispielsweise aus Bast, Rohrkolbenblättern sowie Palmwedeln etc. Eine ungerade Anzahl von Ästen werden in den Boden gesteckt und an der Spitze miteinander verbunden. Nun beginnt man die Streifen zu verweben. Dabei darauf achten, dass immer abwechselnd unter und über dem nächsten Schussstab geführt wird. Ist man an der Spitze angekommen, entfernt man den Korb aus dem Boden. Soll er dauerhafter sein, muss die erste Reihe zusätzlich fixiert werden.

Weitere Behelfe und Techniken, die insbesondere auch bei der Nahrungszubereitung von großem Nutzen sind, etwa die Schnurproduktion oder das Feuerbohren, finden Sie im Band »Outdoor Survival nur mit dem Messer« (ISBN: 978-3-613-50816-3).

Links: Die Kettstäbe werden in den Boden gesteckt und ggf. oben miteinander verbunden. Sie geben die äußere Form an, die der Korb annehmen soll. *Rechts:* Nutzt man breite Streifen, ist der Korb in wenigen Minuten fertig. Dabei darauf achten, dass die Spalten zwischen den Windungen möglichst eng liegen.

Epilog

Wer sich bis hier durch das Buch gearbeitet hat, wird sich intensiv über viele Stunden und Tage mit dem Inhalt beschäftigt haben. Manche Bereiche mögen einfach zu erfassen gewesen sein, andere waren bestimmt schwierig zu verstehen. Manches musste bis zum Verständnis mehrfach gelesen werden und bestimmt gibt es das ein oder andere, das dem Leser inhaltlich bis auf weiteres verborgen bleiben wird. Und das ist auch völlig normal.

Beim Botanikwissen verhält es sich nicht anders.

Einerseits benötigt der Kopf ein gewisses Sparteninteresse am Grünzeug, um mit voller Motivation *»ceae«* und *»oidae«* zu lernen und zu verstehen. Andererseits stellt sich eine berechtigte Frage, die erst lange nach Erscheinen des Buchs relevant werden würde: Braucht man das Wissen heutzutage überhaupt noch? Damit ist allerdings nicht einmal gemeint, dass die Versorgung mit Lebensmitteln heute immer sicher ist. Natürlich gibt es (und gab es in jüngerer Zeit) immer wieder Krisen und Engpässe, die die Zuverlässigkeit der Nahrungsmittelversorgung infrage gestellt haben. Es ist tatsächlich sinnvoll zu wissen, welche Pflanze auf der Wiese essbar ist, welcher Busch als Medikament genutzt werden kann, welches Kraut besser nicht gegessen werden sollte, selbst wenn es nur für den Wildsalat beim Picknick ist oder die autarke Lebensmittelversorgung auf Reisen und Expeditionen in abgelegene Regionen der Welt trainiert werden soll. In den letzten Jahren ist das öffentliche Interesse an autarkem Leben und damit am Selbstversorgertum immer größer geworden. Und dazu gehören nicht nur der eigene Garten und die Stallkaninchen – sondern auch das Wissen, wie und mit welchen Pflanzen man sich ernsthaft ernähren kann.

Dieses erstarkte Interesse erzeugt eine Nachfrage nach Vereinfachungen. Solche technischen Lösungen sind in den letzten Jahren tatsächlich aufgetaucht. Mit Hilfe von Mustererkennung und »Künstlicher Intelligenz« lässt sich nicht nur »Will Smith« mit Spaghetti füttern, sondern natürlich auch Pflanzen erkennen und die Frage stellen: Kann ich das essen – und wie kann ich das essen?

Was spricht also dagegen, statt sich über 250 Seiten Hardcore-Botanik einzuprägen, einfach eine entsprechende App herunterzuladen – oder eines der »Large Language Models« zu fragen, ob die Knolle unter den herzförmigen Blättern der Pflanze gegessen werden darf?.

Die Antwort scheint einigermaßen auf der Hand zu liegen: Wer draußen Lebensmittel sammeln möchte oder muss, macht das oft »offline«, also ohne stabile Internetversorgung – bzw. er sollte es können. Das gesamte Konzept des Buchs basiert auf der Annahme, dass man nicht Wikipedia oder ein Botanikforum konsultieren kann. Aber selbst das ist nicht unbedingt gemeint. Denn ebenso wie die Medizin, Technik und Philosophie ist die Betrachtung pflanzlicher Notnahrung ständig im Wandel; viele Informationen bleiben unsicher oder interpretationsbedürftig. Das hat unter anderem den Grund, dass wir Menschen eine viel zu enge, lange und tradierte Beziehung zu den Pflanzen haben, als dass immer eine neutrale Betrachtung möglich wäre. Schöne Beispiele hierfür finden sich vor allem in Kulturen, die tradierte Pflanzenverarbeitung stammesspezifisch unterschiedlich durchführen und entsprechend unterschiedliche Wahrnehmungen von den Arten haben. Sehr schön ist das beispielsweise bei der »Bushbanana« (S. 115), einem Hundsgiftgewächs. Ihre reifen Früchte gelten bei Aboriginals im Zentrum des roten Kontinents als Nahrung, bei küstennahen Sprachgruppen als gefährlich. Möglicherweise, weil sie in der Vergangen-

Ein Klassiker, wenn es um die kulturelle Beziehung zwischen Mensch und Pflanze geht. Ist die »Bushbanana« nun essbar oder nicht? Gibt es lokale Variationen oder nur unterschiedlich tradierte Erfahrungen?

heit andere Erfahrungen gemacht haben, oder aber ähnliche Pflanzen in ihrer Region kennen, die tatsächlich gefährlich sind oder die korrekte Entgiftung nicht kennen. Ähnlich sieht es aus mit der Nutzung von *Alocasia* (S. 112), *Cycas* (S. 122) und zahlreichen anderen Pflanzen. Manchmal mag die »vorsichtige Seite« mehr Recht haben – und die Nutzung der Pflanze (z. B. Farne mit erhöhten Krebsarten, Boraginaceae wie Beinwell und Borretsch mit Pyrrolizidinalkaloiden, die Leberschäden verursachen können) ablehnen; manchmal hat die »mutigere Seite« eher recht, die Schmerwurztriebe (S. 124) gekocht isst oder den Arillus von Eiben (S. 86) und die Beeren von Feuerdorn (S. 180) zu Marmelade verarbeitet. Diese »weiche« Einschätzung, für die man ein gewisses Maß an Erfahrung braucht, gibt es bei zahlreichen Themen.

Und zu dieser Abwägung sind »Künstliche Intelligenzen« (noch) nicht in der Lage. Mal, weil sie durch die zahlreichen Volksnamen komplett durcheinander geraten. Mal, weil sie komplexe Systeme stark vereinfachen oder bestimmte »innere« Faktoren nutzen, die nicht mit der Realität in Einklang zu bringen sind. Oft schlicht, weil sie mit falschen Daten trainiert wurden. Da erklärt ChatGPT, dass ein beliebtes Lauchgewächs im Süden die »Meerzwiebel« sei (*Scilla maritima*, eine tödlich giftige Pflanze, die außer dem Namen nichts mit Lauch zu tun hat), mal werden Kartoffeln zu knollenbildenden *Araceae*, weil Kartoffeln auch Knollen bilden.

Ganz gleich, ob eine Internetverbindung besteht, ob man ein Mobiltelefon dabei hat, oder nicht – die endgültige Einschätzung, ob und was man zubereitet und verzehrt, obliegt letztendlich immer einem selbst. Und diese Abwägung benötigt Wissen, Übung und Erfahrung.

Mit diesem Buch hoffe ich, Ihnen diesen Grundstein gelegt zu haben. Denn die Natur ist selbst schon so spannend und aufregend, dass sie es verdient hat, mit allen Sinnen – und mit dem eigenen Verstand erfasst zu werden.

Ihr Joe Vogel

Stichwortverzeichnis

adstringierend: Zusammenziehend auf feine Blutgefäße wirkend. Oft erkennbar an stark bitterem Geschmack.

Anästhetikum: Mittel zum Betäuben von Nerven. Schmerzempfinden wird (meist lokal) reduziert oder völlig ausgeschaltet.

Angiospermae: Pflanzengruppe der Samenpflanzen, bei denen der Same immer in einem Fruchtblatt eingeschlossen ist.

apikal: Oben gelegen, Gegenteil von →basal

Archetypus: Idealisiertes und vereinfachtes Grundbild eines Lebewesens zur Erklärung seiner Organisation.

ätherisch: Flüchtig, Eigenschaft von öligen, meist aromatischen Verbindungen in vielen Pflanzen.

Bakteriozid: Stoff, der Bakterien beschädigt und dadurch abtötet.

basal: Am Grund, unten oder am Anfang gelegen.

Biotop: Bestimmter Lebensraum, für viele daran angepasste Pflanzen und Tiere typisch.

Blättchen: Untereinheit von Fiedern, die von der Hauptachse des Fiederblatts ausgehenden kleinen »Blätter«.

Blattspreite: Eigentlicher, flächiger Hauptteil eines Laubblatts, ohne Blattstängel und Nebenblätter.

Brutzwiebel: Winzige Zwiebelchen, die manche Lauchgewächse an Stelle von Samen nach dem Verblühen produzieren.

Calciumoxalat: Nahezu unlösliche Salzkristalle der Oxalsäure. Bilden oft spitze Formen aus (→Raphiden)

Dikotyledoneae: Zweikeimblättrige; systematische Einteilung. Pflanzen, deren Samen zwei Keimblätter nebst kleiner Wurzel enthalten.

Dirty Dozen: Die zwölf wichtigsten, weltweit essbaren Pflanzengattungen.

diuretisch: Harntreibend, im eigentlichen Sinne entwässernd.

Diversität: Auch: Biodiversität, Vielfalt bzw. Mannigfaltigkeit z. B. eines Biotops.

Droge: Arzneistoff, auch »Bereitung« therapeutisch wirksamer Pflanzen.

einhäusig: Beide Blütengeschlechter kommen auf einer Pflanze vor.

einhäusig getrenntgeschlechtlich: Beide Blütengeschlechter kommen auf einer Pflanze vor, liegen aber in zwei voneinander getrennten Blüten vor.

einheimisch: Pflanzen sind im mitteleuropäischen Verbreitungsraum heimisch und können sich hier selbstständig fortpflanzen.

Emulsion: Gleichmäßige Mischung von kleinen Tröpfchen aus unlöslichen Flüssigkeiten in einer Flüssigkeit (zum Beispiel Öl in Wasser).

essenziell: Lebenswichtig, hier: essenzielle Aminosäuren, Aminosäuren, die wie →Vitamine aufgenommen werden müssen.

Evolution: Entwicklung der Arten nach dem Prinzip ab Seite 50.

Fruchtblatt: Blütenorgan, das den Samen umschließt.

Fungizid: Stoffe, die Pilze beschädigen und abtöten oder ihr Wachstum verlangsamen.

Gesellschaft: Zusammensetzung der lokalen Flora aus verschiedenen Pflanzen, die oft gemeinsam wachsen, sich dabei gegenseitig beeinflussen oder ähnliche Standortansprüche haben.

Gutka (auch Guthka): Starkes indisches Rausch- und Genussmittel aus Löschkalk, Betelnuss, Tabak und Gewürzen.

Gymnospermae: Pflanzengruppe der Samenpflanzen, bei denen der Same immer nackt, also ohne Fruchtblatt vorliegt.

Horst: Grüppchen aus einer Anzahl von Pflanzen, die direkt nebeneinander wachsen.

Hybrid: Lebewesen, das durch (auch natürliche) →Kreuzung von gattungs- oder artenunterschiedlichen Eltern hervorgegangen ist, auch »Bastard« genannt.

Hypervitaminose: eine Vitaminvergiftung, hauptsächlich durch vermehrte Aufnahme fettlöslicher Vitamine.

invasiv: Eingeschleppte Lebewesen, die sich aggressiv in ihrem neuen Lebensraum ausbreiten.

Ionen: Löst man Salze (zum Beispiel Kochsalz) in Wasser, lösen sie sich in geladene Teilchen, die Ionen. Beispiel: NaCl (Kochsalz) = Na + Cl- .

Jamón Ibérico de Bellota: Schinken von iberischen Schweinen, die mit Eicheln gemästet wurden.

Joule: Die Energie, die benötigt wird, um 100 Gramm Gewicht um einen Meter anzuheben.

Kalorie: Die Energie, die benötigt wird, um 1 Gramm Wasser um ein Grad Celsius (ein Kelvin) zu erwärmen, entspricht etwa 4,2 Joule.

Kilojoule: 1 kJ = 1000 →Joule.

Kilokalorie: 1 kcal = 1000 →Kalorien

Kladistik: Biologische Systematik zur Einordnung aller Lebewesen aufgrund ihrer evolutionären Abstammung.

Kladogramm: Abbildung eines biologischen Stammbaums, der Verwandtschaftsverhältnisse aufzeigt.

Klettfrüchte: Früchte oder Fruchtstände, die durch das Hängenbleiben mit →Kletthaaren im Fell von Tieren verbreitet werden.

Kletthaare: Verlängerte Strukturen der Samenschale, Spelzen oder Hüllblätter mit →apikalem Häkchen.

Konifere: Nadelgehölz, nacktsamige Pflanzen mit Zapfen.

konkav: Oberflächenform, die schalenförmig eingezogen ist, z. B. Salatschüssel von oben

konserviert: hier: Merkmal, das von gemeinsamen Vorfahren übernommen wurde, viele Entwicklungsstufen überdauert hat und noch heute vorhanden ist. Beispiel: Viele landgängigen Wirbeltiere haben vier Beine als gemeinsames konserviertes Merkmal.

konvex: Oberflächenform, die bauchförmig gewölbt ist, z. B. Wassertropfen auf glatter Oberfläche.

Kotyledone: Keimblatt, Pflanzenorgan, das schon bei der Samenreife angelegt worden ist und oft als Energiespeicher dient.

Kreuzung: Sexuelle Fortpflanzung zweier Pflanzen unterschiedlicher Arten oder (selten) Gattungen.

Lonely Traveller: Nicht ganz ernst gemeinte Bezeichnung von Rucksacktouristen, die sich auf Reisen streng nach einem ähnlich lautenden Reiseführer richten.

lösliche Inhaltsstoffe: Chemische Bestandteile, die sich (hier mit Wasser) vermischen lassen.

Makla: Stark alkalische (und damit sehr wirksame) Oraltabakaufbereitung (mit hohem Suchtpotenzial insbesondere für Autoren).

Merkmale: Einzeln definierbare Eigenschaften einer Pflanze, z. B. Blattstellung, Blütenfarbe.

Mittelrippe: Zentrale Leiste auf Laubblättern von meist Zweikeimblättrigen, die von unten zu sehen ist (→Nerven).

Moleküle: Allgemein für chemische Verbindungen.

Monokotyledoneae: Systematische Einteilung von Pflanzen, die als gemeinsames

Merkmal ein einzelnes Keimblatt besitzen.

Nektarblatt: Spezielle Blattumwandlungen von *Ranunculaceae*, die aussehen wie speckig glänzende Kronblätter.

Neophyt: Aus anderen klimatischen Regionen nach Mitteleuropa eingeschleppte Pflanze, die sich meist invasiv verbreitet.

Nerven: Leitbahnen zum Transport von Wasser und Nährstoffen, die auf der →Blattspreite im Gegenlicht zu sehen sind.

Osmose: Osmose wird der Vorgang genannt, bei dem Flüssigkeiten durch eine für Salze undurchdringbare Membran gezogen werden. Verursacht wird dies durch den →osmotischen Druck. Beispiel: Erdbeeren »bluten aus«, wenn sie mit Zucker bedeckt werden.

osmotisch aktive Teilchen: Moleküle, die in der Lage sind, Wasser zu »ziehen«. Darunter Proteine, Ionen, Salz, Zucker, Stärke.

osmotischer Druck: Der Drang auf Wasser, sich durch eine teildurchgängige Membran auf die gegenüberliegende Seite zu begeben, wenn dort →osmotisch aktive Teilchen sind (zum Beispiel Salze, Zucker) Der o. D. ist abhängig von der Anzahl der Teilchen. Verknüpft man jeweils zwei Zuckermoleküle, ist das Ergebnis der halbe osmotische Druck im Vergleich zu einzelnen Molekülen.

Photosynthese: Vorgang in einer Pflanze, der aus Kohlendioxid, Wasser und Sonnenlicht als Edukte Sauerstoff und Zucker produziert.

Phototoxizität: Giftigkeit, die ein Stoff in Zusammenspiel mit dem Sonnenlicht ausbildet, da er entweder durch Strahlung in eine aktive Form gebracht wird oder den natürlichen Sonnenschutz der Haut deaktiviert.

Physiologie: Lehre von den Organsystemen, Geweben, Zellen, Botenstoffen, Stoffwechselvorgängen etc. und deren Zusammenspiel im lebenden Organismus.

Phyto-: Die Vorsilbe »Phyto-« bedeutet pflanzlich.

Phytotherapeutikum: Medikament oder auf den Körper wirkender Stoff, der aus Pflanzen(teilen) besteht oder gewonnen wurde.

Phytotherapie: Behandlung eines Krankheitsbildes mit (nachgewiesen) wirksamen →Phytotherapeutika.

Piktogramm: Vereinfachte, symbolische Abbildung.

Pistill: Reibstab zum Zerkleinern von Material in einer Reibwanne oder Reibschale (ähnlich einem Stößel).

polyphyletisch: Eigenschaft einer Gruppe aus miteinander verwandten Pflanzen, wobei sie nicht einen direkten gemeinsamen Vorfahren haben, sondern die Einteilung anhand eines beliebigen Merkmals vorgenommen wird. Beispiel: Disteln werden verschiedene Korbblütler nur genannt, wenn sie stark bestachelt sind. Unbestachelte Korbblütler zählen also nicht zu den »Disteln«.

Prozessierung: Verarbeitung von Pflanzenmaterial zur Entgiftung oder Erhöhung der Bekömmlichkeit.

Raphiden: Doppelt angespitzte →Calciumoxalatkristalle in Pflanzen, wirken zusammen mit gelösten Inhaltsstoffen giftig, da diese durch die Raphiden regelrecht injiziert werden können.

reduziert: Merkmal oder Organ, das nicht voll ausgebildet wird. Gegenteil von →konserviert. Beispiel: Die meisten Landwirbeltiere haben vier Beine, bei Schlangen ist dieses Merkmal reduziert.

Repellent: Stoff, der abschreckend oder vertreibend wirkt, zum Beispiel ist ein Insektenrepellent ein Insektenschutzmittel.

Rhizom: Rhizome sind biologisch gesehen keine Wurzeln, sondern unterirdisch kriechende Sprossabschnitte, die oft einzelne Pflanzenbereiche miteinander verbinden oder als Speicherorgan dienen.

Röhrenblüten: Bei Korbblütlern vorkommende radiärsymmetrische Blüten, die i. d. R. nur auf dem Zentrum des Blütenkorbes stehen.

Schötchen: Gedrungene Form der Schoten (Frucht der *Brassicaceae*), nicht zu verwechseln mit Hülsen (Frucht der *Fabaceae*).

sedierend: Einschläfernd und beruhigend, oft auf den Herzschlag wirkende Stoffe.

Skorbut: Schwere Mangelerkrankung nach sehr langer Vitamin-C-freier Diät.

Spinat: Zubereitung, bei der grüne Pflanzenteile klein geschnitten und weich gekocht werden. Nach dem Kochen kann der Spinat gemörsert werden.

Suspension: Gleichmäßige Mischung eines fein zerteilten, unlöslichen Feststoffs in einer Flüssigkeit.

Systematik: Einteilung von Lebewesen oder Dingen nach einer reproduzierbaren Vorgabe (z. B. Farbe, Abstammung, Geschmack).

Taxon: Beschreibt eine Gruppe auf beliebiger hierarchischer Ebene inklusive aller untergeordneten Gruppen. Beispiel: Gemüse mit allen Gemüsearten ist ein Taxon, Hülsenfrüchte (Untergruppe von Gemüse) mit allen Hülsenarten ist ein Taxon.

Toxikologie: Lehre von den Giftstoffen.

Toxizität: Giftigkeit (meist akute und unmittelbare Wirkung).

Trauben: Frucht- oder Blütenstand, bei dem Einzelblüten bzw. Früchte an auf der Sprossachse alternierenden Blütenstielen sitzen.

Trivialname: Volksname.

Trivialnomenklatur: →Trivialname.

unlösliche Inhaltsstoffe: Chemische Bestandteile, die sich (hier mit Wasser) nicht vermischen lassen.

verwildert: Auch Gartenflüchtling genannt; nicht einheimische Pflanzen, die meist nur in zivilisationsnahen Regionen vorkommen. Oft Zierpflanzen.

Vitamin: →essenzieller Stoff, der nicht vom Körper gebildet werden kann und darum mit der Nahrung aufgenommen werden muss.

Wirkstofftoleranz: Gewöhnung an ein Medikament oder einen Wirkstoff durch regelmäßige Einnahme dieser oder einer ähnlichen Chemikalie.

Zungenblüten: Bei Korbblütlern vorkommende zygomorphe Blüten, die selten im Zentrum, meist am Rand des Blütenkorbes stehen.

zweihäusig: Es gibt männliche und weibliche Pflanzen. Beide Geschlechter kommen stets auf unterschiedlichen Individuen vor.

Liste aller wichtigen Arten

Deutsche Bezeichnungen

P

Q

R

S

Wissenschaftliche Bezeichnungen

WEITERE INTERESSANTE BÜCHER

Die sichere Methode zur Bestimmung von Wildpflanzen von Bestsellerautor und 7 vs. Wild-Star Joe Vogel. Mit Fotos, Skizzen und einem Ja-Nein-Bestimmungsschlüssel lassen sich Pflanzen präzise identifizieren. Überarbeitete Neuauflage: lehrreich, genau und für Naturfreunde unverzichtbar.
240 Seiten, 755 Abb., 140x205 mm
ISBN 978-3-613-50992-4
€ 22,90 | € (A) 23,60

Das Überleben draußen hängt in Notsituationen auch davon ab, ob man sich verträgliche Nahrung beschaffen kann. Fast alle Tiere sind essbar, entscheidend ist die richtige Zubereitung. Dieser Ratgeber zeigt, wie man draußen nicht verhungert. Aktualisiert und erweitert.
208 Seiten, 340 Abb., 140x205 mm
ISBN 978-3-613-50973-3
€ 19,95 | € (A) 20,60

Das Survival-Lexikon von Joe Vogel, bekannt aus „7 vs. Wild", bietet mit über 500 Einträgen und 700 Abbildungen umfassendes Wissen zu Überlebenstechniken. Ideal für Outdoor-Fans, erklärt es praxisnah und kompakt alle wichtigen Survival-Themen. Ein Must-have für Abenteurer!
396 Seiten, 700 Abb., 120x170 mm
ISBN 978-3-613-51007-4
€ 26,– | € (A) 26,80

Das Messer ist eines der wichtigsten Outdoor-Utensilien, besonders in Notsituationen ist es unverzichtbar. Wie es optimal zu nutzen ist, erklärt Johannes Vogel, einer der führenden Survival-Experten Deutschlands, anhand vieler bebilderter Anleitungen und praktischer Beispiele.
192 Seiten, 293 Abb., 140x205 mm
ISBN 978-3-613-50816-3
€ 19,95 | € (A) 20,60

Leseprobben zu allen Titeln auf unserer Internetseite

pietsch

Überall, wo es Bücher gibt, oder unter
WWW.MOTORBUCH-VERSAND.DE
Service-Hotline: 0711 / 78 99 21 51
www.facebook.com/MotorbuchVerlag

Stand April 2026
Änderungen in Preis und Lieferfähigkeit vorbehalten.

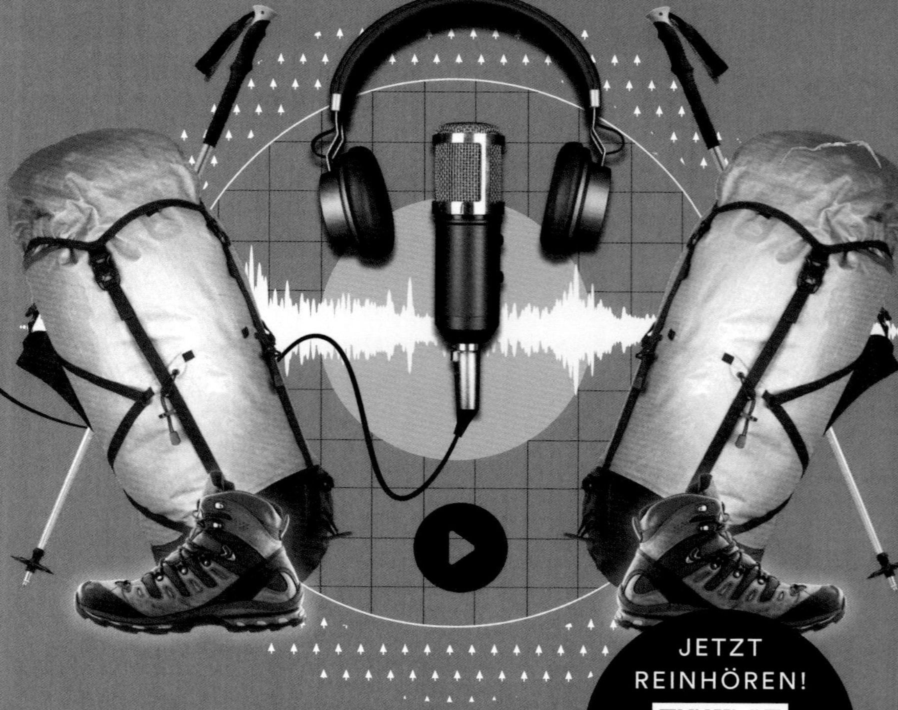